实践技能课程系列教材

大学计算机基础实训教程
(Windows 7 + Office 2010)

主　编◇尚晓丽
副主编◇刘文龙　李文奎　包向辉

图书在版编目（CIP）数据

大学计算机基础实训教程 : Windows 7+Office 2010/
尚晓丽主编. -- 哈尔滨 : 黑龙江大学出版社 ; 北京 :
北京大学出版社, 2019.7
ISBN 978-7-5686-0328-7

Ⅰ. ①大… Ⅱ. ①尚… Ⅲ. ①Windows 操作系统－高
等学校－教材②办公自动化－应用软件－高等学校－教材
Ⅳ. ①TP316.7 ②TP317.1

中国版本图书馆 CIP 数据核字 (2019) 第 039776 号

大学计算机基础实训教程（Windows 7 + Office 2010）
DAXUE JISUANJI JICHU SHIXUN JIAOCHENG（Windows7 + Office 2010）
尚晓丽 主编 刘文龙 李文奎 包向辉 副主编

责任编辑 于 丹
出版发行 北京大学出版社 黑龙江大学出版社
地 址 北京市海淀区成府路 205 号 哈尔滨市南岗区学府三道街 36 号
印 刷 哈尔滨市石桥印务有限公司
开 本 787 毫米 ×1092 毫米 1/16
印 张 17
字 数 343 千
版 次 2019 年 7 月第 1 版
印 次 2019 年 7 月第 1 次印刷
书 号 ISBN 978-7-5686-0328-7
定 价 48.00 元

前　言

为了适应计算机技术发展和满足计算机基础教学需要，本书编者以切实提升学生的应用能力和创新创业能力为出发点，编写了《大学计算机基础实训教程(Windows 7 + Office 2010)》一书。本书以实训案例及日常应用为主线，将计算机常用硬件、常用办公软件、常用办公辅助软件和辅助设备操作的相关知识有机地结合到一起，实训案例由易及难，知识覆盖面广。讲解图文并茂，充分发挥以学生为本的教学理念，实现"做中学，学中做"的教学效果。学习本书，可以提升读者的办公自动化能力，提高工作效率，同时有助于发挥读者的创意思维，能够灵活有效地处理相关情境下的实际问题，让学习和工作变得轻松、愉快。

本书共分为8章，包括计算机硬件系统实训、Windows 7操作系统实训、文字处理软件——Word 2010实训、电子表格处理软件——Excel 2010实训、演示文稿制作软件——PowerPoint 2010实训、计算机网络及安全实训、常用办公辅助软件实训和常用办公辅助设备实训。所有章节均由实训项目构成，第1章至第7章中的每个实训项目均包含实训背景、实训目的、实训过程和实训拓展四个方面，每个实训项目都针对非常典型的应用进行设计，基本上解决了常用办公和学习生活中的计算机应用问题。全书通过过程式的典型图片进行介绍，直观明了，让读者可以以一种轻松愉快的方式来学习。

本书由尚晓丽担任主编，刘文龙、李文奎和包向辉担任副主编。尚晓丽设计了本书的框架结构，并对全书进行了统稿。本书第1章、第2章的书稿编写及相关工作由刘文龙完成，第3章的书稿编写及相关工作由尚晓丽和刘文龙共同完成，第4章和第5章的书稿编写及相关工作由尚晓丽、李文奎共同完成，第6章和第7章的书稿编写及相关工作由包向辉完成，第8章的书稿编写及相关工作由李文奎完成，附录和参考文献部分由尚晓丽完成。

本书编者查阅、借鉴了大量书籍和网络资料，在此向本书编写过程中参考的所有资料的作者一并致谢。编写本书是我们的一次尝试，由于编者学识有限、经验不足，书中难免有不足之处，恳请专家、读者不吝批评指正，提出意见和建议。

编者

2018 年 10 月

目　　录

第 1 章
计算机硬件系统实训

伴随计算机的日益普及,以及互联网的迅猛发展,计算机已成为人们进行数据传递和查询、影视音乐欣赏、情感交流等不可或缺的重要工具之一。本章从零基础用户的角度出发,由浅入深地介绍了计算机硬件系统基础理论;结合实物图例,详细地介绍了主板(Mainboard)、CPU(Central Processing Unit,中央处理器)、存储器(Memory)和输入输出设备,使读者能充分了解计算机硬件设备的性能和特点,以及不同品牌间硬件的区别;采用直观的 Step by Step 图解教学,从而让读者快速掌握计算机组装操作的完整流程。

1.1　实训一:计算机系统概论

1946 年 2 月 14 日,世界上第一台电子多用途数字计算机 ENIAC(Electronic Numerical Integrator And Computer)在美国宾夕法尼亚大学问世,至今计算机技术在元器件、硬件架构、操作系统、软件应用等方面均取得了突飞猛进的发展。现代计算机和网络信息化彻底改变了人们过去的工作、学习和生活方式,日益深入社会各个领域,对人类的发展和社会的进步都产生了深刻影响。

一个完整的计算机系统由两部分构成,即硬件系统和软件系统。其中,硬件系统主要由运算器、控制器、存储器、输入设备和输出设备等组成,是系统赖以工作的实体;软件系统包括系统软件和应用软件,即由各类操作系统和应用程序以及各种软件组成,如图 1 - 1 所示。

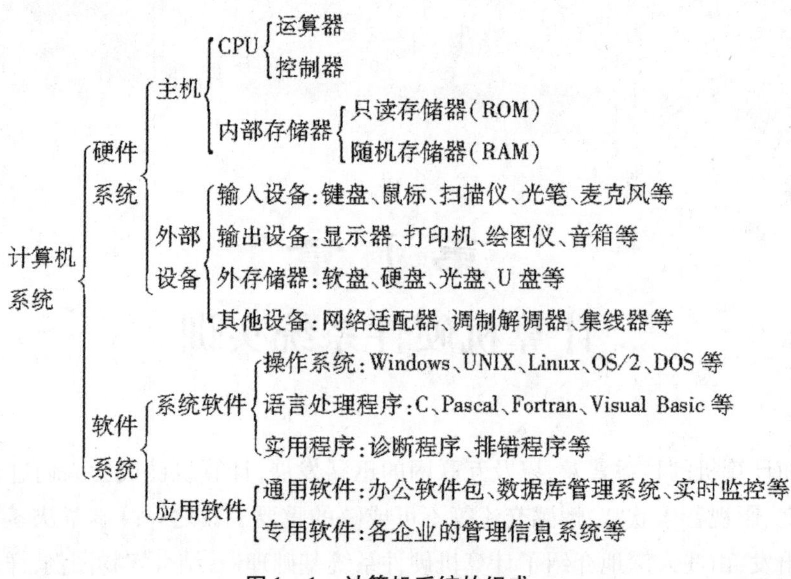

图 1－1　计算机系统的组成

现代计算机硬件系统多数仍以冯·诺依曼体系结构为基础,采用二进制数制,按照程序的逻辑顺序执行。因此,由冯·诺依曼体系结构组成的现代计算机必须具有以下功能:

(1)能够将需要的运算数据和相关程序输入计算机之中。

(2)能够长时间记忆程序的数据运算结果。

(3)能够对数据进行分析、加工处理,可以进行复杂的逻辑运算和算术运算并完成数据传送。

(4)能够按照要求设计并控制程序走向,通过程序指令控制机器运行。

(5)能够根据要求将运算数据结果输出给用户。

冯·诺依曼体系结构由运算器、控制器、存储器、输入设备和输出设备等部分组成,将指令和数据同时存放在存储器中是该体系结构的主要特点。

1.1.1　计算机硬件系统

(1)控制器(Control Unit,CU):控制器在计算机系统中起到了指挥中心的作用。它在系统运行中对程序规定的控制信息进行解释,生成指令并对其进行各种处理,指挥计算机各个部件有计划地高效工作。

(2)运算器(Arithmetic Unit,AU):运算器主要由各种寄存器组和算术逻辑单元(Arithmetic and Logic Unit,ALU)组成,主要功能是对所有的二进制数制进行算术运算和逻辑运算,如计算、比较、排列、选择等。运算器和控制器组成了 CPU,即中央处理器。

(3)存储器(Memory):存储器是用来存储各种数据和程序的部件。按照功能来区分,存储器可分为内部存储器(内存)和外存储器(外存,又称辅助存储器)。

(4) 输入设备(Input Device)和输出设备(Output Device):输入设备和输出设备统称外部设备,简称外设(I/O),外设是用户与计算机进行信息交换、进行人机交互的硬件设备。常见的输入设备有鼠标、键盘、扫描仪、监控摄像头、语音麦克风、光笔、录音笔、手写板、游戏操作杆等,常见的输出设备有显示器、打印机、投影仪、音箱、绘图仪等。

1.1.2　计算机系统总线(BUS)

总线是计算机各个部件之间传递数据信息的一组公共信号线。总线作为一种内部结构,各部件分时占用公共通道进行数据的控制与传送,目的是节省并简化电路结构。计算机系统总线可根据传送的信号类型,分为数据总线、地址总线和控制总线。

1.1.2.1　数据总线(Data Bus,DB)

数据总线双向传输数据信息,数据既可传送至 CPU,又可从 CPU 传送至其他部件。

1.1.2.2　地址总线(Address Bus,AB)

地址总线单向地将地址信号从 CPU 传送到访问的存储器或 I/O 接口。

1.1.2.3　控制总线(Control Bus,CB)

控制总线负责管理总线上各类活动信号,如传送控制信号、时序信号、状态信号等。

1.2　实训二:认识主板

主板是计算机配件的中枢,作为计算机的主体,所有计算机配件都是通过它与 CPU 连接在一起的,它是 CPU 与各种设备连接的桥梁。主板又称系统板或母板,主板的灵魂是芯片组(Chipset),也称逻辑芯片组,由北桥芯片(North Bridge Chipset)和南桥芯片(South Bridge Chipset)构成。另外,主板电容、PCB(Printed Circuit Board)线路板、系统总线设计布局对主板的整体性能也是非常重要的。主板图解(因厂商和型号不同,布局结构会略有不同)如图 1-2 所示。

图 1 - 2　某品牌主板

1.2.1　PCB 线路板

PCB 线路板(印制电路板),是主板中重要的基础核心部件。它主要采用版图设计,通过几层树脂材料粘在一起,内部层使用铜箔走线。主板上所有的元器件,都焊接在 PCB 线路板上;PCB 线路板层数越多、越厚重,主板的布线设计越宽松,散热性越好,扩展性、耐用性和稳定性越突出。因此,主板能否科学合理地布局元器件和设计布线系统,将最终决定主板综合性能。目前,市场主流主板至少是 4 层或 4 层以上的 PCB 线路板设计。以 4 层板为例,最上层和最下层都为信号层,中间的 2 层为电源层和接地层,这样设计的好处是可以相对容易地对信号线做出修正。

中高端主板往往采用 6 层以及 6 层以上的 PCB 线路板设计,如 6 层板在 4 层板的基础上增加了辅助电源层和中信号层,而更高端的主板甚至采用了 8 层或者更多层的设计方案。

1.2.2　主板供电模块

一般主板供电模块最基础的设计是采用 1 个电感 +1 组电容 +2 个 MOS 管的形式来组成一相供电,这种供电设计能够保障每相承受 25 W 的 CPU,即如果主板使用了三相供电,那么主板只能支持 TDP(Thermal Design Power,热设计功率)功耗最高为 75 W 的 CPU。如图 1 - 3 所示,图中框出的部分为一相供电。

图1-3　主板供电模块

在选择CPU的时候,如果有超频需求,就需要考虑主板的供电能力,一般会从以下几种元器件参数来进行考量。

(1)电容:主流主板基本上都采用了固态电容,根据Intel白皮书对CPU的供电电路中总电容值的要求,其总电容值不能少于9 000 μF。因此,在每块主板CPU的插槽附近,会有很多的大容量电容分布,起到的作用是充分滤除CPU供电电路中的电流杂波。一般来讲,电容的数量越多,供电的保障就越稳妥,普通用户可以通过查看电容的数量来判断主板供电是否充足。

(2)电感:充足而稳定纯净的电流是保证主板长时间正常工作的重要条件。电感有蓄能的特性,所以主板工作时会让电流先经过电感,以滤除一部分高频杂波,然后再通过电容进一步滤除其余的电流杂波,因此电感性能的好与坏将会直接影响主板供电的纯净度。常见主板电容的知名品牌系列有Rubycon(红宝石)、Nichicon、Sanyo(三洋)、NCC(日本化工)、Teapo、Taicon等。MAGIC全封闭式铁素体电感是顶级主板常用的料件。

(3)MOS管:作用主要是放大电流,由于MOS管的输入阻抗很高,因此MOS管非常适合用作阻抗变换。MOS管常用来作为多级放大器的输入级进行阻抗变换,同时又用作可变电阻来获取恒流源。通常每相供电会用到3个或4个甚至5个MOS管。MOS管越多就意味着每个MOS管能够休息的周期越长,从而减少承受热量的时间,让主板的供电系统更加稳定。因此,普通用户可以通过查看MOS管的根数来判断供电电路的优劣。

1.2.3 BIOS(Basic Input/Output System,基本输入输出系统)

计算机在开机后首先需要进行系统引导,使操作系统运行,负责这一任务的就是BIOS,作为高层软件与硬件之间的接口,其主要实现系统启动、系统自检诊断、基本外部设备输入输出驱动和系统配置分析等功能。BIOS一旦损坏,计算机将不能正常工作。BIOS通常存放在一块固化的芯片中,采用闪存(Flash Memory)作为物理载体,一般只能读不能写,但在一定条件下可以写入ROM。

1.2.4 CMOS集成芯片

CMOS集成芯片有两大功能:一是实时时钟控制,二是由SRAM构成的系统配置信息存放单元。计算机采用电池和主板电源供电,如果两者同时断电一段时间,CMOS集成芯片的相关配置信息就会消失。可以在计算机启动时按Del键,进入BIOS系统配置分析程序来修改CMOS集成芯片的相关配置信息。

1.2.5 芯片组(Chipset)及北桥芯片

芯片组是主板的核心组成部分,对系统性能的发挥至关重要。芯片组通常会按照电路芯片在主板上分布的位置而约定俗成地分为北桥芯片和南桥芯片。其中,北桥芯片又被称作主桥(Host Bridge),一般分布在离CPU插槽较近的位置,它与其他的南桥芯片配合使用可以实现计算机的不同功能。

北桥芯片主要负责处理高速信号,通常处理CPU、内存、ISA/PCI/AGP接口和南桥芯片之间的通信。北桥芯片的发热量较高,因此一般会加装散热片进行物理降温。目前,Intel公司与AMD公司新推出的CPU已经将北桥芯片的绝大部分功能集成在其内部,因此对应型号的部分主板已没有北桥芯片。

1.2.6 南桥芯片

南桥芯片的位置一般会靠近PCI插槽,即靠近主机箱前端,这种设计主要是考虑到方便它与I/O总线及相关设备连接。南桥芯片主要负责I/O总线之间的通信,提供对USB(Universal Serial Bus,通用串行总线)、RTC(Real - Time Clock,实时时钟)、KBC(Keyboard Controller,键盘控制器)、Ultra DMA/33/66与EIDE数据传输方式等的支持。AMD公司推出的AMD Ryzen系列,除集成了传统的北桥芯片功能外,还整合了南桥芯片的功能。

1.2.7　主板外部接口

主板外部接口与日常使用息息相关，几乎每个用户都会用到，主板的各个接口往往以不用颜色加以区分，用户很容易识别并记住其功能。

(1)PS/2(Personal System/2)接口：双色接口支持 PS/2 接口的通用鼠标、键盘，而单色接口则只能用于单独的键盘或鼠标。需注意的是 PS/2 接口与 USB 接口不同，不支持热插拔，但系统对键鼠支持度好，响应时间短，键盘的全键无冲突。

(2)同轴输出接口：主要作用是进行数字音频信号的传输，接口通常为黄色。而市面上一些主板也会提供完整的输入/输出接口，即红色代表输入接口，黄色代表输出接口。

(3)光纤音频接口：主要用于音频输出。

(4)VGA 接口(视频图形阵列接口)：主要作用为连接显示器。

(5)DVI 接口(数字视频接口)：主要作用为对数字信号进行高速传输，可以支持 1080P、2K 和 4K 高清显示屏。

(6)HDMI(High Definition Multimedia Interface，高清多媒体接口)：是支持音频传输的视频传输接口，与 DVI 接口、DP 接口(DisplayPort 接口)一起位于显卡侧板。

(7)RJ45(Registered Jack45)网络接口：用于连接双绞线(网线)。如果接口为蓝色或者红色，则代表高性能网络接驳。

(8)USB 2.0/3.0 接口：USB 3.0 的传输速度可达 USB 2.0 的 10 倍。USB 2.0 接口一般为黑色，USB 3.0 接口为蓝色。

(9)多声道音频接口：在主流的音频设备输出接口中，有红、绿等插口，不同颜色代表不同的声道输入和输出。

目前，主流主板除上述接口以外，功能较多的主板还会有 USB 3.1、USB TYPE - C、IEEE 1394 等接口。

1.2.8　主板内部插槽

随着主板工艺不断发展，主板上的各种插槽也在不断升级，更新换代越来越快，元器件越来越多，功能也越来越强大。

1.2.8.1　CPU 插槽

目前，市面上主要以 Intel 公司和 AMD 公司所生产的 CPU 为主，它们的接口方式不同，即使同品牌的 CPU 也有不同的接口类型，这与 CPU 或主板的世代交替或是厂商自己划分的产品定位有关。微星主板的 CPU 插槽，如图 1 -4 所示。

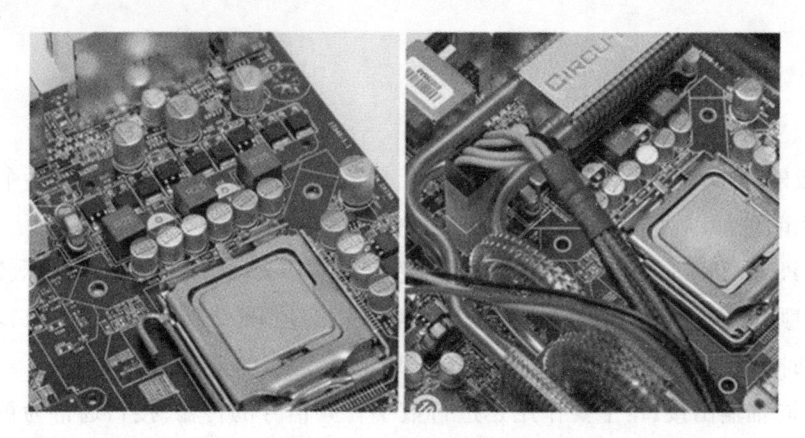

图 1-4　主板 CPU 插槽

1.2.8.2　内存插槽

主板的内存插槽以 DDR 的换代升级来区分,分为 DDR、DDR2、DDR3 和 DDR4 的内存插槽,不同代的内存插槽的引脚和电压不同,因此不同代的内存条需在对应的主板内存插槽上使用。常见主板有 2 至 4 条插槽位,高端主板会留有更多的插槽位,内存插槽的位置往往与 CPU 和北桥芯片相邻。如图 1-5 所示。

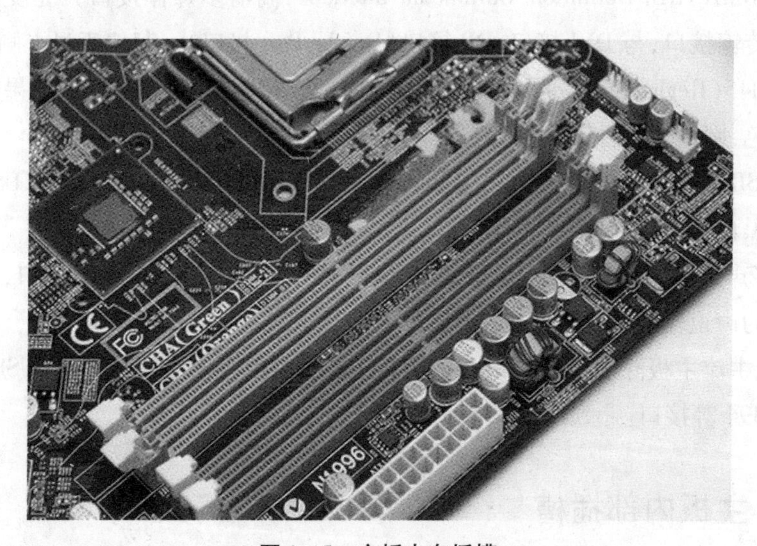

图 1-5　主板内存插槽

1.2.8.3　扩展插槽

主板上占用面积最大的部件就是扩展插槽,用于扩展计算机的功能,是主板各个部件之间进行数据通信的公共通道,也被称为 I/O 插槽。主板上一般有 1 至 8 个扩展插槽,如图 1-6 所示。扩展插槽是总线的延伸,作为总线的物理体现,在它上面可以插入相应的计算机配件,提升系统性能和用户体验。

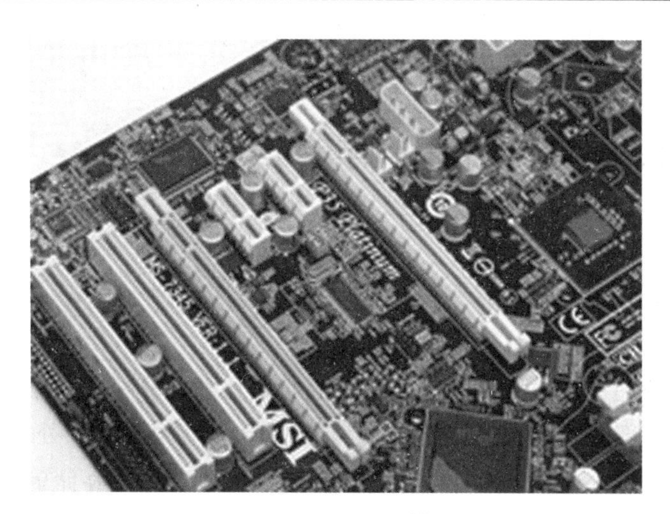

图1-6　扩展插槽

1.2.8.4　硬盘/光驱接口

SATA 接口(串行先进技术总线附属接口)与 IDE 接口(集成驱动电路接口)是存储器接口,也就是传统的硬盘与光驱的接口。目前主流的 Intel 主板已经不再提供 IDE 接口支持,主板厂商为照顾过去的老机型,会通过第三方芯片提供技术支持。如图1-7 所示。SATA 接口的主流规范是 SATA 3.0 GB/s,但很多主板已经开始提供 SATA3 接口,速度可达到6.0 GB/s,SATA3 用白色接口与 SATA2 蓝色接口区分。

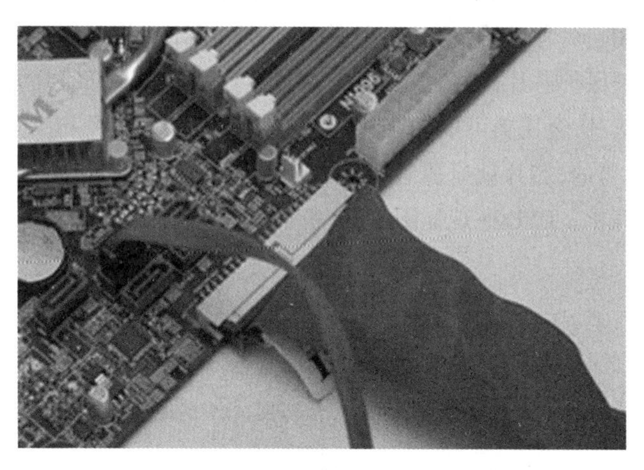

图1-7　SATA 接口和 IDE 接口

1.2.8.5　主板供电接口

目前主流的主板都采用通用的 20+4pin 供电,接口大都位于主板较长边的中部或者边缘侧向,侧向设计的好处是线缆电源更容易打理。品牌厂商的主板在用料、做工、稳定性和抗干扰性等方面都比较好,同时,品牌厂商的售后服务也相对及时和完善。

1.3 实训三:认识 CPU 和存储器

1.3.1 CPU

CPU 是一块超大规模的集成电路,是一台计算机的运算核心和控制核心,作为计算机中最重要的部分,其主要功能是负责解释计算机相关指令以及处理计算机各类软件产生的数据。CPU 内部结构可以分为控制单元、逻辑单元和存储单元 3 个部分,其中存储单元又称为高速缓存(Cache Memory),分为一级缓存(L1 Cache)、二级缓存(L2 Cache)、三级缓存(L3 Cache)。

根据支持 CPU 类型的不同,对应的主板可以分为 AMD 和 Intel 两个平台,不同的平台决定了主板的性能和用途不同。AMD 公司的 CPU 在三维制作、游戏应用、视频处理等方面比较有优势。Intel 公司的 CPU 则具备很强的运算能力和稳定性,此外主板厂商更侧重对 Intel 平台的设计与研发,因此,Intel 公司的 CPU 在图形设计、多媒体应用、整体性能等方面具有一定优势。

1.3.1.1 CPU 外观

目前多数 CPU 正面外壳都会有一个金属盖,名称叫 Heat Spreader,它有三种用途:第一个用途如它名称所示,可使芯片的热量平均分散到金属盖上,增加散热的面积;第二个用途是保护芯片,以防散热器把芯片压坏,早期某些 CPU 常被散热器压崩角而无法开机;第三,金属盖可以印字,标注 CPU 的生产厂商及相关重要参数。某些 CPU 是没有金属盖的,芯片就暴露在外面,安装散热器时要很小心,压坏可能会导致 CPU 损坏,无法开机。CPU 外观如图 1-8 所示。

图 1－8　CPU 外观

CPU 的背面,是和主机插槽相接的部分,金属点是用来传输资料和供给电力的,称为 Land Grid Array。过去传统 CPU 和目前 AMD 公司的部分消费级 CPU 背面还是针脚式的,背面由一根根细小的金属针排列组成,称为 Pin Grid Array,作用和金属点式相同,用来让资料进出 CPU 和供电给 CPU。如果安装不当或摔过,使针脚弯曲,就需用镊子掐住弯曲的针脚慢慢掰直,确保其正常使用。Intel 公司新的 CPU 基本上都是没有针脚的,传输点更密集,而且不会有折弯针脚的担忧。主板 CPU 插槽每一个“点”都是很细小的弹簧,与 CPU 背面的金属点相对应。这种设计对主板厂商的要求会更高,Intel 公司改用 Land Grid Array 之后,制造针脚的负担就转移给了主板厂商。

1.3.1.2　CPU 架构

CPU 架构,简单来说就是 CPU 核心的设计方案。目前 CPU 基本上可以分为 X86、IA64、RISC 等多种架构。个人计算机上的 CPU 架构是基于 X86 架构所设计的,被称为 X86 下的微架构。

1.3.1.3　CPU 处理器制造工艺

CPU 制造工艺是指量产 CPU 的技术水平,CPU 的核心是一颗晶圆做出来的芯片;改进制造工艺,就是缩短 CPU 内部电路与电路之间的距离,使同一面积的晶圆上可实现更多功能或更高性能。

1.3.1.4　32/64 位 CPU

32/64 位指的是 CPU 的位宽,即 CPU 一次能处理的最大位数。由于计算机采用了二进制系统,每个 0 或 1 就是一个位数(bit),8 位是一字节,即 8 bit = 1 B。一般情况下 32 位 CPU 只支持 4 GB 以内的内存,每次处理 4 B(32 bit)的数据;而 64 位 CPU

可以支持4 GB以上的内存并且每次处理8 B(64 bit)的数据。目前主流CPU均支持X86-64技术,但是要发挥64位CPU的优势,需要搭配64位操作系统。由于一些专业软件商和游戏开发商为了避免直接采用64位系统研发所带来的高风险,仍然是基于32位系统来开发软件和游戏,因此部分软件或游戏在64位系统中会存在一些兼容性问题,这也是64位系统普及较慢的原因之一。但随着网络应用快速发展,用户对数据运算能力和内存容量的要求越来越高,64位系统一定会成为主流。

1.3.1.5 CPU性能参数

计算机的性能很大程度上依赖于CPU的性能,而运算速度是衡量CPU性能的主要标准。CPU性能参数不仅包括CPU的工作频率,同时还包括CPU架构、缓存容量、指令系统和位宽等。

(1)主频:CPU内核工作的时钟频率,单位赫兹(Hz)。主频不代表CPU的实际运算速度(但与实际的运算速度存在一定的关系),而是代表在CPU内数字脉冲信号振荡的速度。一般情况下CPU的主频越高,CPU处理数据的速度越快。

(2)外频:通常为系统总线的工作频率(系统时钟频率)。

(3)倍频系数:指CPU的主频与外频的比值关系,简称为倍频。

(4)CPU的主频=外频×倍频,所谓"超频"就是通过技术手段提高外频来提高主频。

(5)缓存:用L1、L2、L3来表示一级、二级、三级缓存,缓存越大,CPU性能越高。CPU查找资料的顺序是由L1、L2、L3依次找起,如果没有查找到需要的资料则再一层层继续向下找,因此愈上层的部分,效能影响就愈明显。事实上,现在CPU电晶体将近1/2都是缓存,足以说明缓存对CPU的重要性。

1.3.2 存储器

存储器作为存储设备,是用来存放计算机数据信息和程序的部件。根据功能和用途可分为内存和外存。

1.3.2.1 内存

内存主要分为只读存储器(ROM)和随机存储器(RAM)。

(1)ROM(Read Only Memory),ROM所存储的是出厂装机前写好的固定程序和数据,数据无法更改或者删除,只允许进行读操作,并且断电后数据也不会发生变化,因此ROM存储的数据比较稳定,不易丢失或被破坏。一般是指主板的BIOS或者显卡的BIOS。

(2)RAM(Random Access Memory),RAM与ROM的特点相反,断电后存储的数据即丢失。它可以进行即时读写操作,具有存取速度快、集成度高、电路简单等优点。通常所指的计算机内存即是RAM。RAM如图1-9所示。

图 1 - 9　RAM

1.3.2.2　外存

作为计算机外存的设备较多，有软盘、硬盘、光盘、U 盘、SD 卡、CF 卡、记忆棒等。其中，硬盘是计算机最主要的外存设备，根据存储介质和存储原理不同，硬盘可分为机械硬盘（HDD）、固态硬盘（SSD）和混合硬盘（SSHD）三类。

（1）机械硬盘是多年的传统硬盘，由涂有磁性材料的铝制或玻璃制的碟片组成。优点是稳定，缺点是读写速度不快。机械硬盘如图 1 - 10 所示。

图 1 - 10　机械硬盘

（2）固态硬盘，采用了闪存颗粒的方式存储数据。固态硬盘相比于机械硬盘来说防摔性更强，质量更轻，数据读写速度更快，但使用寿命相对较短，价格更高。固态硬盘如图 1 - 11 所示。

图 1-11 固态硬盘

(3)混合硬盘是在机械硬盘的基础上衍生出的新硬盘,除了机械硬盘必备的碟片、磁头等以外,还以内置闪存颗粒的方式对数据进行存储,可达到固态硬盘的读取性能。

1.4 实训四:认识输入设备和输出设备

输入设备和输出设备是计算机的重要组成部分,是实现人机交互的必备硬件。无论是输入信息还是查看计算机的处理结果,均要通过输入设备和输出设备来实现。计算机的输入设备和输出设备已在前文简单介绍过,下面对常用的一些设备进行详细介绍。

1.4.1 输入设备

(1)键盘:是计算机最常用的基本输入设备之一,通过键盘可以将阿拉伯数字、各种文字、标点符号等输入计算机当中,对计算机发出各种类型的指令。键盘可分为标准键盘、多媒体键盘和人体工程学键盘,主流的标准键盘有 101 个键;目前不少厂家为增强键盘功能设计了许多额外的功能键(比如开关机键等),这类键盘被称为多功能键盘。有线键盘接口主要有 PS/2 接口(逐步淘汰)和 USB 接口。有线键盘和 PS/2 接口如图 1-12 所示。

图 1－12　有线键盘和 PS/2 接口

(2)鼠标:是一种指示设备,用来控制计算机屏幕上的指针并进行选择操作。鼠标底部是光学传感器或滚动球,通过它可控制指针的移动并跟踪指针位置。有线鼠标有两种,一种是光电式,另一种是机械式(已淘汰)。有线鼠标的接口与键盘接口情况类似,分为 PS/2 接口和 USB 接口。鼠标如图 1－13 所示。

图 1－13　机械鼠标(上)和光电鼠标(下)

(3)扫描仪:利用光电设备和数据处理技术,以扫描的方式将捕获到的图像信息转换成计算机可以显示、编辑、存储和输出的数字信息的设备。扫描仪示例可见图 1－14。

图 1-14　扫描仪

1.4.2　输出设备

(1)显示器:计算机所使用的显示器主要有两类:一类是阴极射线管(CRT)显示器,另一类是液晶显示器(LCD)。与过去传统的 CRT 显示器相比,LCD 显示器具有诸多优点,如耗电量低、辐射小、可视面积大、屏幕显示不闪烁、体积小、易移动,因此可实现大规模集成电路驱动,组装成大画面显示,目前已成为市场的主流产品。

(2)打印机:是计算机自动化办公必备的输出设备之一,用于将计算机的处理结果打印在各种类型的纸张之上。常见的打印机有针式打印机、激光打印机、喷墨打印机和 3D 打印机。

(3)多媒体设备:计算机除了显示器和打印机以外,经常还需要多媒体输出设备,包括音箱、投影仪等。

1.5　实训五:微型计算机的组装

本节学习自己动手组装计算机,可以更深刻地认识硬件,了解主机内部结构,也为硬件维护和维修打下良好的基础。

1.5.1　工具和配件

(1)十字螺丝刀;(2)5 mm 套筒螺丝刀;(3)扎带;(4)剪线钳。

1.5.2　常规流程

1.5.2.1　安装 CPU

①Intel 公司和 AMD 公司生产的 CPU 是有区别的,但安装方法基本相同。首先都需要用力压下铁杆并侧向移动,打开铁盖。注意 CPU 一角有金色三角标识,放入时要与主板插槽有对应标识的一角保持一致,保证方向正确。一般 CPU 会有凹凸点的防呆设计,如果放入的方向错误,CPU 会出现无法放平的情况。如图 1-15 所示。

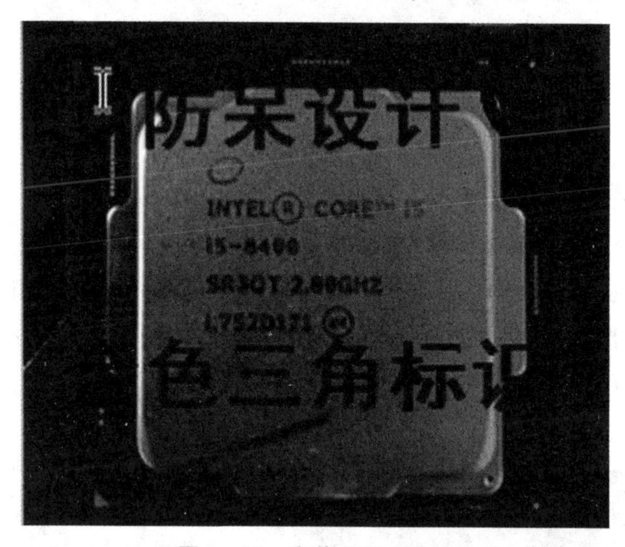

图 1-15　安装 CPU 示意 1

②放好 CPU 后合上铁盖并用力下压铁杆,固定 CPU 的同时扣紧卡扣,此时铁盖上的保护壳会弹起分离(保护壳只是起到保护作用,分离后就不再使用了)。如图 1-16 所示。

图 1－16　安装 CPU 示意 2

1.5.2.2　安装散热器

①在 CPU 背面金属板上涂好散热硅胶(薄薄一层即可),目的是更好地与风扇金属面贴合。涂抹硅胶后安装散热风扇。目前散热风扇有扣式固定式和螺丝固定式,无论哪种都是先将散热器卡扣(或螺丝)与 CPU 四角的四个固定点对齐,以对角线的方式用力下压扣紧(或拧紧)。如图 1－17 所示。

图 1－17　安装散热器

②将散热器供电线插到主板的 CPU_FAN 接口。如图 1－18 所示。

图1-18　散热器供电线连接CPU_FAN接口

1.5.2.3　安装内存

拉开内存插槽两边的卡扣，对好防呆缺口位置插入内存，双手在内存两边垂直下压，卡扣自动向内侧扣紧，固定内存。如果有2条内存，建议安装在同色的插槽上(双通道)；如果是1条内存，则建议安装在离CPU更近的插槽上。如图1-19所示。

图1-19　内存的安装

1.5.2.4　安装主板

安装I/O背板，对比好侧板与主板固定点的铜脚位置，再放入主板，将主板I/O接口向背板方向推入，最后用螺丝将主板固定在机箱侧板即可。如图1-19所示。

图1-20　主板的安装

1.5.2.5　安装显卡(如采用集成显卡,可跳过此步骤)

①找到PCI-E X16插槽(最长的插槽),安装方式基本与内存安装方式一致。如果主板有多条PCI-E X16插槽,优先安装在靠近CPU的插槽上,保证显卡全速运行。安装好显卡后拧上显卡I/O挡板的螺丝,避免掉落。如图1-21所示。

图1-21　显卡的安装

②接入显卡供电线。如图1-22所示。

图 1－22　显卡供电线接独立供电接口

1.5.2.6　安装硬盘和机箱电源

①硬盘的安装一般选用中间的舱位，这样硬盘四周有较多的预留空间，有利于空气流通散热，根据位置拧紧对应固定的 4 个螺丝即可。如图 1－23 所示。

图 1－23　硬盘的安装

②目前很多机箱采用下置电源式设计，如果使用大风扇电源，安装时需要注意风扇的正反方向，通常风扇向上吹是正确的方向。

1.5.2.7　接线

由于各类跳线相对较多，因此接线需要耐心，大部分接口都有防呆设计，能最大限度地避免误安装。安装时要尽量按照主板说明书进行，逐步连接。

①主板电源接口是24个针的接口,有防插错设计,看准电源排线凸起和插槽的凹点,对准方向插入即可。主板电源接口如图1-24所示。

图1-24　主板电源接口

②硬盘接口,目前硬盘供电线都为SATA接口,并且也是防呆接口设计。一般通过接口的折角,或者是第2个接口的空口来辨别正反方向,SATA数据线连接方法和供电线接口类似。

③前置音频和USB接口,在主板上分别有对应位置的接口连接,并且会有英文提示,在对接前置音频时,会看到只有一个对应的防呆接口。

④开机键、电源灯、硬盘灯、重启键可通过查看主板上的英文标识(因主板面积有限,英文标识较小)来对接,跳线一般会以颜色来区分正负极,彩色线代表正极,黑白线代表负极。POWER SW代表计算机的电源开关,POWER LED代表机箱的电源灯,HDD LED代表计算机的硬盘灯, RESET SW代表计算机的重启键, PC SPEAKER代表计算机的小喇叭,MSG代表信息指示灯。硬盘跳线与机箱的HDD LED相连可以表达IDE或SATA总线是否有数据通过。不同厂商的主板布局不同,具体按照主板上的指示或者主板说明书操作即可。

⑤使用塑料扎带理线,连接外设,通电测试。正常通电开机后,调用BIOS界面,可以看到BIOS主界面显示主板、CPU、内存、硬盘、风扇等各个部件信息,计算机组装完毕。组装后整体效果如图1-25所示。

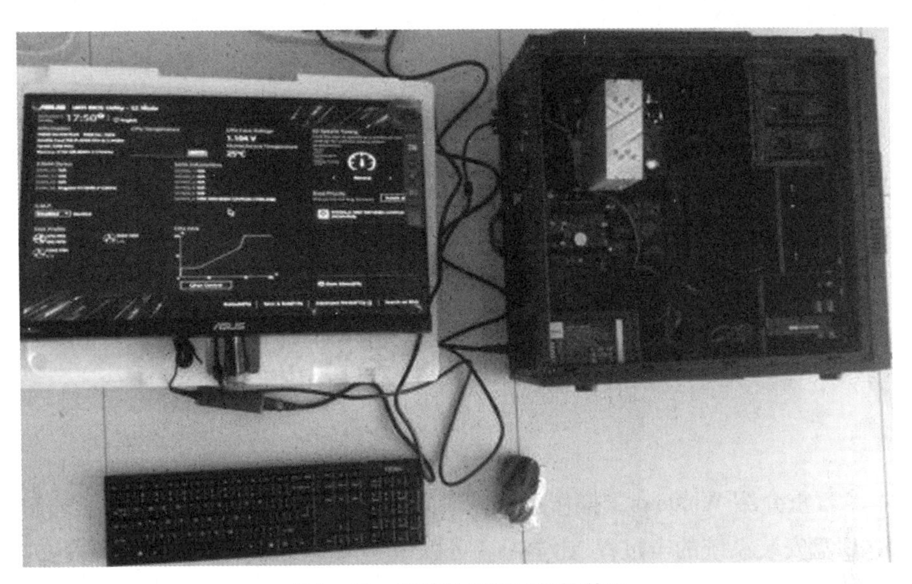

图1－25　计算机组装后整体效果

第2章
Windows 7 操作系统实训

本章着重介绍 Windows 7 操作系统镜像文件的获取方法,装机启动U盘的制作方法及用U盘安装系统的全过程,让学习者可以独立地完成对操作系统的维护安装;针对人们操作计算机时对坐姿的忽视、键盘指法的不规范,介绍坐姿和键盘指法,让学习者养成良好的操作习惯,健康、快速地操作计算机;以 Windows 7 操作系统为例,结合鼠标、键盘的操作,详细介绍操作系统外观、性能和硬件属性的基本配置方法、文件及其属性的相关操作和系统自带工具的使用,帮助学习者快速熟悉操作系统,轻松上手操作。

2.1 实训一:Windows 7 的安装

2.1.1 安装前的准备工作

(1)根据计算机硬件情况,选择安装操作系统的类型和版本。Windows 7 操作系统可分为32位版本与64位版本。当计算机内存超过4 GB时,为了发挥其性能就需要安装64位版本的操作系统。如果内存是4 GB及以下,那么建议安装32位版本的操作系统。Windows 7 操作系统的版本具体可分为基本版、家庭基础版、家庭高级版、专业版、企业版以及旗舰版。每个版本侧重的功能不同,但不论选择何种版本,在兼容性、稳定性以及资源消耗上都没有太多区别,本书以 Windows 7 旗舰版为例进行安装。

(2)获取操作系统镜像文件。Windows 7 系统镜像下载地址如下所示,其他微软原版系统可访问微软 MSDN 中文官网(http://www.imsdn.cn/)进行下载。注意,下载成功安装后,操作系统需要进行注册激活,否则超期后会影响后续的系统使用。

Windows 7 旗舰版(32位系统):

ed2k://|file|cn_windows_7_ultimate_x86_dvd_x15-65907.iso|2604238848|D6F139D7A45E81B76199DDCCDDC4B509|/

Windows 7旗舰版(64位系统):

ed2k://|file|cn_windows_7_ultimate_x64_dvd_x15-66043.iso|3341268992|7DD7FA757CE6D2DB78B6901F81A6907A|/

2.1.2 准备硬件驱动

为了使计算机各硬件能够正常使用并发挥最佳性能,需要准备好相关硬件驱动(注意操作系统类型和系统位数的一致性)。当计算机相关硬件没有驱动或者驱动不成功时,可能会出现相应的显示器分辨率无法调节到最佳屏幕尺寸、无法正常上网、无法自动识别外设等情况。驱动程序可以由计算机根据硬件型号自行搜索并下载安装,笔记本计算机一般出厂时会提供配套的驱动光盘,也可以通过官网下载对应型号的驱动。除此之外,所有计算机还可以利用第三方工具,如驱动精灵、驱动人生等软件全面检测机器硬件,自动匹配下载并安装最佳驱动程序。驱动精灵的使用方法详见本教材第7章第1节。

2.1.3 制作装机启动U盘

推荐使用容量为16 G的U盘作为启动U盘。启动U盘里往往需要存放系统安装镜像、驱动备份、常用软件,便于随时安装系统及相关程序。启动U盘可以使用UltraISO软件制作,也可以使用第三方软件如老毛桃、大白菜、电脑店、U大师等制作,这类工具的特点是可以一键傻瓜式制作,集成系统管理功能工具箱,但操作不当会遇到默认安装推广软件的情况。如果使用此类工具,推荐使用优启通(EasyU,简称EU)等,可实现纯净安装。优启通的使用方法详见本教材第7章第1节。下面以UltraISO软件为例,介绍如何手动制作启动U盘。

(1)运行UltraISO,找到已下载的系统镜像路径。主界面如图2-1所示。

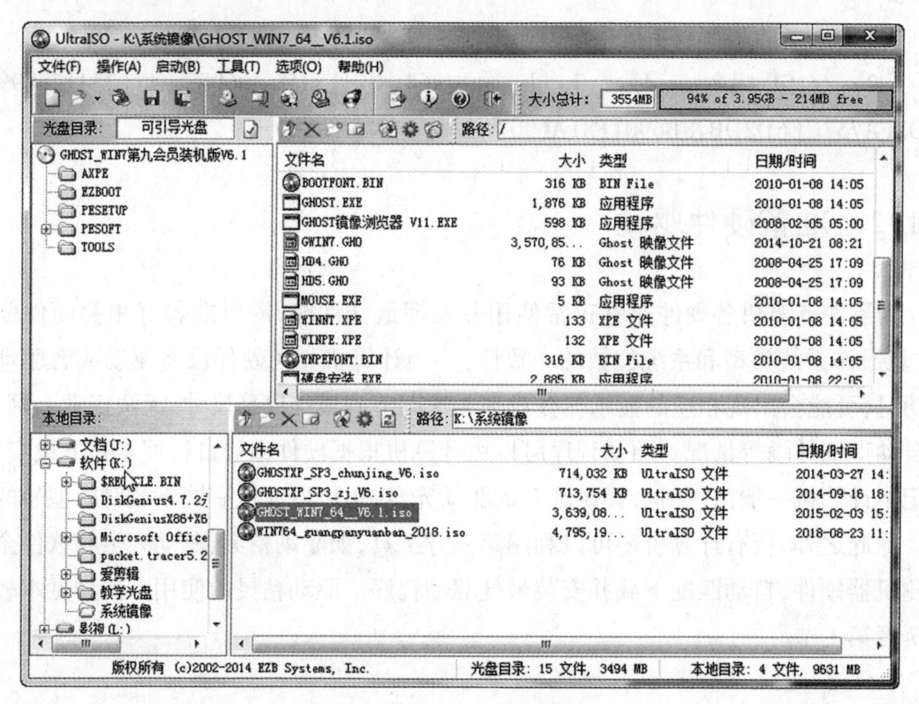

图 2-1 UltraISO 主界面

(2)插入 U 盘,系统自动识别 U 盘显示盘符后,点击菜单栏中的“启动”选项,运行“写入硬盘映像”。如图 2-2 所示。

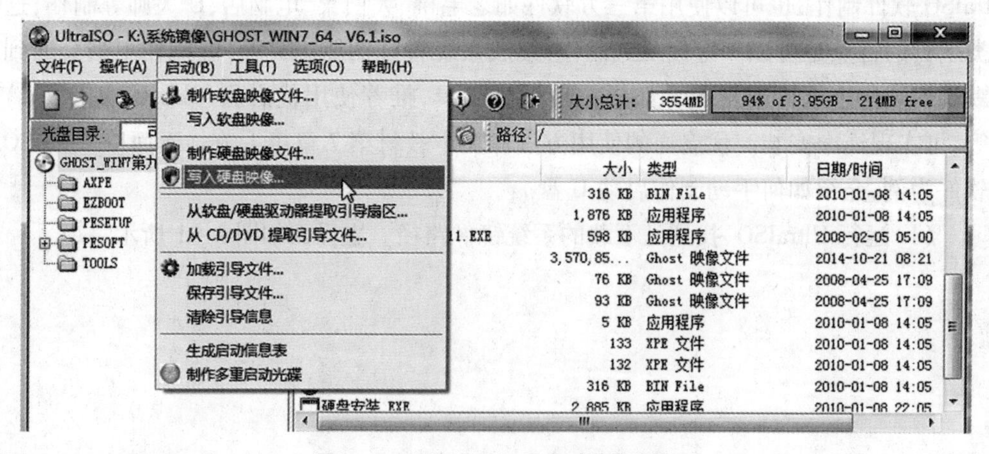

图 2-2 运行“写入硬盘映像”功能

(3)选择 U 盘对应盘符,以默认配置写入(操作会格式化 U 盘,需做好资料备份)。进度条走完,启动 U 盘制作完成。

2.1.4　系统安装

安装系统会格式化对应安装的系统分区(默认为C盘),需要提前对桌面文件、文档库、收藏夹等做好数据备份。如果系统崩溃,可运行PE系统进行数据导出或恢复。

准备工作就绪,接下来插入启动U盘。如果是Windows 7操作系统,则原版PE系统不带有USB 3.0驱动,若U盘插在USB 3.0接口(蓝色),系统会出现“驱动器错误”相关的提示信息,可以换到USB 2.0接口(黑色),Windows 8及以上版本操作系统则无此类问题。

(1)将计算机重新启动或者开启计算机,按启动顺序快捷键设置U盘为系统的第一启动项。一般开机LOGO会有快捷键提示,如果没有可以于网络中查询。不同厂商的计算机采用的主板品牌和型号不同,因此快捷键也会不同,但基本都以F8键、F11键、F12键、ESC键等为主。

如果遇到一些机型没有快捷启动菜单或者默认关闭的情况,就需要开机或重启按Del键、F2键或F9键进入BIOS来修改系统第一启动项。BIOS版本不同设置也不同,找到Advanced BIOS Features(高级BIOS设置),进入Hard Disk Boot Priority(硬盘启动优先级)调整启动顺序,选择含有“USB”相关字样的英文项,设置为第一启动项,按F10键保存并退出。对于苹果品牌的笔记本计算机,可以在计算机开机或系统重启时按住“Option”键(Alt键),即可进入选择启动方式界面。此外,部分主板BIOS已支持中文界面,对于新手来讲,设置会更加容易。BIOS设置好后,保存并退出。

(2)启动U盘加载完毕,进入选择语言相关设置,默认并进入下一步。

(3)如果是有系统故障的计算机,可以选择“修复计算机”进行系统修复,如能修复成功则可免去重新安装系统的烦恼。如果是全新安装系统或者重新安装操作系统,则选择“现在安装”,如图2-3所示。

图 2-3 “现在安装”界面

(4)本步骤两个选项对系统安装没有太多影响,为了节省操作系统的安装时间,可选择不更新。相关更新程序可以在系统安装完毕后,根据自己的喜好来自行选择。

(5)选中“我接受许可条款”,点击“下一步”。

(6)选择“自定义(高级)”选项。

(7)选择分区,默认选择C盘进行安装。选择安装到C盘,系统会弹出文字提示,点击“确定”,如图2-4所示。

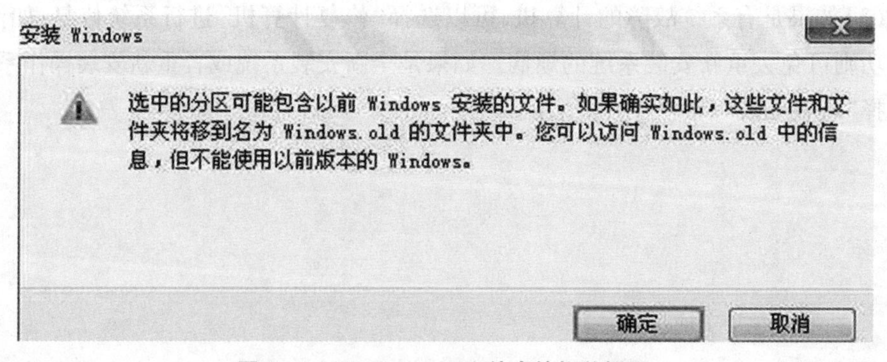

图 2-4 Windows.old 文件夹的相关提示

由于是采用setup覆盖安装,本步骤没有格式化磁盘选项,系统安装好后会产生“Windows.old”文件夹,如不需要可以删除(32位系统需要进入安全模式,以管理员身份删除该文件夹)。如果想避免文件夹生成,同时想以格式化分区的方式整理盘符,可以采用NT6工具引导安装系统,则会在此步骤中有格式化磁盘选项,彻底清理系统分区。NT6适合能够正常进入系统时使用,如果系统开机引导文件已损坏,则需使用启动 U 盘或者优启通来进行系统的安装。

(8)进入系统自动安装过程,此过程会自动重启计算机一次,重启以后继续自动安装,直至完成。然后再次重启,需要自定义一个用户名和计算机名称,点击“下一步”。如图 2－5 所示。

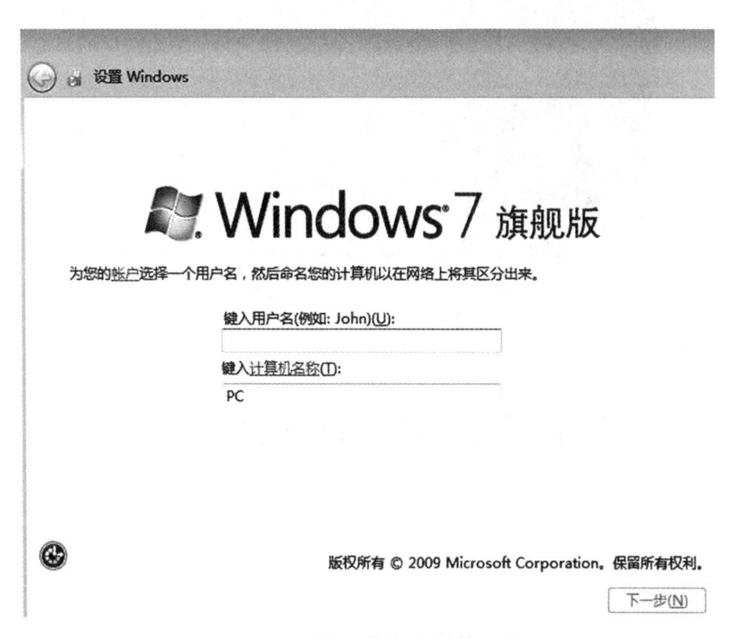

图 2－5　设置用户名和计算机名称

注:计算机中“账户”常为“帐户”

(9)这里可以为账户设置密码,用来提高系统安全性。但密码设置非必填项,可以默认为空密码进行到下一步。后续如果想为计算机设置密码或更改密码,则可以进入控制面板的“系统和安全”类别里进行设置,此处以空密码进入下一步。

(10)输入产品密钥,此时可以直接跳过。不输密钥,可以试用 30 天。

(11)询问是否安装更新,选择“以后再询问我”继续安装(如选择推荐设置,则需要联网进行系统安全更新,更新重启再进行后续设置,需要耗费一定的时间)。

(12)设置时区和时间。选择“北京”时区。时间设置可以跳过,进入系统后,在联网的情况下,系统会自动校对时间。

(13)选择当前网络,可根据实际网络情况来选择,家庭用户可选择“家庭网络”,无法抉择也可选“公用网络”。

(14)安装完毕后进入 Windows 7 欢迎界面,如图 2－6 所示。稍后进入桌面。需注意的是系统安装完毕后要取下启动 U 盘,以免循环安装。

图 2-6 Windows 7 欢迎界面

2.2 实训二:鼠标、键盘操作与指法练习

2.2.1 鼠标

主流鼠标为三键鼠标,由左键、右键、滚轮组成。鼠标作为计算机的必备设备之一,可以完成系统指针的移动、选择等操作,方便快捷,功能十分强大。

(1)鼠标的单击。当鼠标指针移动到某一图标上时,我们就可以使用单击操作来选定该图标。用食指点击鼠标左键,然后快速松开,当图标被单击选中后,会以高亮的形式显示。本操作方式主要用来选定目标对象、选取菜单等。

(2)鼠标的双击。用食指快速点击并松开两次鼠标左键即为鼠标双击。双击的过程需要注意,两次点击鼠标左键要连续,并且时间间隔不要过长。本操作主要用来打开并进入文件夹、打开各类文件或者软件程序等。

(3)鼠标的右击。用中指单击鼠标右键,即为鼠标右击。本操作主要用来打开某些程序的右键菜单或快捷菜单。

(4)鼠标的选取。单击鼠标左键,保持按住不放,当移动鼠标到目标区域时即会出现一个虚线框,最后松开鼠标左键,即可完成对虚线框中的对象的选取。本操作主要用来选取多个连续的对象。

(5)鼠标的拖动。将鼠标指针移动到要拖动的目标对象上方,按住鼠标左键不放并拖动目标对象到指定位置后松开鼠标左键。该操作主要用来移动图标、文件夹、窗口等。

2.2.2　键盘

键盘是用户向计算机输入命令和数据信息的设备，对于计算机基本操作和办公自动化而言，首先就是要正确、熟练地使用键盘。键盘如图 2－7 所示。

图 2－7　键盘示意图

2.2.2.1　主键盘区

☞ 字母键：输入英文字母或汉字编码。

☞ 数字键：输入阿拉伯数字。

☞ 符号键：输入常用的标点符号。

☞ 制表键（Tab）：使光标向左或向右移动一个制表位的距离（8 个字符）。

☞ 大小写锁定键（Caps Lock）：用于控制输入英文字母的大小写状态。

☞ 上档键（Shift）：用于组合键盘上方的数字键输入相应的特殊符号或常见符号。例如要输入“&”，则可通过按住 Shift 键的同时按数字键“7”来实现。另外，如果当前为中文输入法状态，则可通过按住 Shift 键的同时按键盘的字母键，实现英文字母的大写输入。

☞ Ctrl 键和 Alt 键：Ctrl 键和 Alt 键需要配合其他按键使用。

☞ 空格键：按一下输入一个空格。

☞ Win 键：单按此键将弹出“开始”菜单。

☞ 回车键（Enter）：输入文本时单按此键可开始新的段落。

☞ 退格键（Back Space）：删除光标左方的对象内容。

2.2.2.2　功能键区

☞ F1～F12 键：键盘上方的 12 个功能键的主要功能会以图形的形式印制在对应的键位上，运行应用软件或程序时，会起到不同的定义功能。

☞ Esc 键：用于放弃当前的操作或结束程序。

2.2.2.3　控制键区

☞ Print Screen SysRq 键：截屏键，点击一次即可复制当前屏幕内容，并可以利用粘贴命令输出。

☞ Scroll Lock 键:滚动锁定键,在 Windows XP 以及更高的 Windows 版本中已很少使用。

☞ Pause Break 键:主要用途是中止某些程序的执行,如在系统重启进入 DOS 自检时,按下 Pause Break 键,可以使屏幕中滚动的自检信息停止翻滚,以便查看相关内容。

☞ Insert 键:插入键,常于 Word 文档编辑时使用, 即"插入"状态和"改写"状态间的切换。

☞ Home 键:首键,使光标跳转到该行行首。

☞ End 键:尾键,使光标跳转到该行行尾。

☞ Page Up 键:上翻页键,显示屏幕前一页的信息。

☞ Page Down 键:下翻页键,显示屏幕后一页的信息。

☞ Delete 键:删除键,删除光标所在位置的字符并使其后面的字符前移。

☞ ← 键:将光标左移一个字符。

☞ ↓ 键:将光标下移一行。

☞ → 键:将光标右移一个字符。

☞ ↑ 键:将光标上移一行。

更多组合快捷键可参见附录。

2.2.2.4 数字键区

☞ Num Lock 键:数字键区按键的开关键。

☞ + 键:加号键。

☞ - 键:减号键。

☞ * 键:乘号键。

☞ / 键:除号键。

2.2.2.5 状态指示区

在键盘的右上角有 3 个按键功能工作状态指示灯, Num Lock 表示数字键盘的锁定,Caps Lock 表示大写锁定,Scroll Lock 表示 Excel 使用中滚动锁定。

2.2.2.6 键盘操作

初学者在学习键盘操作之初就要养成良好的坐姿习惯,错误的坐姿不仅会影响键盘敲击速度,还会对身体造成伤害,特别是长时间使用计算机时,错误的坐姿会导致疲劳、头晕的情况。正确的姿势是键盘操作的前提,可按以下规范来操作:

①双脚齐肩并平行放平,身体稍微正直不弯腰,双臂放松,自然下垂放置于桌面。

②身体略前倾,离键盘的距离为 20 ~ 30 cm,调整好显示器于双眼视线的水平高度。

③打字时眼观稿件,身体坐正。

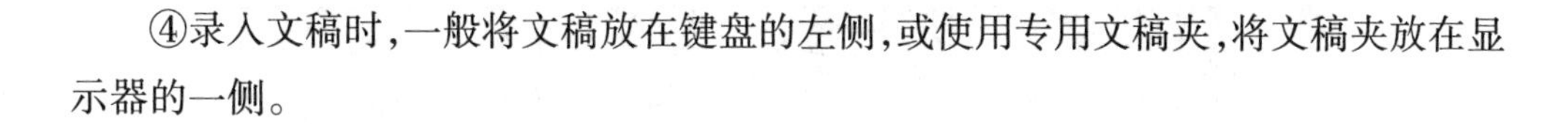

④录入文稿时，一般将文稿放在键盘的左侧，或使用专用文稿夹，将文稿夹放在显示器的一侧。

2.2.3　指法练习

(1)手指分工。8 根手指放在对应的 8 个基本键上，左手的小拇指、无名指、中指、食指依次放在 A、S、D、F 键上，右手的小拇指、无名指、中指、食指依次放在；、L、K、J 键上，两个大拇指轻放在空格键上。当敲击字母时，手指必须置于基本键上面，敲击其他字母后手指要快速归位到基本键，然后再继续下一次的敲击。除了键盘的基本键，双手的手指还负责着其他按键，初学者只有先熟悉键位，采用正确的键盘手指分工，才能有较高的打字速度并实现盲打。

(2)指法的训练可以利用相关的指法练习软件来实现，常见的训练软件有金山打字通等，这些软件可以提供多种模式使学习者熟悉键位及手指分工，学习者熟练后可根据自身情况练习英文输入、中文输入、特殊符号输入、混合输入。

2.3　实训三：Windows 7 的基本操作

2.3.1　桌面图标

2.3.1.1　个性化设置

Windows 7 默认桌面只有“回收站”一个图标，与我们平时熟悉的桌面外观差别很大，这就需要对图标进行个性化设置，“找回”那些熟悉的桌面图标。

①桌面空白处右击鼠标，点击“个性化”；

②点击左上角的“更改桌面图标”；

③勾选对应桌面图标选项。

操作步骤如图 2－8 所示。

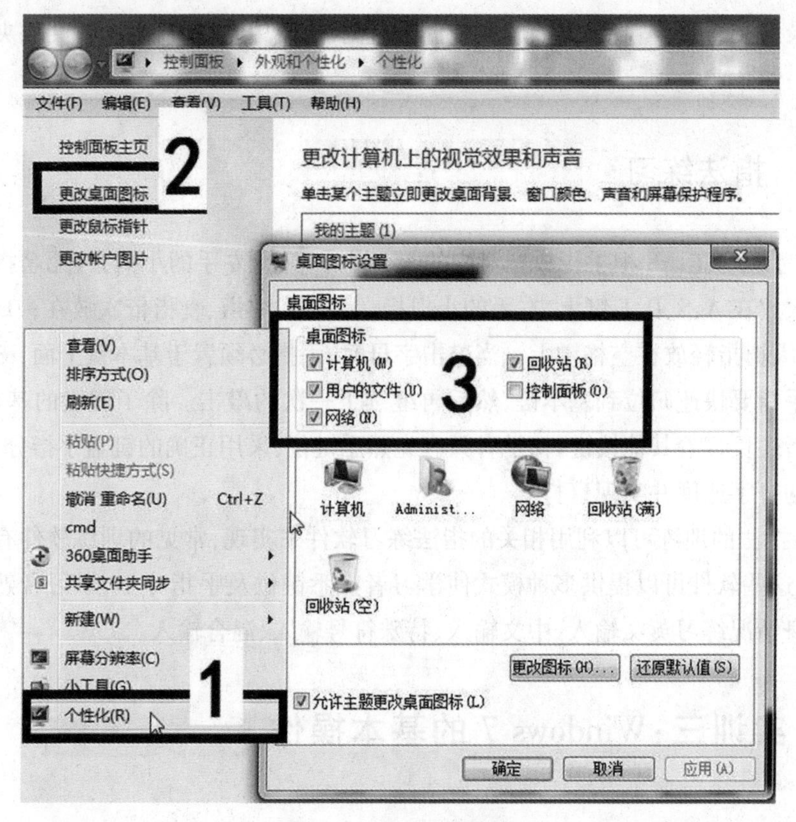

图 2-8　添加桌面图标

采用同样的操作,可以在图 2-8①的步骤中设置“屏幕分辨率”“小工具”,在“查看”子功能里移动和排列桌面图标等,在②的步骤中更改鼠标指针、更改登录账户图片、更改计算机视觉效果和声音等,在③的步骤中更改图标样式、删除桌面图标等。

2.3.1.2　Windows 7“开始”菜单

单击“开始”按钮,如图 2-9 所示。点击“所有程序”,我们会发现 Windows 7“开始”菜单中的程序列表没有延续 Windows XP 传统的层层递进式的菜单模式,而是直接将所有内容放置到“开始”菜单中。在最近使用的程序栏中,可以看到最近运行的程序,而将鼠标移动到程序上,即可在右侧显示最近使用该程序打开的文档列表,点击其中的项目即可用该程序快速打开文件。系统控制栏中集中着“控制面板”“设备和打印机”等系统设置功能。

图 2－9　“开始”菜单

2.3.1.3　设置任务栏和“开始”菜单属性

通过右键单击“任务栏”空白处，点击“属性”，打开“任务栏和‘开始’菜单属性”，可分别对任务栏、“开始”菜单和工具栏进行相关设置。如图 2－10 所示。

图 2－10　任务栏和“开始”菜单属性

2.3.1.4 关机与搜索

①在“开始”菜单显示框中,“关机”命令在右侧最下行,鼠标指针移动到右侧的扩展按钮后,可以选择切换用户、注销、锁定、重新启动和睡眠命令。计算机的锁定命令会经常用到,计算机锁定后,再次进入系统需要验证密码,目的是在操作者临时离开计算机后,更好地保护个人的信息。

②在“开始”菜单下方的搜索框可以搜索文件和程序,在其中输入“int”,会显示出相关的程序、控制面板项以及各种快速设置。

2.3.2 控制面板

控制面板是 Windows 系统提供的对计算机软硬件资源进行管理的入口,系统外观和工作方式的所有设置都在控制面板中,可在控制面板中对系统的软件和硬件设备进行管理和配置,满足用户的各种需要。

2.4 实训四:文件与文件夹管理

计算机系统中的数据信息以文件的形式保存,为了方便管理,文件一般会存放到具体的文件夹中。

2.4.1 文件的命名

(1)用户通过文件名对计算机的文件进行相关操作,文件的主文件名最多可以包含 255 个字符,如果使用中文汉字命名,则最多可以包含 127 个汉字。组成文件名或文件夹名的字符可以是大小写英文字母、阿拉伯数字、下划线、空格和一些特殊字符,如“%”“#”“!”等,但不能使用“:”“*”“/”“\”“|”“<”“>”“?”等。此外,在同一文件夹中不能有重复的同名文件。

(2)文件名一般由主文件名和扩展名组成。格式为:<主文件名>[.扩展名]。

主文件名和扩展名之间用“.”分隔,如果文件名中出现多个“.”,则以最后一个“.”后的字符作为扩展名。

(3)常用文件扩展名:文件扩展名一般由系统确定,操作系统通过扩展名识别文件格式。常用文件扩展名可见表 2-1。

表 2－1 常用文件扩展名

类型	含义	类型	含义
txt	纯文本文件	tiff	标记图像文件格式的图片文件
doc	Word 2003 文档	bmp	位图格式的图片文件
xls	Excel 2003 工作簿	ico	Windows 图标文件
ppt	PowerPoint 2003 演示文稿	wav	声音文件
docx	Word 2010 文档	mp3	压缩的音乐文件
xlsx	Excel 2010 工作簿	bak	备份文件
pptx	PowerPoint 2010 演示文稿	exe	可执行文件
pps	PowerPoint 2003 幻灯片放映	bat	批处理文件
ppsx	PowerPoint 2007 幻灯片放映	bin	二进制文件
htm、html	超文本文档	bas	Basic 语言源程序文件
png	便携网络图形格式的图片文件	c	C 语言源程序文件
gif	图形交换格式的图片文件	cpp	C ++ 语言源程序
jpg	联合图片专家组(JPEG)格式图片文件	dbf	数据库文件

(4)多位通配符和单位通配符:多位通配符“ * ”,代表文件名中所在位置起的多个任意字符。如“ *. * ”代表的是所有文件,“A * ”代表以 A 开头的所有文件。单位通配符“?”,代表该位置上的一个任意字符。如“A?”代表的是文件名只包含 2 个字符且第 1 个字符是 A 开头的所有文件。

(5)文件夹:在操作系统中,单个文件夹下可以创建多个子文件夹和文件,各个子文件夹中又同样可以创建多个下一级的文件夹和文件。

2.4.2 Windows 窗口

我们可以在 Windows 窗口中存放、移动文件,在窗口中打开、执行应用程序,几乎所有操作都离不开窗口。可双击桌面“计算机”图标,打开窗口。如图 2－11 所示。

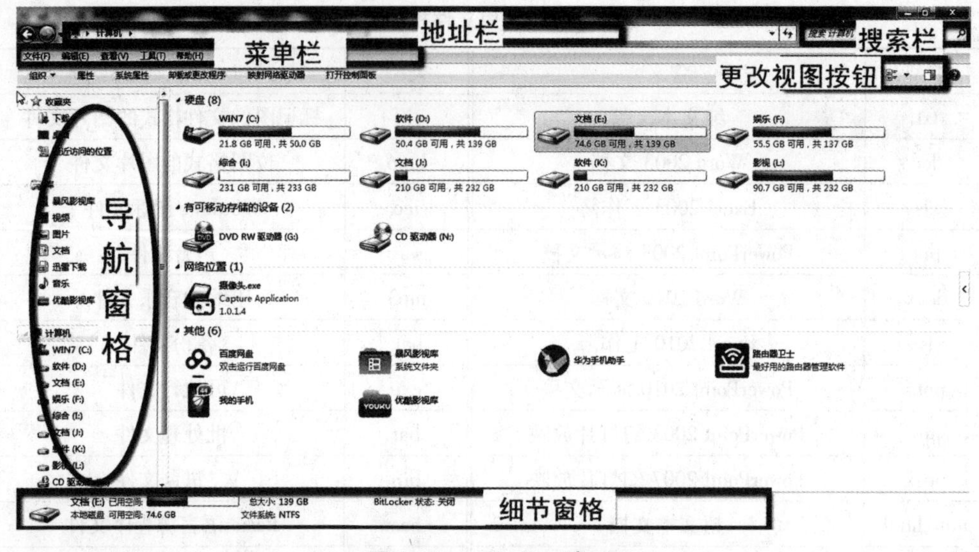

图 2 - 11　Windows 窗口

(1)最小化/最大化/关闭按钮:位于窗口的顶部,通过最右侧的 3 个按钮可以进行最小化、最大化、关闭窗口操作。

(2)地址栏:显示当前打开的窗口所处的目录位置,即文件的绝对路径。点击地址栏右侧的三角下拉按钮,能够展开所要访问窗口的文件夹。

(3)菜单栏:一般菜单栏里包含多个菜单项,分别点击菜单项也可弹出下级菜单,从中选择操作命令。在菜单栏下方,列出了一些当前窗口的常用操作按钮。

(4)导航窗格:位于窗口的左侧,是 Windows 系统提供的资源管理工具,可以用它查看计算机的所有资源,它由两部分组成,位于上方的是收藏夹链接,其下是树状目录列表,三角按钮可实现折叠、隐藏功能,使我们更清楚、更直观地认识计算机的文件和文件夹。

2.4.3　文件和文件夹的操作

2.4.3.1　创建文件

①常规方法:通过对应的应用程序创建,然后利用“文件”菜单中的“保存”或者“另存为”命令把它存放在磁盘上。

②快捷方法:在空白处点击鼠标右键,调用系统快捷菜单后左键点击“新建”。

2.4.3.2　选择文件

①选择一个:单击文件。

②选择连续的多个:单击选中第一个目标文件后按住 Shift 键不放,再单击选择最后一个目标文件。

③选择不连续的多个:按住Ctrl键不放,逐个单击文件。

④选择当前文件夹中的所有对象:点击“编辑栏”中“编辑”菜单,选择“全部选中”命令,或直接运行组合键“Ctrl + A”。

⑤反向选择:选中不选的对象,点击“编辑栏”中“编辑”菜单,选择“反向选择”命令。

⑥鼠标拖动画出的矩形内的对象均被同时选中。

⑦取消选择:单击窗口工作区的空白处。

2.4.3.3　复制文件和文件夹

选择文件或文件夹,鼠标右键调用“复制”命令(或直接运行组合键“Ctrl + C”),切换到目标位置,鼠标右键调用“粘贴”命令(或直接运行组合键“Ctrl + V”)。

2.4.3.4　移动文件和文件夹

选择文件或文件夹,鼠标右键调用“剪切”命令(或直接运行组合键“Ctrl + X”),切换到目标位置,鼠标右键调用“粘贴”命令(或直接运行组合键“Ctrl + V”)。

2.4.3.5　重命名文件和文件夹

①在更名的对象上右击鼠标,在快捷菜单中单击“重命名”命令。

②选中更名对象,点击原有文件名(文件夹名)出现标蓝状态,进行重命名。

2.4.3.6　删除文件和文件夹

①鼠标左键点击选取删除对象→鼠标右键→删除。

②鼠标左键点击选取删除对象→按“Delete”键。

③鼠标左键选中后直接拖动操作对象到回收站图标中。

①和②选取对象后,如先按“Shift”键再删除,文件或者文件夹将不经过回收站(回收站中的文件可以恢复至原位置),直接被删除。一般确定资料无用时可不经过回收站直接删除。如果误将资料直接删除,也可以通过专业的数据恢复软件来尝试恢复。

2.4.3.7　设置文件和文件夹属性

鼠标右键点击选取对象,点击“属性”。

①只读:文件只能进行读操作,不能改变其内容。

②隐藏:隐藏文件一般不会显示在“我的电脑”等窗口中,除非用户更改设置。

③存档:存档文件是一般的可读写文件,普通的文件多是存档文件。

2.4.3.8　文件夹选项

①双击“计算机”图标,在打开的窗口选择“编辑栏”中“工具”菜单的“文件夹选项”命令,即可调用出“文件夹选项”窗口。也可以通过选择“编辑栏”中“组织”菜单的“文件夹和搜索选项”调用出“文件夹选项”窗口。

②点击“查看”选项卡,选中“显示隐藏的文件、文件夹和驱动器”前的复选框,即可显示被系统隐藏的文件和文件夹。

③如勾选“隐藏已知文件类型的扩展名”前的复选框,常用文件的扩展名将不再显示。

第 3 章
文字处理软件——Word 2010 实训

Word 2010 是微软 Office 2010 办公组件中的一个文字处理软件，也是目前办公室人员必备的文字处理软件，它可以创建各种式样的文档，利用表格与图表分析出数据之间的趋势性与关联性，还可以很轻松地使用字体、段落等功能进行专业的排版操作。Word 2010 适用于所有类型的文字处理，比如备忘录、论文、书籍、商业信函和长篇报告。

3.1　实训一：制作求职简历

3.1.1　实训背景

临近大学毕业季，毕业生们在准备自己的毕业论文的同时，还面临着求职的压力。那么，制作一份精练、直观、诚恳的求职简历就显得尤为重要。求职简历的目的是让用人单位在最短的时间里快速了解自己大学期间的学习成绩、个人能力、实习经验以及突出特长等。因此，求职简历制作得好与坏，能否充分、合理地将自己优秀的一面展现给招聘人员，将直接影响到自己能否在众多的求职者中脱颖而出。

3.1.2　实训目的

1. 熟悉求职简历的组成部分及制作。
2. 掌握字符和段落格式化的设置方法。
3. 掌握表格的建立、编辑及格式化操作。
4. 掌握图片的插入和编辑。
5. 掌握页面布局的设置。

3.1.3 实训过程

3.1.3.1 实训分析

求职简历一般由封面、个人简历表和自荐书3部分组成,具体要求如下。

(1)封面一般采用与学校相关的图片或艺术字进行点缀设计。

(2)个人简历表可以根据展示的内容来进行排版设计,一般的个人简历表会做以下几个方面的介绍:个人基本信息、学习经历简介、大学期间学习成绩、实习经历简介、获奖情况以及兴趣爱好等。封面和个人简历表,如图3-1所示。

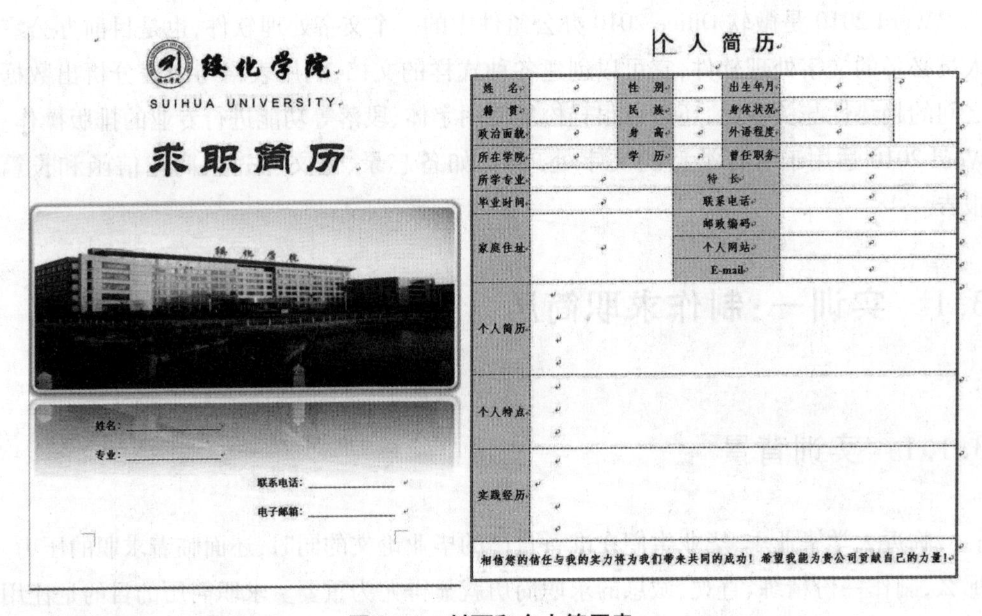

图3-1 封面和个人简历表

(3)自荐书是根据自己的实际情况来进行客观书写的,最后根据自荐书的实际篇幅大小进行排版设计,如字体的选择,字号的大小,页边距、行距和段间距的调整等,目的是使自荐书看起来直观、简洁、充实、清晰明了,如图3-2所示。

自　荐　书

尊敬的领导：

您好！

首先真诚地感谢您在百忙之中阅览我的求职简历，这对一个即将迈出校门的学子而言，是一份莫大的鼓励。这是一份简单而又朴实的求职简历。也许它的普通没深深地吸引您的眼光，但它却代表着一颗真诚的心。为此，我诚心恳求您能阅读这份普通的求职简历！我是一名××学院 14 级计算机科学与技术专业的毕业生。我怀着一颗赤诚的心和对事业的执着追求，真诚地向您推荐自己。

我能熟练操作主流操作系统、办公软件，数据库、C 语言、电路基础、数据结构、专业英语、组装与维护、网络技术等专业课成绩优秀，并且能熟练运用网页制作软件（Dreamweaver MX、Flash、Fireworks）、图形图像处理软件（Photoshop、CorelDRAW 9.0）和平面设计软件（AutoCAD）等。

我的特长是安装与维护系统，进行图形图像处理、网页制作、网络布线。在校参加了计算机学会，在学会中经常给学会的成员讲课，并积极宣传计算机的相关知识。同时，在学校帮助老师管理和维护机房，能独立维修一些计算机的故障。

作为一名即将毕业的大学生，我的经验不足或许让您犹豫不决，请您相信，我的干劲与努力将弥补这暂时的不足，也许我不是最好的，但我绝对是最努力的。我相信：用心一定能赢得精彩！良禽择木而栖，士为知己者而搏。愿您的慧眼，开启我人生新的旅程。

感谢您在百忙之中阅览，如有机会与您面谈我将十分感谢。另附个人简历表，望有机会加盟贵公司！

此致！

敬礼！

求职人：×××

××××年××月××日

图 3－2　自荐书

3.1.3.2　实训知识点

（1）Word 2010——工作界面

Word 2010 相对于经典的 Word 2003 而言，工作界面更加美观和实用，传统菜单栏和工具栏变成了选项卡和选项组，如图 3－3 所示。

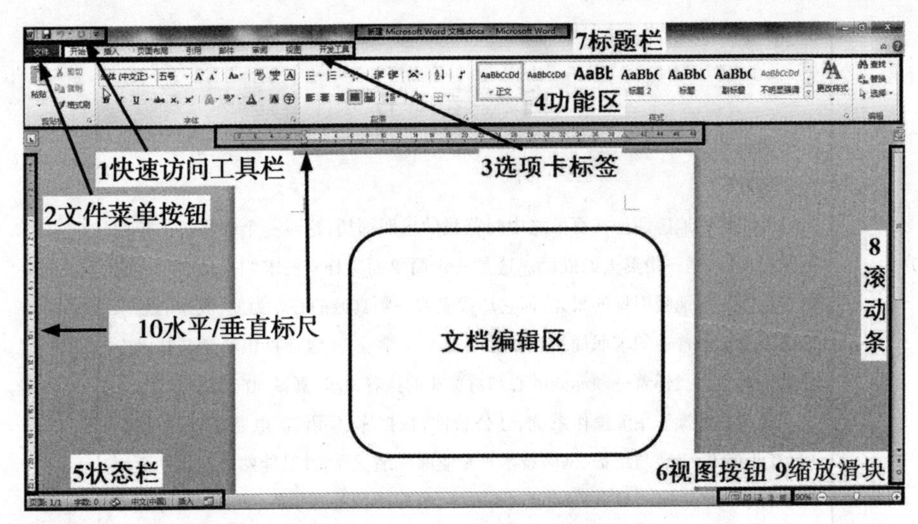

图 3-3　Word 2010 工作界面

①快速访问工具栏:快速访问工具栏位于工作界面的左上角。单击快速访问工具栏右侧的下三角按钮,在下拉菜单中即可添加、删除各种命令,也可以选择下拉菜单中的“其他命令”,自定义命令按钮。

②“文件”菜单按钮:“文件”菜单里主要包含与文档属性相关的基本操作命令,主要的功能有“保存”“另存为”“打开”“信息”“新建”和“打印”等。

③选项卡标签:Word 的其他常用命令,分门别类地集中在对应功能的选项卡标签中,选项卡从左至右依次为“开始”“插入”“页面布局”“引用”“邮件”“审阅”“视图”和“开发工具”。

④功能区:功能区是水平条带状区,编辑时需要用到的各类具体命令位于此处,且位于各选项卡中,可以通过单击选项卡标签来切换显示的命令集。Word 2010 中几乎所有的操作指令都是由功能区的命令完成的。

⑤状态栏:位于工作界面的左下角,用于显示当前文档窗口的基本状态和信息。一般包括文档的总页数、光标所在页的页数、语言信息和编辑状态等。

⑥视图按钮:位于工作界面最底部的右侧区域,负责切换当前文档的浏览方式。分为“页面视图”“阅读版式视图”“Web 版式视图”“大纲视图”和“草稿”。

☞ 页面视图:可以理解为文档通过打印机打印出来的实际效果,因此页面视图为文档的默认视图方式,以便进行文档的编辑、排版等操作。

☞ 阅读版式视图:以模拟阅读实体书籍或者电子书的方式阅读文档。

☞ 大纲视图:主要用于查阅、修改或者创建文档的大纲结构,能够快速浏览文档的各级标题,便于快速了解文档的基本框架和内容。

☞ Web 版式视图:将当前文档的内容以网页的方式展现。

☞ 草稿:切换到草稿视图后文档只会显示文本的基本格式。由于简化了页面布局,因此用户可以快速进行文档的基本操作。

⑦标题栏：显示正在编辑的文档的文件名，右侧边角是窗口控制按钮，分别是“最小化”“最大化”和“关闭”按钮。

⑧滚动条：用于改变正在编辑的文档的显示位置。滚动条位于窗口中编辑区的右侧和底侧，右侧的称为垂直滚动条，底侧的称为水平滚动条。单击滚动条两端的滚动箭头，可以向上、向下、向左、向右滚动一行或一列；单击滚动条两端的空白处，可以向上、向下、向左、向右滚动一屏；鼠标直接拖动滚动条中的滚动滑块，可实现快速移动至需要的位置。

⑨缩放滑块：可用于更改正在编辑的文档的显示比例。

⑩水平/垂直标尺：标尺带有刻度，位于窗口中编辑区的上侧和左侧，即水平标尺和垂直标尺。在“视图”选项卡的“显示”选项组中勾选“标尺”复选框，可以将标尺显示在文档编辑区。标尺主要用于估算、调整对象的编辑尺寸，当前版面的实际宽度、版面与页面之间的留白宽度等，都可以进行设置。

(2) Word 2010——基本操作

①启动

☞　切换到系统桌面，找到 Word 2010 快捷图标，双击启动。

☞　点击“开始”菜单，指针移动至“所有程序”，找到“Microsoft Office”文件夹并单击 Word 2010 图标。

☞　双击鼠标打开已有的 Word 2010 文档。

☞　以新建 Word 2010 文件的方式启动。

②退出

☞　执行“文件”→“退出”。

☞　执行“文件”→“关闭”。

☞　单击 Word 2010 窗口右上角的“关闭”按钮。

☞　双击 Word 2010 窗口左上角的 Word 图标。

☞　单击 Word 2010 窗口左上角的 Word 图标或右击标题栏，在弹出的对话框中单击“关闭”命令。

☞　通过快捷键“Alt + F4”实现文档的关闭。

在关闭文档时，如果对当前文档内容进行了修改但并未进行保存命令操作，Word 2010 将以对话框的方式来提醒操作者是否要保存当前文档，若单击“保存”按钮，则保存当前文档后退出；若单击“不保存”按钮，则直接退出程序；若单击“取消”按钮，则取消本次退出操作，可继续对文档进行编辑。

此外，还需注意“文件”选项卡中“关闭”和“退出”的区别：“关闭”是指多个文档同时编辑时，只关闭当前文档，应用程序并不退出；而“退出”则是应用程序退出，所有文档一次性全部关闭。

③创建文档

通过“文件”→“新建”创建。

④打开近期使用的文档

通过“文件”→“最近使用文件”可浏览近期所运行过的文档以及位置路径，并可快速访问显示的文档。

⑤文档保存

通过“文件”→“保存”或“另存为”可对编辑后的文档进行保存。

⑥文档录入

☞ 插入点：鼠标在文档编辑区任意处点击，会出现一个闪烁着的黑色竖条“|”，称作插入点。它的作用是表示将要输入的字符出现的位置，会紧紧跟随当前输入的内容而向右移动。如果需要对指定位置进行编辑操作，则可通过单击鼠标左键确定插入点，或者用键盘移动光标将插入点移到编辑位置。另外，利用键盘组合键也可以对插入点移动进行快捷操作。

☞ Word 2010 具有自动换行的功能，当输入到每行的末尾，继续输入内容即可自动换行，当需要另起一段时，可以按回车键来结束当前段落，开始一个新的段落。

☞ 删除文本时可以通过鼠标拖动来选择文本区域，也可以将光标定位在要删除文本的位置，按 Delete 键删除光标右侧的文本内容，按 Back Space 键删除光标左侧的文本内容。

☞ 中英文输入切换按“Ctrl + 空格”键。

☞ 对齐文本时不要用空格键。

⑦输入特殊符号和公式

输入一些特殊符号时，可以利用输入法自带的软键盘，还可以通过单击“插入”选项卡“符号”选项组中的“其他符号”命令选择 Word 2010 内置的特殊符号，如图 3 - 4 所示。同样，公式也可以通过单击“插入”选项卡“符号”选项组中的“公式”命令，选择内置的公式或根据运算需要插入新的公式。

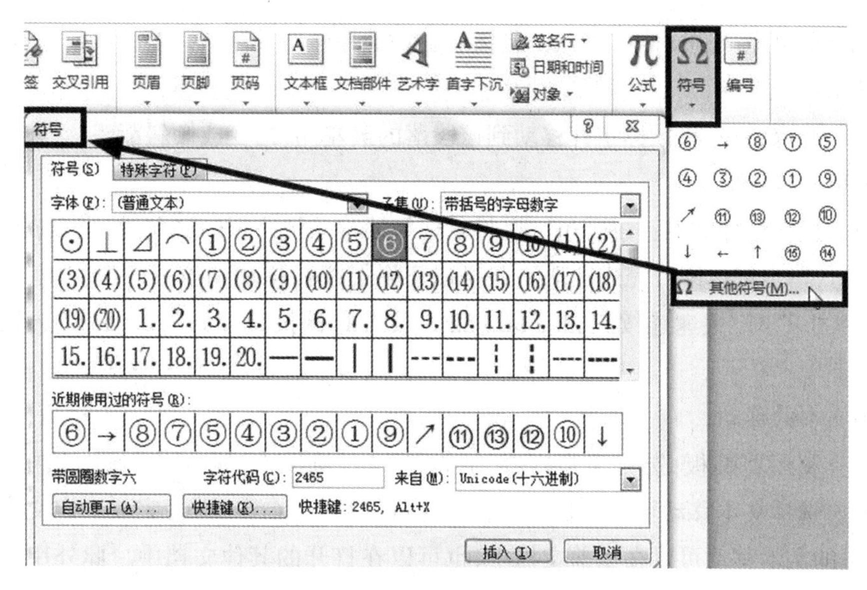

图 3-4　插入特殊符号

⑧文档的插入和改写

在状态栏区域，编辑状态有“插入”和“改写”两种。编辑状态为“插入”，即文档默认打开的状态时，文本会从左至右输入并显示；编辑状态为“改写”时，新输入的文本内容会依次对应地将光标所在位置的后续字符直接替换掉。Insert 键负责控制“插入”和“改写”状态之间的切换，也可以直接单击“插入”或“改写”命令按钮进行编辑状态的切换。

⑨文本的选取

文本的选取既可以通过鼠标，也可以通过键盘的组合键操作实现。其中，使用鼠标选取文本是用户最常用的操作方法，根据选取文本区域范围可分为如下操作：

☞　选择英文单词或汉语词组：双击该单词或词组即可完成选取。

☞　选择指定大小文本：将鼠标指针移动到目标区域的起始点，按住鼠标左键不松开并将鼠标指针移动到目标区域终点的最后一个字符后松开鼠标左键，此时鼠标拖拽所选定区域的所有内容即被选中。如要取消选定的文本，可以在文档任意处点击鼠标左键或者按键盘右下侧区域的“上、下、左、右”任意一个方向键实现。

☞　选取连续文本：将鼠标指针移动到目标区域的起始点，按住 Shift 键不松开，拖动垂直滚动条快速翻页至目标区域所在页，然后单击要选取文本的末尾，即可完成该区域范围内连续文本的选取。

☞　选取矩形文本块：按住 Alt 键，再按住鼠标左键不松开并拖动鼠标选择矩形文本，松开鼠标左键即可完成选取。

☞　选取句子：按住 Ctrl 键后鼠标左键单击句子中的任意位置即可完成选取。

☞　选取一行或多行：将鼠标指针移动到该行的最左侧，当变成倾斜箭头“↗”时，单击鼠标即可完成选取。如果点击鼠标后不松手并移动鼠标指针至其他目标行,则可选取若干行。

☞ 选取整段:将鼠标指针移动到该段落的最左侧,当变成倾斜箭头"↗"时,双击鼠标即可完成选取。

☞ 选取全部文本:按住 Ctrl 键,将鼠标指针移动到该行的最左侧,当变成倾斜箭头"↗"时,单击鼠标即可完成选取。还可以将鼠标指针移动到该行的最左侧,当变成倾斜箭头"↗"时,快速连续三击鼠标左键。或者直接按快捷键"Ctrl + A"选取全部文本。

⑩文本的移动

☞ 利用剪贴板:选定文本内容,通过"开始"选项卡"剪贴板"选项组中的"剪切"命令,选择文本移动至新的目标位置,再执行"粘贴"命令,即可完成选定文本的移动,这里的文本移动可以在当前文档中,也可以在打开的其他文档中。此外用户还可以使用快捷键操作,利用"Ctrl + X"键剪切选取的文本,按"Ctrl + V"键粘贴。

☞ 利用鼠标左键:选定文本内容后,将鼠标指针放置在选定文档内容所涵盖的任意区域内,即鼠标指针变成"↖"形状时按住鼠标左键并移动,指针下方会出现虚线矩形框,代表着选定内容将要移动,随着鼠标指针的移动还会出现一条虚竖线(插入点),将虚竖线移动至目标区域后松开鼠标左键,实现选定文本的移动。

☞ 利用鼠标右键:选定文本内容后,将鼠标指针放置在选定文本内容所涵盖的任意区域内,即鼠标指针变成"↖"形状时按住鼠标右键并移动,直至移动到目标区域后松开鼠标右键,在弹出的功能菜单中,选择单击"移动到此位置"命令,实现选定文本的移动。

⑪文本的复制

☞ 利用剪贴板:选取文本,点击"开始"选项卡"剪贴板"选项组中的"复制"命令,选择文本移动至新的目标位置,再执行"粘贴"命令,即可完成选定文本的复制,这里的文本复制可以在当前文档中操作,也可以在打开的其他文档中操作。此外,用户还可以使用快捷键"Ctrl + C"复制所选取的文本,将光标移至目标区域后按"Ctrl + V"键粘贴上一步所复制的文本内容。

☞ 利用鼠标左键:选定文本内容后,将鼠标指针放置在选定文本内容所涵盖的任意区域内,即鼠标指针变成"↖"形状时,先按住 Ctrl 键(不松开该键)再按住鼠标左键(不松开该键)并移动,此刻指针下方会出现虚线矩形框和一个"+"号,代表着选定内容被复制并将移动,随着鼠标指针的移动还会出现一条虚竖线(插入点),将虚竖线移动至目标区域后松开 Ctrl 键和鼠标左键,完成选定文本的复制。

☞ 利用鼠标拖动:与利用鼠标右键实现选定文本的移动操作相似,在最后弹出的功能菜单中选择"复制到此位置"命令即可完成选定文本的复制。

⑫撤销和恢复

如出现错误操作,可单击快速访问工具栏中的“撤销键入(Ctrl + Z)”按钮恢复之前的状态,“重复键入(Ctrl + Y)”按钮作用是将撤销的命令重新执行。如图3 – 5所示。

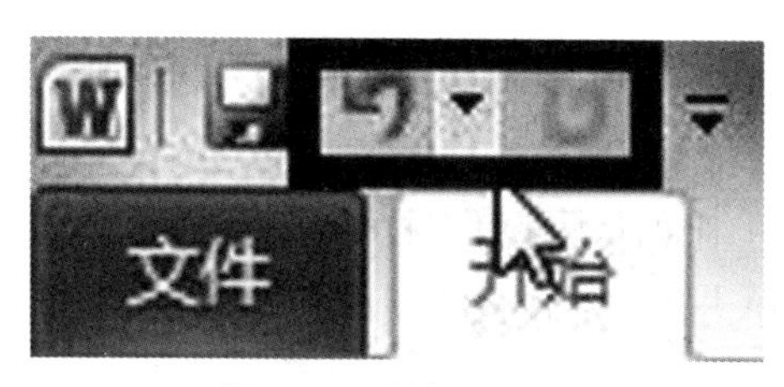

图3 – 5　撤销和恢复

⑬查找

☞ 选择“开始”选项卡的“编辑”选项组中的“查找”命令,或者通过组合快捷键“Ctrl + F”调用“查找”命令。进行查找时首先可以选择查找的范围,默认对当前整篇文档进行查找。

☞ 在窗口左侧的导航窗格中输入需要查找的字符,文档会自动执行对该关键字符的搜索,成功搜索到后以黄颜色高亮逐一显示。如图3 – 6所示。

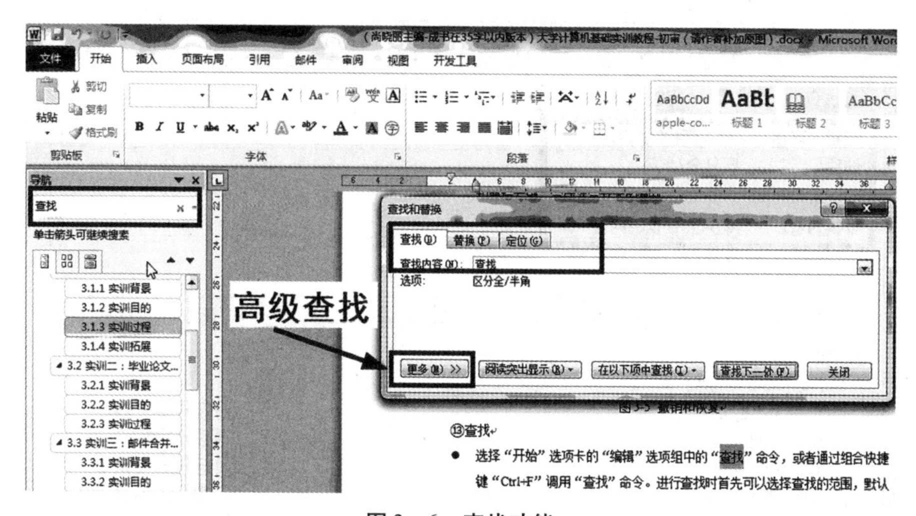

图3 – 6　查找功能

⑭高级查找

在“查找和替换”对话框中,单击图3 – 6中“更多”按钮,可以进行高级查找。高级查找中搜索选项见图3 – 7,其部分功能含义如下:

☞ 查找内容:输入需要查找的字符。

☞ 搜索:选定开始搜索的范围和方向,有“全部”“向上”和“向下”。

☞ 区分大小写和全字匹配:在搜索英文时,可以勾选这两个功能的复选框,实现更细致的匹配搜索。

☞ 使用通配符:选择此功能可以利用通配符实现模糊搜索。

☞ 区分全/半角:选择此功能可以在搜索的内容中区分全角或半角的英文字符和数字。

☞ “特殊格式”按钮:如果搜索的是一些特殊字符,则可以通过“特殊格式”来加载相关特殊字符。

☞ “格式”按钮:可细致匹配即将查找字符的格式。

☞ “更少”按钮:单击该按钮可从查找的“高级”状态返回“常规”状态。

⑮替换

替换作为查找的扩展功能,可以实现替换多处相同的内容。在“替换为”文本框内输入要替换的内容,系统既可以每次替换一处查找内容,也可以一次性全部替换。

☞ 调用“查找”命令并切换到“替换”选项卡,“替换”选项卡的布局与“查找”功能类似,只多出一个“替换为”文本框。

☞ 在“查找内容”中输入需要查找的字符。

☞ 在“替换为”中输入需要替换的字符。替换后的字体、段落等格式可通过替换选项中的“格式”和“特殊格式”进行设置。如图 3-7 所示。

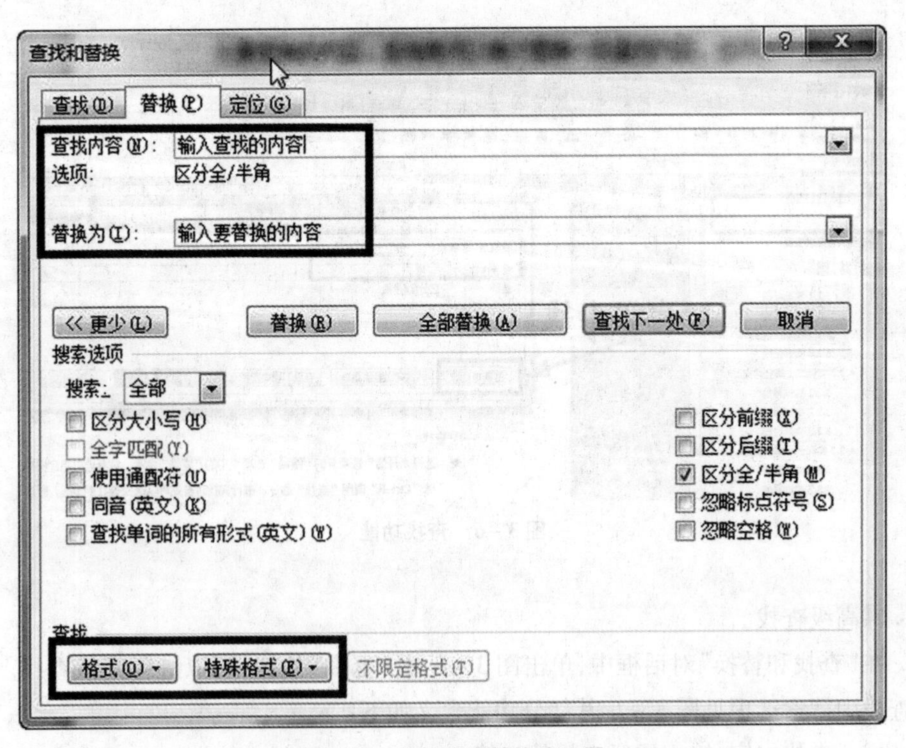

图 3-7 替换内容的格式设置

(3) Word 2010——设置字符格式

当编辑完文档中的文字后，就需要对字符的样式进行美化，字符的格式化在文本格式化中是一项比较简单的工作，但它对文本的外观影响很大。

①用“开始”选项卡的“字体”选项组设置文字的格式，“字体”选项组基本功能及含义，如图 3－8 所示。

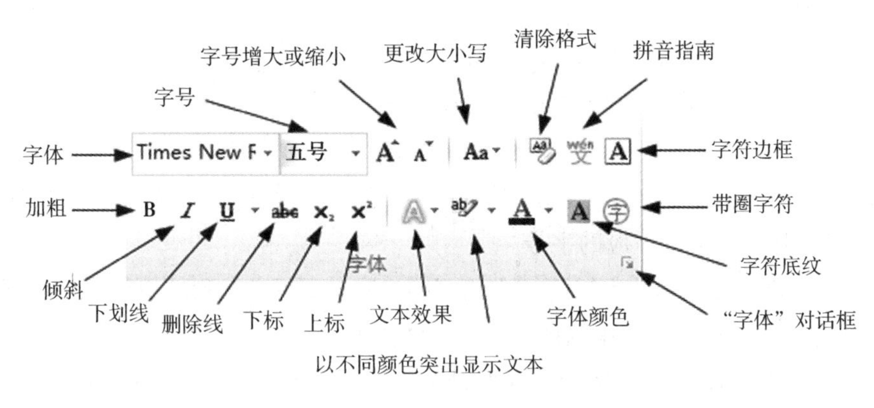

图 3－8 “字体”选项组

字体效果对比，如图 3－9 所示。

按钮	作用	示例
B	加粗	笑对人生→笑对**人生**
I	倾斜	笑对人生→笑对*人生*
U ▾	下划线	笑对人生→笑对人生
A	字符边框	笑对人生→笑对人生
abc	删除线	笑对人生→笑对~~人生~~
X_2	下标	笑对人生→笑对$_{人生}$
X^2	上标	笑对人生→笑对^{人生}
ab ▾	以不同颜色突出显示文本	笑对人生→笑对人生
A	字符底纹	笑对人生→笑对人生
A	增大字号	笑对人生→笑对人生
A	缩小字号	笑对人生→笑对人生

图 3－9 字体效果对比

常规操作步骤：

☞ 选定目标文本。

☞ 单击“开始”选项卡“字体”选项组中“字体”右侧的更改字体下拉按钮，在弹出的字体库列表中选择对应的字体,如图 3 - 10 所示。

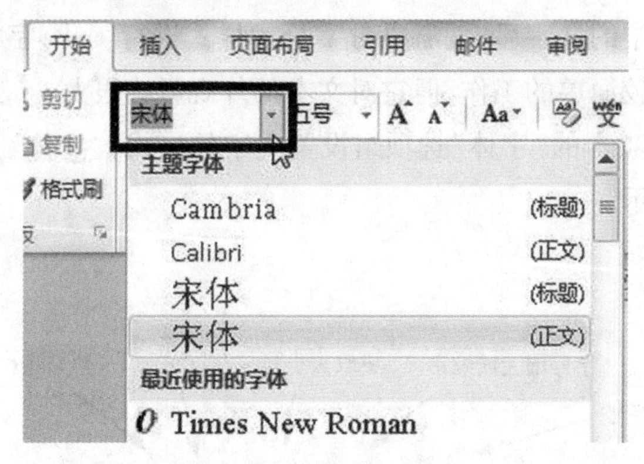

图 3 - 10　字体库列表

☞　单击“开始”选项卡“字体”选项组中“字号”右侧的更改字号下拉按钮,在弹出的字号库列表中选择对应的字号。

☞　单击“开始”选项卡“字体”选项组中“字体颜色”右侧的更改文字颜色下拉按钮,在弹出的颜色库列表中选择对应的字体颜色。

☞　其他还有“加粗”“倾斜”“下划线”等效果,可以对选中的中西文字体进行格式化操作。

②用“字体”对话框设置文字的格式。如图 3 - 11 所示。

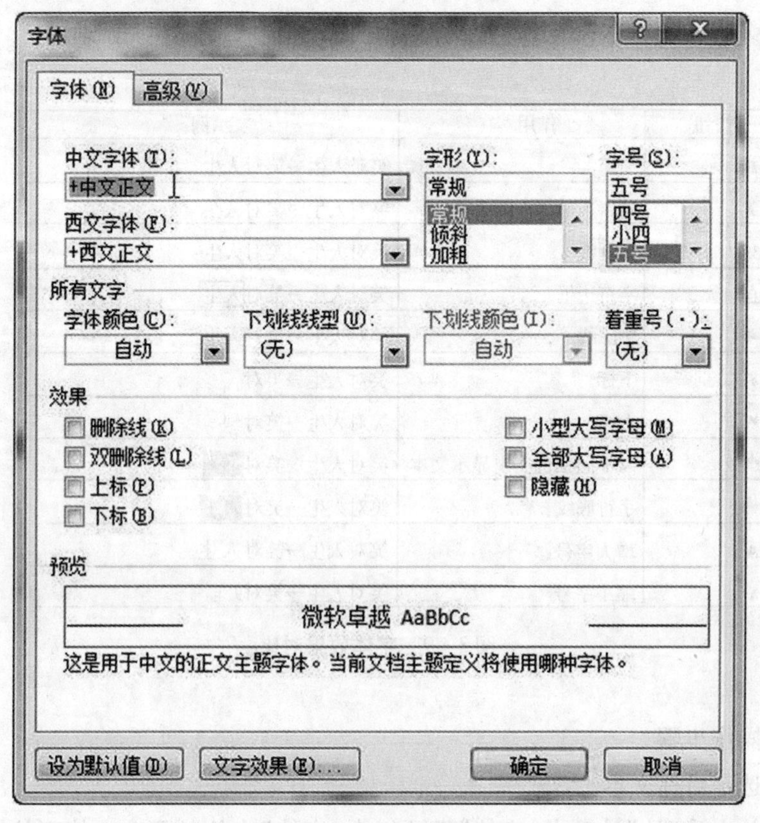

图 3 - 11　“字体”对话框

基本操作步骤如下：

☞　选定目标文本。

☞　单击鼠标右键，在右键功能菜单中选择“字体”命令。还可以单击“开始”选项卡的“字体”选项组中右下角“字体”对话框按钮，如图 3－12 所示。

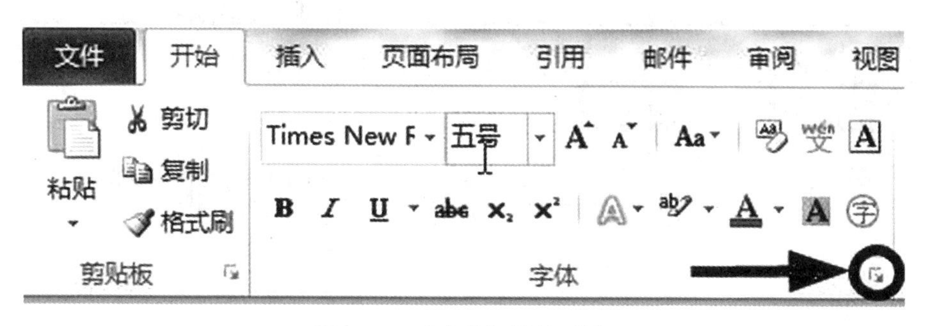

图 3－12　“字体”对话框按钮

☞　“字体”对话框的主要功能是对字符进行基本的格式化操作，如基本设置、文字效果设置和高级设置。“文字效果”可以设置文本效果格式，“高级”选项卡可以对字符间距与缩放等进行调整。如图 3－13 所示。

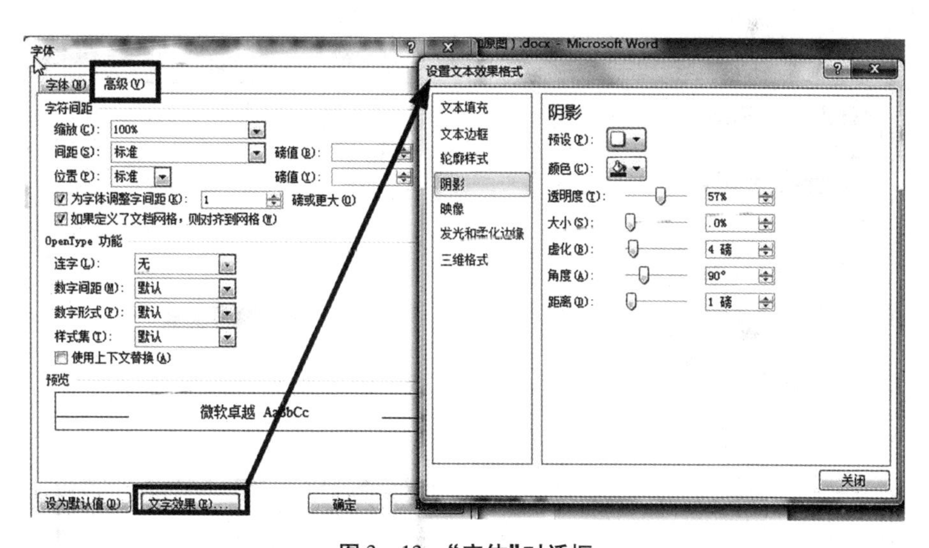

图 3－13　“字体”对话框

③设置文本边框和底纹。

☞　选定要加边框的文本。

☞　单击“页面布局”选项卡“页面背景”选项组中的“页面边框”按钮，弹出“边框和底纹”对话框，默认显示“边框”功能区。如图 3－14 所示。

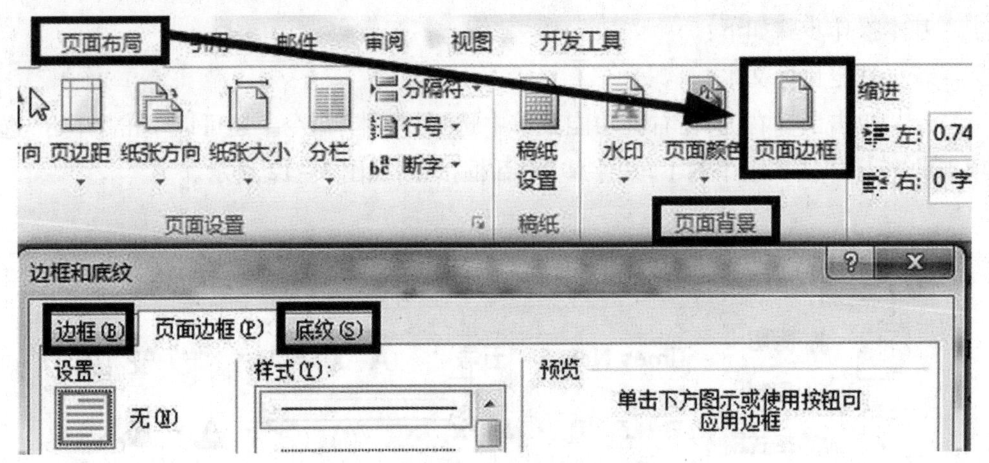

图 3－14　“边框和底纹”对话框

☞ 在“边框”功能区可以设置边框的类型、线型样式、颜色和宽度等参数。

☞ “边框”功能区中的“应用于”用来设置边框的应用范围。本操作是对文本添加边框,故“应用于”下拉列表框中的边框应用范围选择“文字”。

☞ 添加“底纹”效果。切换至“底纹”选项卡,可以设置填充颜色和图案。与添加边框相同,底纹应用范围选择“文字”。如图 3－15 所示。

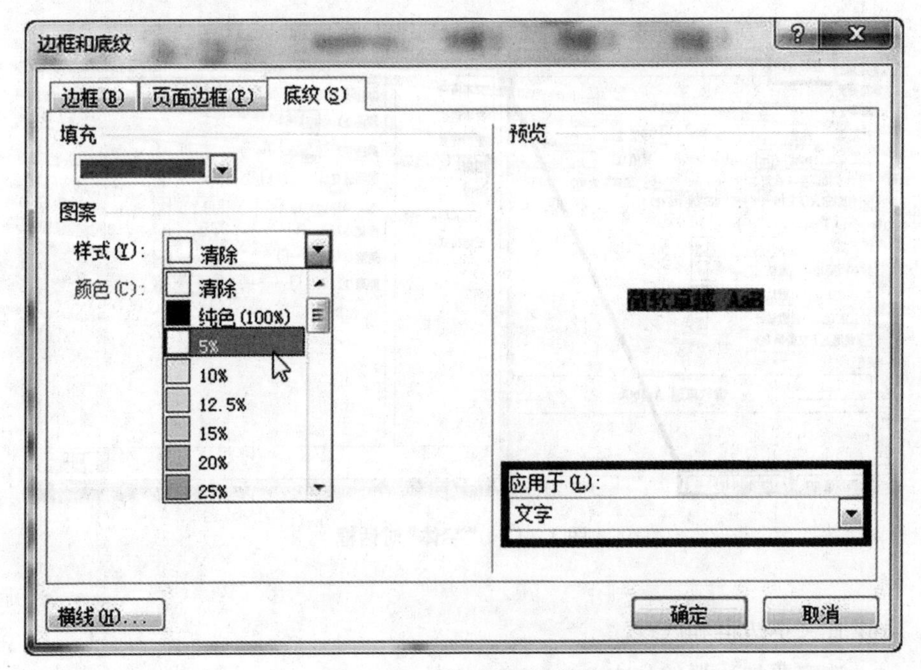

图 3－15　添加“底纹”效果

☞ 边框和底纹的效果可以同时显示,也可以各自独立地显示在文本上。

④复制格式(格式刷)。

格式刷是一个快速整体复制文本格式的工具,当用户对不同文本重复设置相同的复杂格式时,使用格式刷工具可以大大提高文本编辑的工作效率。如图3－16所示。

图3－16 格式刷

基本操作步骤如下:

☞ 选取要复制格式的文本,也可以直接将插入点放在该文本中的任意位置。

☞ 单击“开始”选项卡“剪贴板”选项组中的“格式刷”按钮,鼠标指针由箭头形状变为刷子形状。注:点击1次格式刷按钮,可以复制1次格式,快速点击2次格式刷按钮,可以实现无数次格式的复制。取消格式刷功能可以按ESC键。

☞ 将带有刷子形状的指针移动至目标文本的开始或结尾处。

☞ 按住鼠标左键,拖拽“刷子”至文本结尾或开始处松开鼠标左键即可。

⑤清除格式。

利用Word 2010自带的清除格式功能,可以轻松快速地一次性恢复到文本的初始状态。清除格式的步骤如下:

☞ 选取需要清除格式的文本。

☞ 单击“开始”选项卡“样式”选项组中右侧中部的“其他”按钮,在样式列表框中选择“清除格式”,即可一次性清除所选文本的格式。还可以通过快捷键“Ctrl + Shift + Z”快速清除选定的文本格式。

(4)Word 2010——设置段落格式

段落格式是指以段落为单位的对齐方式、段落缩进、段内行距与段间距等设置。段落可由文字、图形和其他对象内容所构成。每按一次回车键,就会产生一个新的段落,并且在上一段的段末处生成一个段落回车符标记,代表上一段的结束。段落回车符标记的作用是所在段落与下一段落的“分隔线”,如果删除了一个段落标记,那么这个段落就会与下一个段落合并,并且下一个段落的格式会与当前段落的格式保持一致。

①段落的基本排版

段落的基本排版主要有以下 3 种方法:

A. 通过"开始"选项卡"段落"选项组中的快捷按钮完成,如图 3 - 17 所示。

图 3 - 17 "段落"选项组的快捷按钮

B. 通过鼠标拖动页面标尺设置段落格式,如图 3 - 18 所示。

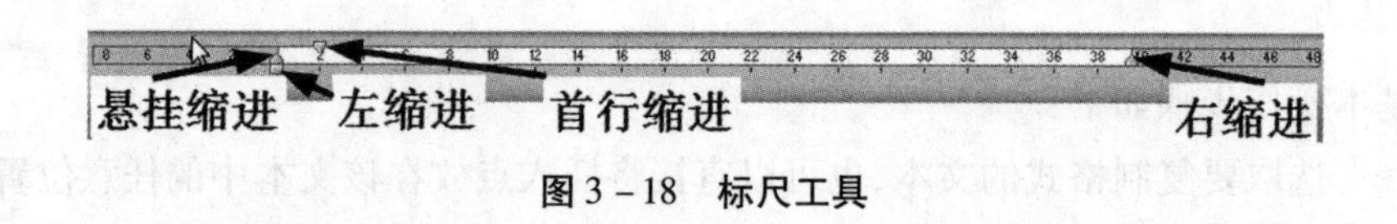

图 3 - 18 标尺工具

Word 2010 窗口默认显示标尺,当标尺被隐藏时,可以通过单击"视图"选项卡,勾选"显示"选项组中的"标尺"复选框来显示标尺。如图 3 - 19 所示。

图 3 - 19 调用"标尺"功能

C. 用"段落"对话框设置。

单击"开始"选项卡"段落"选项组中右下角的"段落"对话框按钮,弹出"段落"对话框,如图 3 - 20 所示。还可以单击鼠标右键,快速调用"段落"对话框。

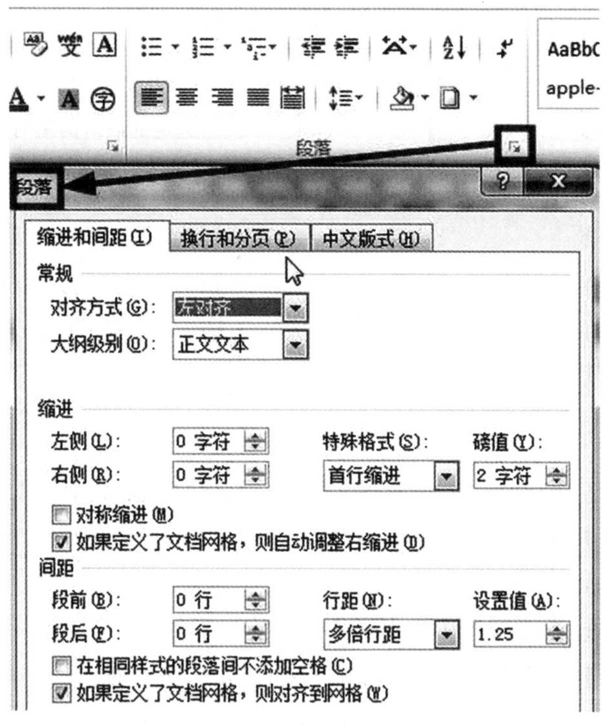

图 3－20　“段落”对话框

②段落的对齐

Word 2010 为用户提供了左对齐、右对齐、居中对齐、两端对齐与分散对齐 5 种对齐方式。

☞　左对齐:将文字和段落左侧对齐。

☞　右对齐:与左对齐相反,右对齐是将文字和段落右侧对齐。

☞　居中对齐:将文字居中对齐,即所有文字都被文档的“中间线”左右均分。

☞　两端对齐:将文字左右两端同时对齐(不含最后一行),并根据需要适当增加字符间距。

☞　分散对齐:将段落两端同时对齐,并根据需要适当增加字符间距。

设置段落对齐可通过前文所述“段落的基本排版”中的方法 A 和方法 C 操作实现,也可以通过快捷键的方式对选定的段落实现对齐方式的快捷设置。如表 3－1 所示。

表 3-1　设置段落对齐的快捷键

快捷键	作用说明
Ctrl + J	使所选定的段落两端对齐
Ctrl + L	使所选定的段落左对齐
Ctrl + R	使所选定的段落右对齐
Ctrl + E	使所选定的段落居中对齐
Ctrl + Shift + D	使所选定的段落分散对齐

③段落缩进

段落缩进是指段落向页内缩进一段距离。段落缩进的设置可以将一个段落与其他段落分开,使文档更具有条理性和层次感,便于阅读。段落的缩进有以下 4 种方式,效果如图 3-21 所示。

☞　首行缩进:设置段落中第 1 行第 1 个字向右缩进。

☞　悬挂缩进:设置段落中除第 1 行以外的文本向右缩进。

☞　左缩进:设置整个段落的左边向右缩进一定的距离。

☞　右缩进:与左缩进的功能相反,右缩进是设置整个段落的右边向左缩进一定的距离。

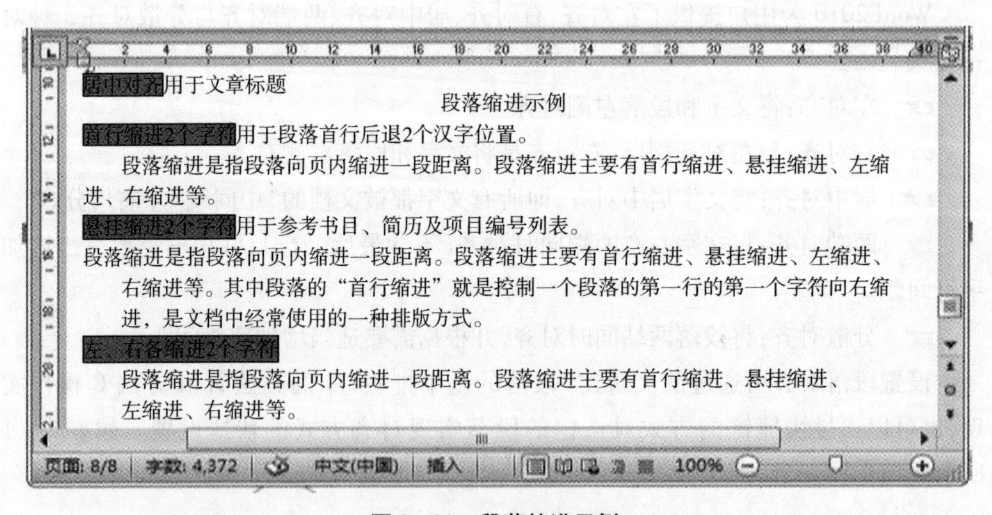

图 3-21　段落缩进示例

设置段落对齐可通过前文所述“段落的基本排版”中的方法 A、方法 B 和方法 C 操作实现。需要注意,如果使用方法 A 的快捷按钮,选择“减少缩进量”或“增加缩进量”来减少或增加段落边界的时候,每次的缩进量是固定不变的,因此调整幅度的灵活性相对较差。

④段间距与行距

行距是指段落中行与行之间的距离。段间距是指相邻的段与段之间的距离,段间距包括段前与段后两个间距。段前间距是指本段与上段的距离,段后间距是指本段与下段的距离。行距、段间距的单位可以是厘米、磅值以及当前行距的倍数。常规操作中很少用回车键插入空行来增加段间距或行距。设置段间距与行距可通过前文所述“段落的基本排版”中的方法 A 和方法 C 操作实现。

⑤边框与底纹

给文字添加边框和底纹是对文本内容添加修饰,可以使文本内容更加醒目,实现特殊效果。给段落添加边框和底纹的方法与给文本添加边框和底纹的方法相同,在“边框和底纹”对话框的应用范围中选择“段落”。如图 3－22 所示。

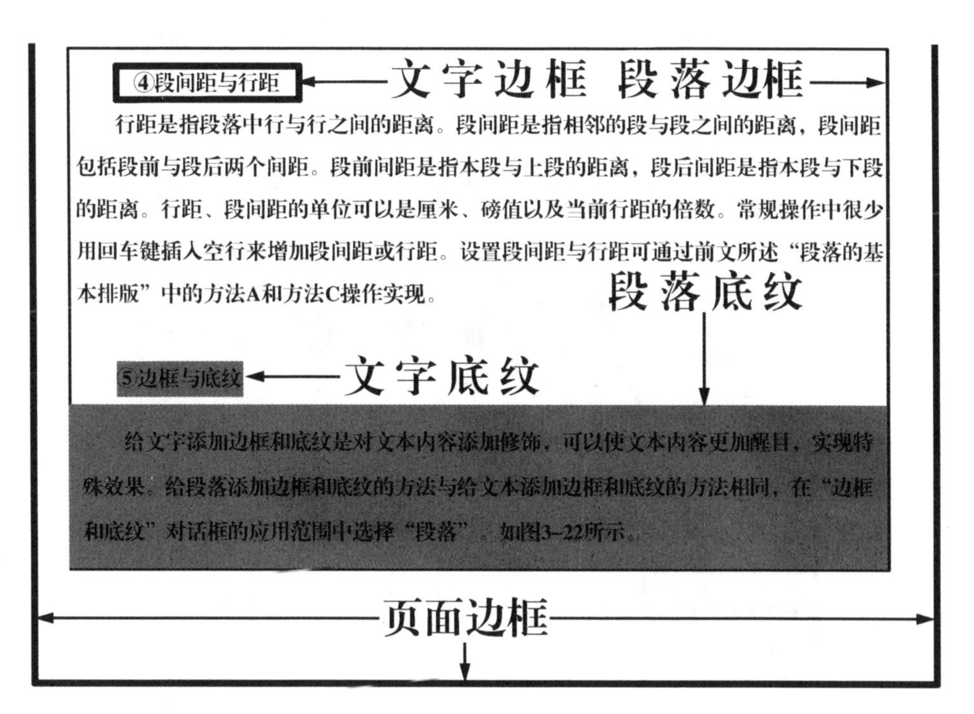

图 3－22 “边框与底纹”示例图

边框与底纹实现方法:

A. 单击“开始”选项卡“段落”选项组中的“边框和底纹”按钮。如图 3－23 所示。

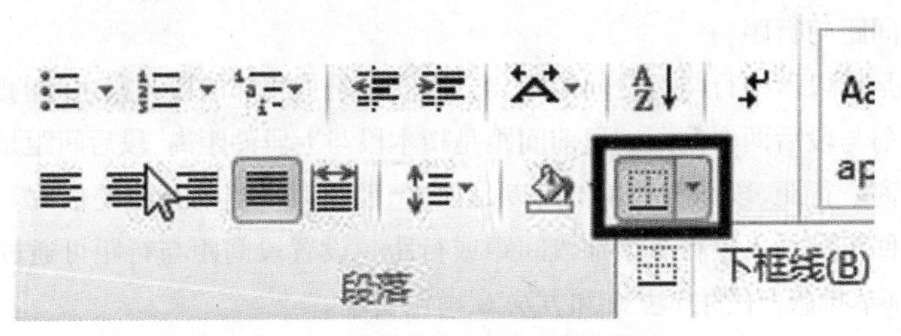

图 3－23 调用“边框和底纹”对话框

B. 单击“页面布局”选项卡“页面背景”选项组中的“页面边框”按钮,在弹出的“边框和底纹”对话框中进行设置,可参见图 3－14。

⑥项目符号与编号

编排文档时,为了使文档具有层次性和可读性,需要为文档设置项目符号或编号,突出或强调文档中的重点。

项目符号和编号实现方法:

A. 单击鼠标右键,于快捷菜单中设置项目符号和编号,如图 3－24 所示。

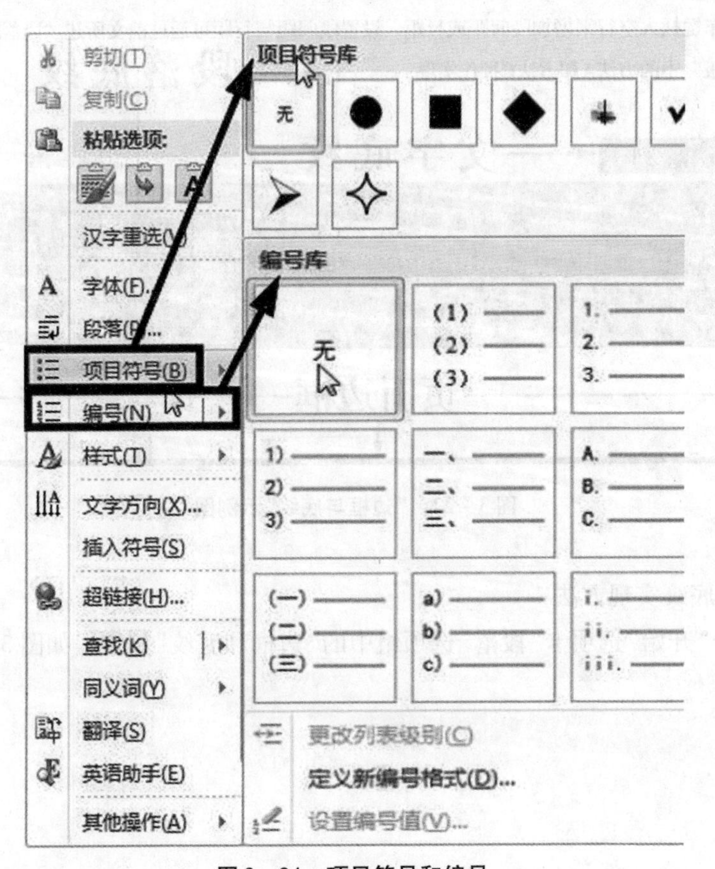

图 3－24 项目符号和编号

B. 选定要添加项目符号或编号的位置，单击“开始”选项卡“段落”选项组中设置项目符号与编号的下拉按钮，如图 3 – 25 所示。

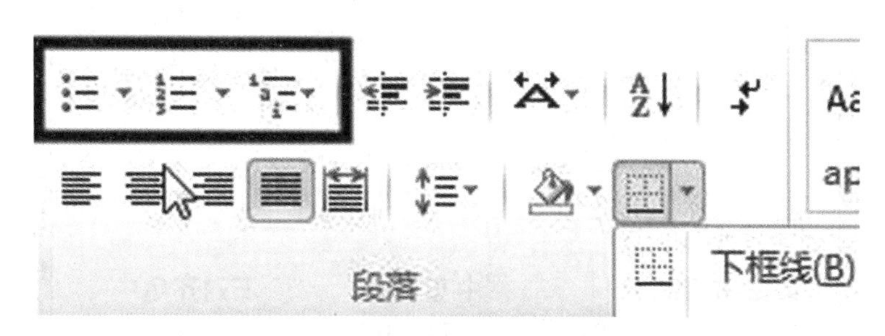

图 3 – 25　“项目符号与编号”快捷按钮

⑦制表位的设定

在日常工作中，有的时候我们需要在文档中输入很多人的名字，为了使我们的文档显得简洁美观，我们需要将这些名字对齐，特别是需要在几行里面都输入文字的时候，常通过空格键来进行对齐，采用这种方法不一定能够很好地对齐。制表位的功能就是在不使用表格的情况下在垂直方向按列对齐文本。

A. 设置制表位

在标尺中指定制表位：首先单击标尺左侧类型切换按钮选择对齐方式（4 种），然后在标尺适当位置上单击标尺下沿，标尺上出现左侧所选择的对齐方式制表位图标。可以在标尺上同时设置若干个制表位，每个制表位都可以有自己特定的对齐方式。如图 3 – 26 所示。

图 3 – 26　制表位对齐方式切换

在“制表位”对话框中设置制表位：鼠标指针指向标尺要设置制表位的区域，双击鼠标左键，设置制表位。也可以鼠标右击文档内要使用制表位的区域，然后选择“段落”命令打开“段落”对话框。单击对话框底部的“制表位”按钮，打开如图 3 – 27 所示的“制表位”对话框。在默认制表位中显示了 Word 默认的制表位位置，可以直接修改数值以便调整每次按下 Tab 键时插入点的移动距离，也可以自定义制表位。

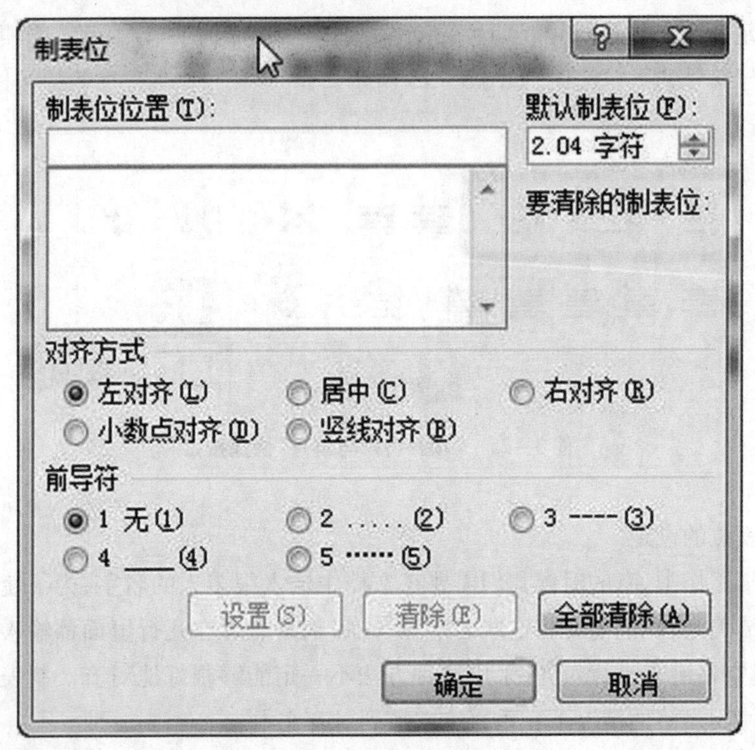

图 3-27 "制表位"对话框

B. 删除一个制表位

用鼠标将选定制表位图标拖出标尺即可,此时制表位图标从标尺上消失。也可以在"制表位"对话框中选定要清除的制表位,单击"清除"。

C. 设置制表位前导符

所谓"前导符"是指填充制表位空白所用的实线、虚线和点划线。前导符经常用在目录中,将读者的视线引过章节名称和页码之间的空白。

⑧分栏排版

Word 2010 中的分栏功能可以调整文档的布局,从而使版面更具灵活性和可读性,是杂志、报纸经常用到的排版方式。在实际的排版过程中可以对整个文章进行分栏操作,也可只对某个段落进行分栏操作。

分栏排版实现方法:

☞ 选择要进行分栏的段落,单击"页面布局"选项卡"页面设置"选项组中的"分栏"按钮,可以对所选段落进行快速分栏。如果选择"更多分栏"命令,则会弹出"分栏"对话框。

☞ 在对话框中设置分栏各项参数后,单击"确定"按钮完成设置。如图 3-28 所示。

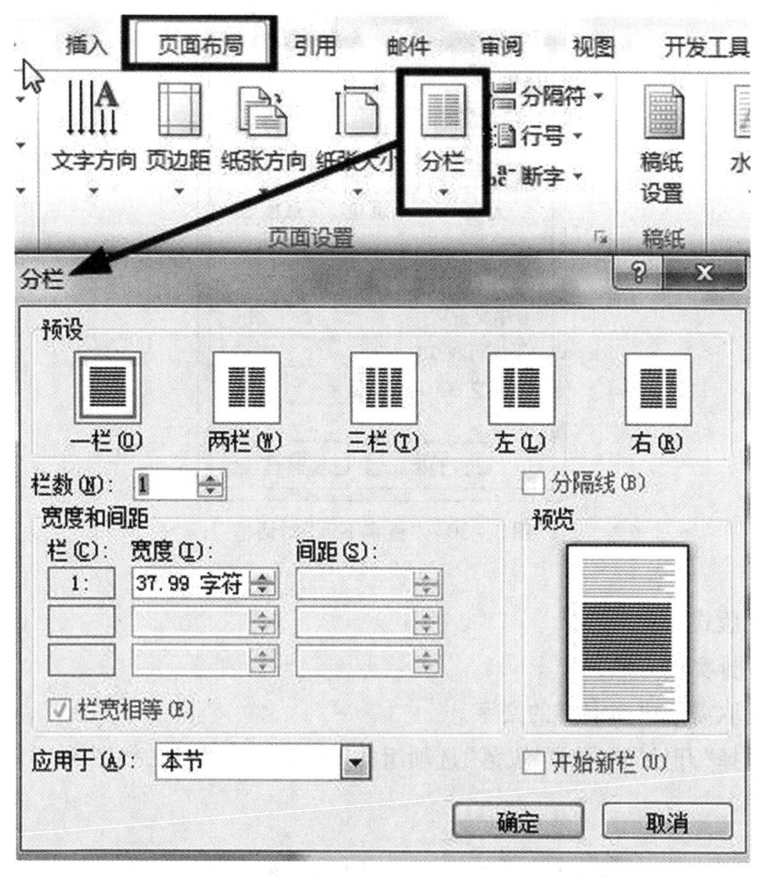

图 3－28 “分栏”对话框

⑨首字下沉

在许多杂志、报纸中,为了强调某段文章,常将第一个字符放大以引起读者注意,这种格式就是首字下沉。效果如图 3－29 所示。

ord 2010中的分栏功能可以调整文档的布局,从而使版面更具灵活性和可读性，是杂志、报纸经常用到的排版方式。在实际的排版过程中可以对整个文章进行分栏操作，也可只对某个段落进行分栏操作。

图 3－29 “首字下沉”效果图

首字下沉实现方法:

☞ 将插入点移到要设置或取消首字下沉的段落的任意处。

☞ 单击“插入”选项卡“文本”选项组的“首字下沉”按钮,弹出“首字下沉”对话框。首字下沉格式有“无”“下沉”和“悬挂”三种,选好后可以对“字体”“下沉行数”和“距正文”进行设置。如图 3－30 所示。

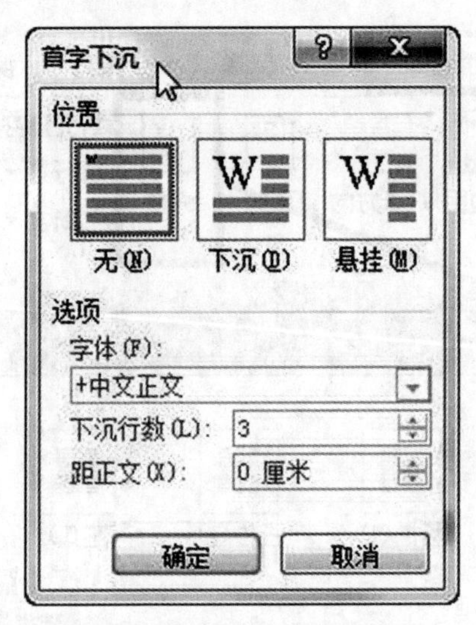

图 3 – 30 “首字下沉”对话框

⑩中文版式

纵横混排实现方法:

☞ 选取需要纵横混排的文字。

☞ 选择“开始”选项卡“段落”选项组的“中文版式”按钮,如图 3 – 31 所示。

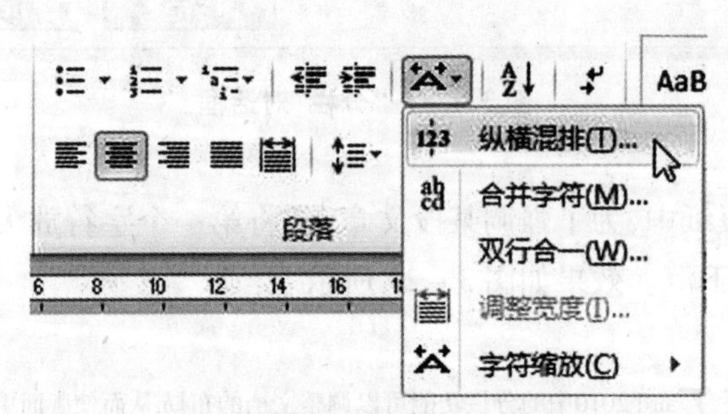

图 3 – 31 “中文版式”按钮

纵横混排效果,如图 3 – 32 所示。

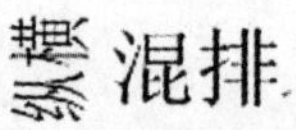

纵横混排

图 3 – 32 “纵横混排”效果图

合并字符和双行合一的操作过程与纵横混排类似,本处不再赘述。

(5) Word 2010——图文混排

①插入图形元素

在文档中可以插入各种图形,如 Word 剪贴画库中的剪贴画、“绘图工具”栏中的自选图形、各种类型的图形文件及艺术字等。

插入图形的操作方法：将插入点移至要插入图片的位置，单击“插入”选项卡“插图”选项组的相应按钮，再选择对应的选项，如图3－33所示。

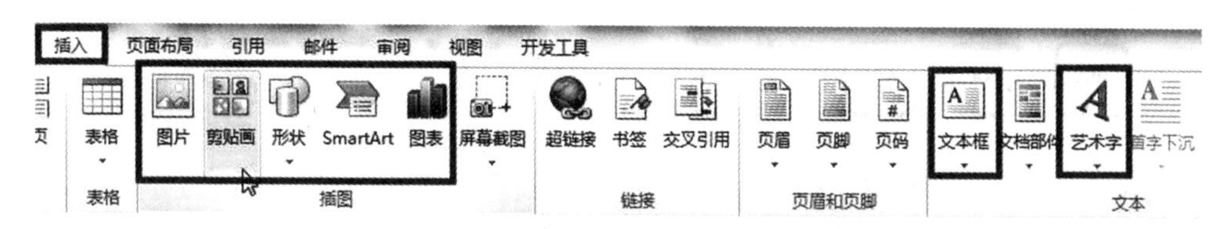

图3－33　插入图形元素

这里以插入剪贴画为例，实现方法如下：

☞　将插入点移到要插入剪贴画的位置。

☞　单击“剪贴画”按钮，打开“剪贴画”任务窗口。

☞　在“搜索文字”编辑框中输入关键字（如“笔记本”），单击“结果类型”下拉按钮，在类型列表中仅选中“插图”复选框。

☞　单击“搜索”按钮。在结果中单击合适的剪贴画，或单击剪贴画右侧的下拉按钮，并在打开的菜单中单击“插入”按钮，即可实现将该剪贴画插入文档中。

②插入艺术字

艺术字就是文字的特殊效果。我们可以对在文档中出现的艺术字与其他图片、剪贴画和自选图形一样处理，实现方法如下：

☞　单击“文本”选项组的“艺术字”按钮。

☞　单击所需的艺术字类型，如图3－34所示。

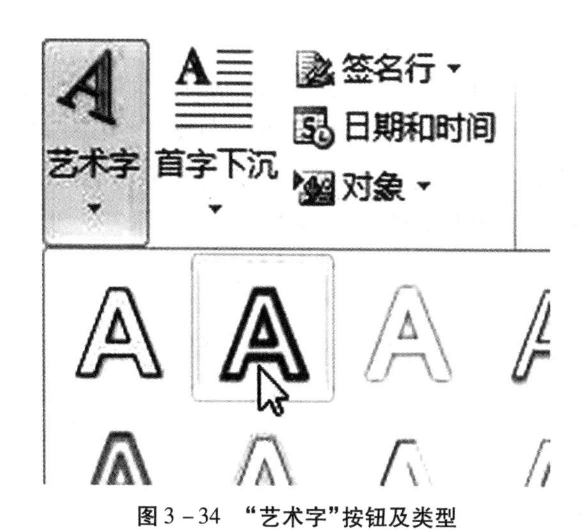

图3－34　“艺术字”按钮及类型

☞　选取后会自动跳转到“绘图工具”，可以继续进行艺术字样式设置。后期编辑可选中“艺术字”效果的文字,调用“绘图工具”栏。如图 3-35 所示。

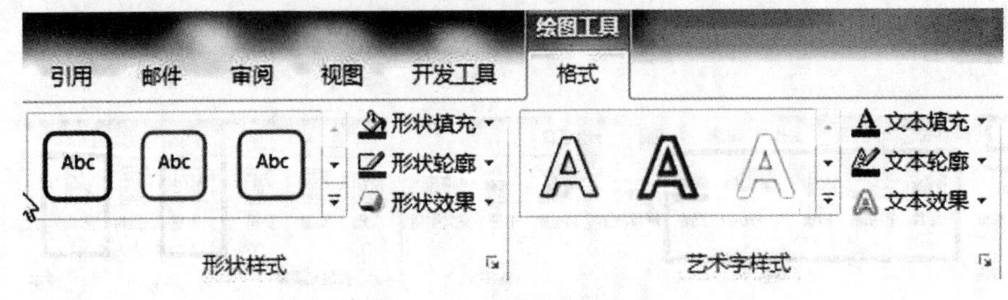

图 3-35 “绘图工具”栏

③插入图形

Word 2010 提供了绘制图形的功能,可以在文档中绘制各种线条、箭头、流程图、旗帜、标注等,通过基本图形单元可组合出复杂的图形,并且对绘制出来的图形可以设置线型、线条颜色、文字颜色、图形或文本的填充效果、阴影效果、三维效果线条端点风格等。如图 3-36 所示。

图 3-36 插入并编辑自选图形

实现方法:

☞ 单击“插入”选项卡中“插图”选项组的“形状”命令按钮,选择绘制基本图形单元,如图 3-37 所示。选择图形单元时,鼠标指针单击一次就可选定。被选定的图形可以用鼠标拖动四周的小方块来改变大小。鼠标指针移动到图形的过程中指针形状变成十字形箭头时,拖动鼠标可以实现图形的移动。

图 3－37　选择基本图形

☞ 将鼠标指针移到要添加文字的图形中。右击该图形，弹出快捷菜单。执行快捷菜单中的“添加文字”命令。此时插入点移到图形内部，在插入点之后键入文字即可，图形中添加的文字能与图形一起移动。同样，可以用前面所述的方法，对文字格式进行编辑和排版。

④图形层次和组合、分解

A. 图形层次

在已绘制的图形上再绘制图形，可产生重叠效果，一般先绘制的图形在下面，后绘制的图形在上面。要更改叠放次序，需要选择要改变叠放次序的对象，选择绘图工具“格式”选项卡，单击“排列”选项组的“上移一层”按钮或“下移一层”按钮选择该形状的叠放位置，或单击快捷菜单中的“上移一层”选项或“下移一层”选项。“排列”选项组如图 3－38 所示。

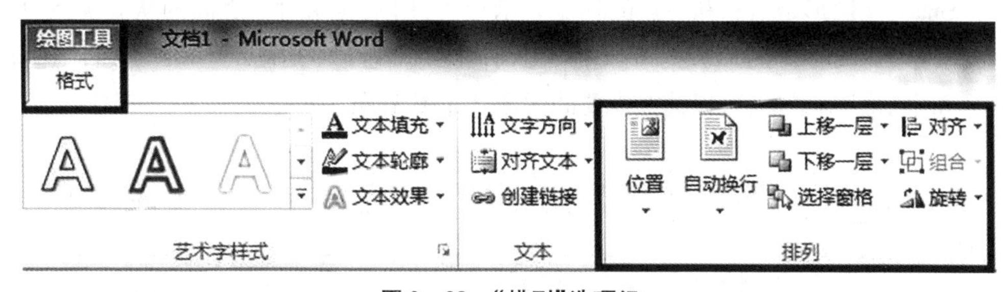

图 3－38　“排列”选项组

图 3－39 展示了将处于第 3 层的燕尾形箭头上移一层后的情况。

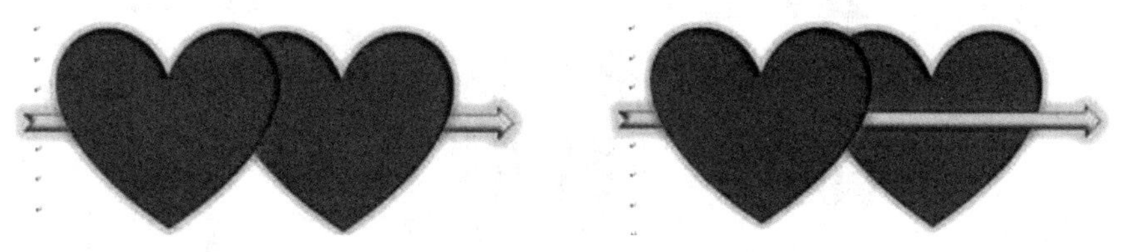

图 3－39　燕尾形箭头叠放次序

B. 图形组合、分解

☞ 按住 Shift 键,用鼠标左键依次选中要组合的多个对象,单击鼠标右键,打开“绘图”快捷菜单。

☞ 选择“绘图工具”中的“格式”选项卡,单击“排列”选项组中“组合”下拉三角按钮,在弹出的下拉菜单中选择“组合”选项,或单击快捷菜单中的“组合”下的“组合”选项,即可将多个图形组合为一个整体。

图 3 -40 展示了组合示例,组合后的所有图形成为一个整体,图形可以整体移动和旋转。

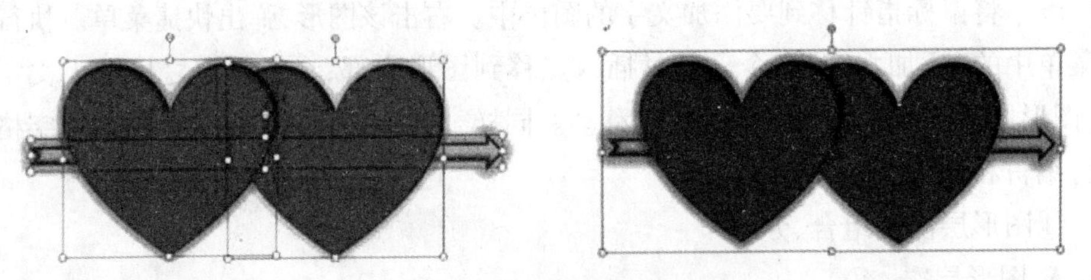

图 3 -40　图形组合前后示例

图形分解时选中需分解的组合对象,选择“格式”选项卡,单击“排列”选项组中的“组合”下拉三角按钮,在弹出的下拉菜单中选择“取消组合”选项,或单击快捷菜单中“组合”下的“取消组合”选项。

⑤插入 SmartArt 图形

SmartArt 图形是信息和观点的视觉表示形式,用来表明对象之间的从属关系、层次关系等。SmartArt 图形分为 8 类,共 14 种样式。通过“插图”选项组中的“选择 SmartArt 图形”对话框,可以选择需要的图形。如图 3 -41 所示。

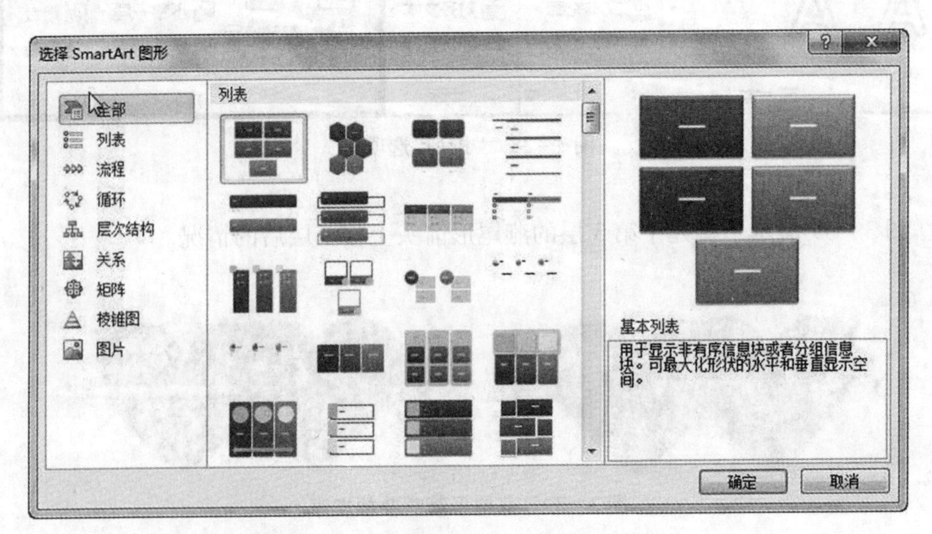

图 3 -41　“选择 SmartArt 图形”对话框

此外，Word 2010 还添加了截图功能，可通过“插入”选项卡“插图”选项组中的“屏幕截图”调用。

⑥使用文本框

“文本框”可以看作特殊的图形对象，主要用来在文档中建立特殊文本，例如在广告、新闻等文档中，利用文本框来设计特殊标题，还可给图片加上图注。在文本框中可以放置图片、图形、艺术字、表格、公式等对象。使用文本框可制作特殊的标题样式：文中标题、栏间标题、边标题等。

如果要绘制文本框，可以单击“文本”选项组中的“文本框”按钮。打开文本框下拉列表框，单击所需的文本框或绘制竖排文本框，即可在当前插入点处插入一个文本框。在下列情况下，可以使用文本框：

☞ 通过链接文本框使文字从文档的一个部分排至另一个部分。

☞ 创建包含文字的水印，使这些文字显示在文档打印稿上。

☞ 使用“文本框工具”选项设置文本框的格式。

☞ 旋转和翻转文本框。

☞ 将文本框分组并按组改变它们的分布和对齐方式。

⑦图片编辑

图片的许多操作都需要使用图片工具，单击图片就会出现“图片工具”栏，单击“格式”选项卡中的相应按钮，可以完成图片的编辑工作，如艺术效果、颜色、样式、排列位置、裁剪等。

文档中的文字和图片是两类不同的对象，所以它们之间存在着三种“层次关系”：图片浮于文字上方、图文同处一个层面以及图片衬于文字下方。可通过鼠标右击图片，单击弹出快捷菜单中的“自动换行”（如图 3－42 所示），或者单击图片，通过“图片工具”栏下“排列”选项组中的 “自动换行”来设置图片与文字叠放次序。

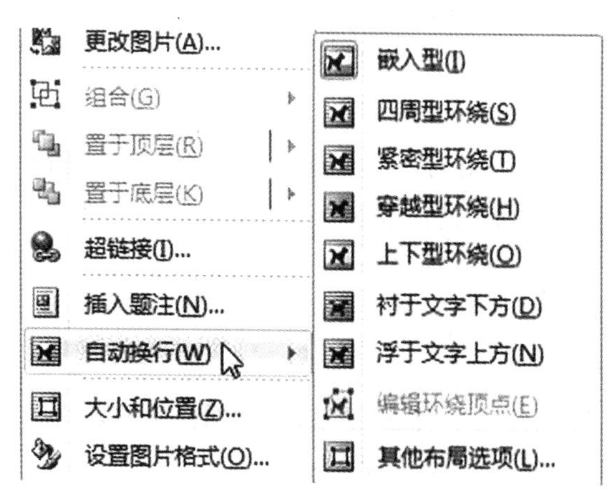

图 3－42　图片与文字叠放次序设置

☞ 图片浮于文字上方:只有图片浮于文字之上时,正文才会“让路”。编辑时需要明确正文“让路”的方式,即四周型、紧密型、上下型等。

☞ 图片衬于文字下方:此时的图片仍保持着浮动特性,正文采用无环绕的“让路”方式,实现背景图的排版效果。

☞ 图文同处一个层面:将图片的浮动特性取消,可使图片与正文放置在同一个层面。

取消了浮动特性的图片或剪贴画,不再具有“文字环绕”的属性,变成了正文中的一个特殊的字符,或者是一个单独的段落。图片与文字之间的层次关系,如图 3 – 43 所示。

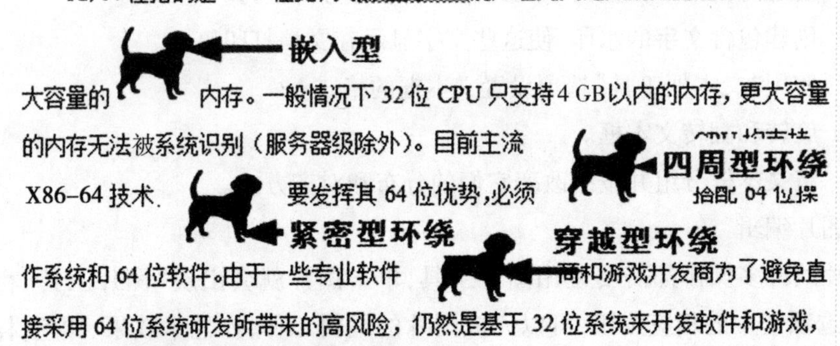

图 3 – 43　图片与文字的层次关系效果

(6) Word 2010——表格制作与处理

表格是由一个个小方框纵横排列而成的,这些小方框通常被称为“单元格”,单元格中可以填入文字、数字乃至图形。Word 2010 对表格的处理与它对普通文档的处理不同。

①表格创建

一般采用以下 3 种方法:

☞ 单击“插入”选项卡中“表格”按钮,利用网格生成表格。

☞ 使用“表格”菜单的“插入表格”命令。

☞ 使用“表格”菜单的“绘制表格”,可以让用户如同拿了铅笔和橡皮擦一般,手动绘制复杂的表格。

②选取表格

单元格中可输入文字、图形和其他对象,也可设置各种格式。每个单元格都有唯一的地址,即单元格地址。单元格地址是引用单元格所在的列和行进行组合标识,列地址用字母表示,行地址用数字表示。表示方法为“所在列 + 所在行”,如表 3 – 2 所示。

表 3 – 2　单元格地址的表示方法

图例	单元格的引用	图例	单元格的引用
	(b: b) (b1: b3)		(a1: c2) (1: 1,2: 2)
	(a1: b2)		(a2,b1,c2)

表格编辑前要选取表格中的行、列或者单元格,常见的鼠标选取方法如下:

☞　选取一个单元格:移动鼠标指针到单元格左端,指针变化成右上倾斜箭头“⇗”时,单击鼠标左键,即可完成一个单元格的选取。

☞　选取多个单元格:移动鼠标指针到选取的起始单元格,按住鼠标左键并拖动鼠标至最后一个单元格,即可完成该区域内单元格的选取。也可以先选中第一个单元格,再按住 Ctrl 键,点击鼠标左键逐一单击要选取的其他单元格。

☞　选取行:移动鼠标指针到该行左边界外侧,指针变化成右上倾斜箭头“⇗”时,单击鼠标左键,即可选取当前行的所有单元格。此时如果按住鼠标左键并上下拖动鼠标则可选取多行单元格。

☞　选取列:移动鼠标指针到该列的顶端,指针变化成黑色下箭头“⬇”时,单击鼠标左键,即可选取当前列的所有单元格。此时如果按住鼠标左键并左右拖动鼠标则可选取多列单元格。

☞　选择整个表格:单击表格左上角的表格标签按钮,即可完成整个表格的选取。

③编辑表格

选择单元格或表格后,可以通过“表格工具”栏下的“设计”和“布局”选项卡进行编辑,常见的操作有插入新的行、列或单元格,删除已有的行、列或单元格,也可以设置其对齐方式或大小、调整行高和列宽、合并与拆分单元格等。“表格工具”的选项卡和选项组功能,如图 3 – 44 所示。

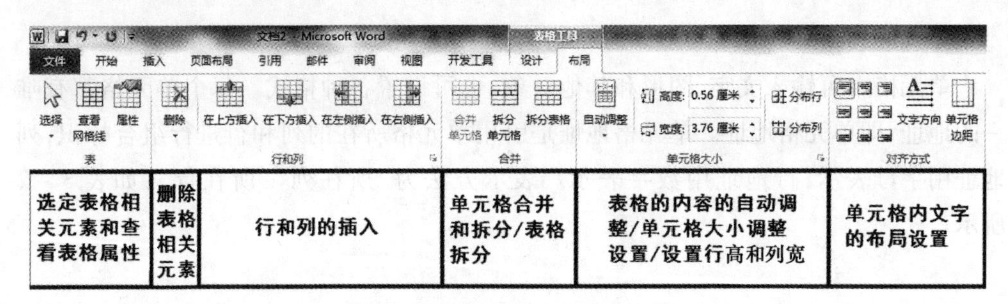

图 3-44 “表格工具”栏

A. 修改行高和列宽

a. 鼠标拖动直接修改表格的列宽

☞ 将鼠标指针移动到表格的垂直线上,指针变化成调整列宽指针形状时按住鼠标左键,此时将会出现一条上下垂直的虚线。

☞ 向左或者向右拖动鼠标,即可改变虚线左侧和右侧的两列列宽,调整到合适宽度,松开鼠标左键。

b. 用菜单命令改变列宽

“表格属性”对话框可以设置包括行高和列宽在内的表格的属性,操作步骤如下:

☞ 选取修改的行高(列宽)的一行(列)或数行(列)或整个表格。

☞ 单击“表格工具”栏下的“布局”选项卡中“表”选项组的“属性”按钮,打开“表格属性”对话框,单击“行(列)”选项卡窗口进行设置。也可以通过鼠标右键,在弹出的快捷菜单中选择“表格属性”对话框进行设置。

B. 插入或删除行(列)

☞ 单击鼠标,选择需要插入行(列)的位置。

☞ 右击鼠标,在弹出的快捷菜单中选择“插入”,插入对应方向的行(列)。或者选择“布局”选项卡中“行和列”选项组的对应插入按钮。

☞ 在表尾快速增加行:移动鼠标指针到表尾的最后一个单元格中按 Tab 键,或移动鼠标指针到表尾的最后一个单元格外按回车键,均可增加行。

☞ 删除行或列只需要选中该行或列,右击鼠标,在弹出的快捷菜单中选择“删除单元格(删除列)”即可完成。也可以单击“布局”选项卡中“行和列”选项组的“删除”按钮。另外,选择表格后,如果点击 Delete 键则会删除表格内容(格式保留),点击 Back Space 键则删除整个表格。

C. 移动或复制

☞ 选取要移动或复制的行、列或单元格。

☞ 移动选定内容:用鼠标左键拖拽到目标位置。

☞ 复制选定内容:先按住 Ctrl 键,再用鼠标拖拽到目标位置。

D. 合并或拆分单元格

合并单元格是将2个或2个以上的单元格合并成1个单元格，拆分单元格则是合并单元格的反向操作。

a. 合并单元格

☞ 选取要合并的2个或多个单元格。

☞ 单击“布局”选项卡“合并”选项组中的“合并单元格”按钮。也可以右击鼠标，在弹出的快捷菜单中选择“合并单元格”命令。

b. 拆分单元格

☞ 选取要拆分的1个或多个单元格。

☞ 单击“布局”选项卡“合并”选项组中的“拆分单元格”按钮。也可以右击鼠标，在弹出的快捷菜单中选择“拆分单元格”命令，在弹出的对话框中输入需拆分的行数或列数。

☞ 采用同样的操作，可以对表格进行拆分。

④表格格式化

A. 绘制斜线表头

在 Word 2003 和 Word 2007 中，都有“绘制斜线表头”的选项，但是在 Word 2010 中没有这项功能，只是可以插入一条斜线，文字需要自己手动添加。

具体方法是在“表格工具”栏下，单击“设计”选项卡“表格样式”选项组中的“边框”按钮，选择“斜下框线”选项。

B. 表格在页面中的位置

表格对齐方式和表格文字环绕方式的操作如下：

☞ 将插入点移至表格任意单元格内。

☞ 单击“表格工具”栏下“布局”选项卡中“表”选项组的“属性”按钮，弹出“表格属性”对话框，单击“表格”选项卡窗口。

☞ 选择表格对齐方式和文字环绕方式。

C. 表格中文本格式的设置

表格中的文字同样可以采用文本排版的操作进行，诸如字体，字号，字形，颜色和左、中、右对齐方式等设置。同时，在“表格属性”对话框中切换到“单元格”选项卡窗口，还可以对单元格的“垂直对齐方式”进行设置。

此外，可以单击“表格工具”栏，选择“布局”选项卡中“对齐方式”选项组的对齐按钮(9种对齐方式)的一种。

D. 表格的边框和底纹

在默认情况下，Word 2010 为表格的每个单元格添加了单细线边框，用户可重新设置单元格边框，也可给单元格添加底纹，使整个表格更加美观。

表格边框的设置既可以使用“表格工具”栏下“设计”选项卡“表格样式”选项组

中的“边框”命令完成,也可利用“边框和底纹”对话框来完成,或者通过前文所述的文档排版操作方法来调用“边框和底纹”对话框。

E. 自动套用格式

自动套用格式中的表格是 Word 2010 表格库里自带的已经格式化完毕的各种式样的表格模板,初级用户可以选择套用模板,而不必对表格进行格式化操作,使表格排版变得更加轻松、容易。

具体操作步骤如下:单击“设计”选项卡“表格样式”选项组的“其他”下拉按钮,选择内置的表格样式对表格进行格式化。

⑤表格的数据功能

A. 公式计算

Word 2010 中提供了许多数学计算的公式,可以在表格中很方便地进行一些算术运算,诸如求和,求平均值、最大值、最小值等。但是我们一般不建议用它来做大量的数据运算。

下面以图 3 – 45 所示的职工工资表为例,介绍计算职工实发工资和的具体操作:

姓名	基本工资	补助	实发工资
张三	5568	8464	14032.00
李四	8464	5568	14032.00
刘一	8535	5278	13813.00
王二	9789	1288	11077.00

图 3 – 45 职工工资表

☞ 将插入点移到存放对应实发工资的单元格中。

☞ “表格工具”栏下,单击“布局”选项卡中“数据”选项组的“公式”按钮,在“公式”列表框中选择“ = SUM(LEFT)”。

☞ 在“编号格式”列表框中选定“0.00”格式,表示到小数点后两位。

☞ 单击“确认”按钮,得计算结果。

“ = SUM(LEFT)”解释:“ = ”代表公式的开始,即公式标识;“SUM”代表公式的数学含义,本例的“SUM”为求和函数;“LEFT”代表数据计算的方向,方向指示词的作用是指明当前单元格的值是向哪个方向计算的,它在公式中可以作为函数的参数。常见的方向指示词有 ABOVE(向上)、LEFT(向左)和 RIGHT(向右)。

注意:计算时以靠近当前单元格的单元格作为起始点,计算到表格边界或遇到非数字的单元格运算停止。本例中,当进行后续其他行求和时,公式中方向参数会自动发生变化,由原来的“LEFT”改为“ABOVE”,这是因为单元格上方有数据,系统默认与上方数据进行运算。本例中都是左侧数据求和,因此后续公式的方向参数需手动改成

“LEFT”。

常用内部函数的名称和功能,如表 3－3 所示。

表 3－3　常用内部函数的名称和功能

名称	功能
ABS	求绝对值
AVERAGE	求平均值
COUNT	数字单元格的个数
INT	求该数的整数部分
MAX,MIN	分别求最大值、最小值
PRODUCT	求连乘积
ROUND	四舍五入
SUM	求和

B. 排序

“表格工具”栏下还提供了表格数据自动排序的功能,利用此功能可以对表格中的数据按照预设的笔画、数字、日期、拼音等方式进行排序。排序功能中最多可以输入 3 类关键字进行排序。

下面仍以图 3－45 所示的职工工资表为例进行排序操作。具体要求是:按照职工实发工资进行升序排序,当出现实发工资相同的情况时,按补助进行降序排序。

☞　将插入点置于要排序的表格中。

☞　“表格工具”栏下,单击“布局”选项卡“数据”选项组中的“排序”按钮。或单击“开始”选项卡“段落”选项组中的“排序”。如图 3－46 所示。

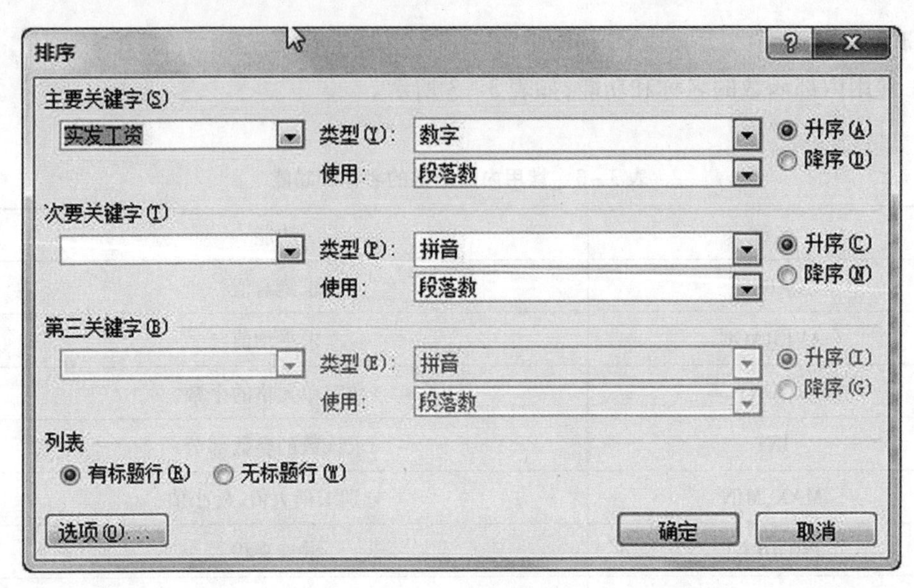

图 3-46　排序设置

☞　在“主要关键字”列表框中选定“实发工资”项,其右的“类型”列表框中选定“数字”,再单击“升序”单选框。

☞　在“次要关键字”列表框中选定“补助”项,其右的“类型”列表框中选定“数字”,再单击“降序”单选框。

☞　在“列表”选项组中勾选“有标题行”。

☞　单击“确认”按钮,可以得到图 3-47 所示的排序结果。

姓名	基本工资	补助	实发工资
王二	9789	1288	11077.00
刘一	8535	5278	13813.00
张三	5568	8464	14032.00
李四	8464	5568	14032.00

图 3-47　排序后的职工工资表

C. 重复标题行

假设当前有一张表格内容较多并且占用了多页,如果想要实现一张表格在多页中跨页显示,即每一页都可以看到表格第一页的标题行,就需要进行重复标题行的设置。具体设置方法如下:

☞　选取第一页标题行。

☞　“表格工具”栏下,单击“布局”选项卡“数据”选项组中的“重复标题行”按钮即可实现。

3.1.3.3　制作步骤

(1)文档的建立和保存

新建名为“求职简历. docx”的文档,保存在固定的文件夹下,步骤如下:

①启动 Word 2010。

②选择“文件”选项卡中的“另存为”命令,在“文件名”对话框中输入文件名“求职简历”,找到指定个人文件夹存放路径,单击“保存”,生成“求职简历. docx”文档。

(2)封面的制作

①插入图片

利用“插入”功能,从素材文件夹中选择“校徽. jpg”和“校园. jpg”图片,插入封面,如果一次选择多张图片,则可以通过“Ctrl 键 + 鼠标单击图片”完成。如图 3 - 48 所示。

图 3 - 48　插入多张图片

②调整图片的大小和位置

单击选中图片,对图片进行成比例的大小设置和位置调整,让封面图片更协调、美观。图片“校徽. jpg”可通过设置“浮于文字上方”与右侧文字“绥化学院”处在同一水平线上,也可以通过选择文字“绥化学院”,调用“字体”对话框,在“高级”中改变“字符间距”选项来让字体位置“提升”或“下降”,使“绥化学院”和校徽在同一水平线上。

③调整图片的样式

☞ 点击选中"校徽.jpg"图片,选择"图片工具"中的"格式"选项卡,分别单击"调整"选项组中的"颜色""艺术效果"按钮,根据校徽颜色饱和度、色调、重新着色以及艺术效果的实际需要进行设置。如图3-49所示。

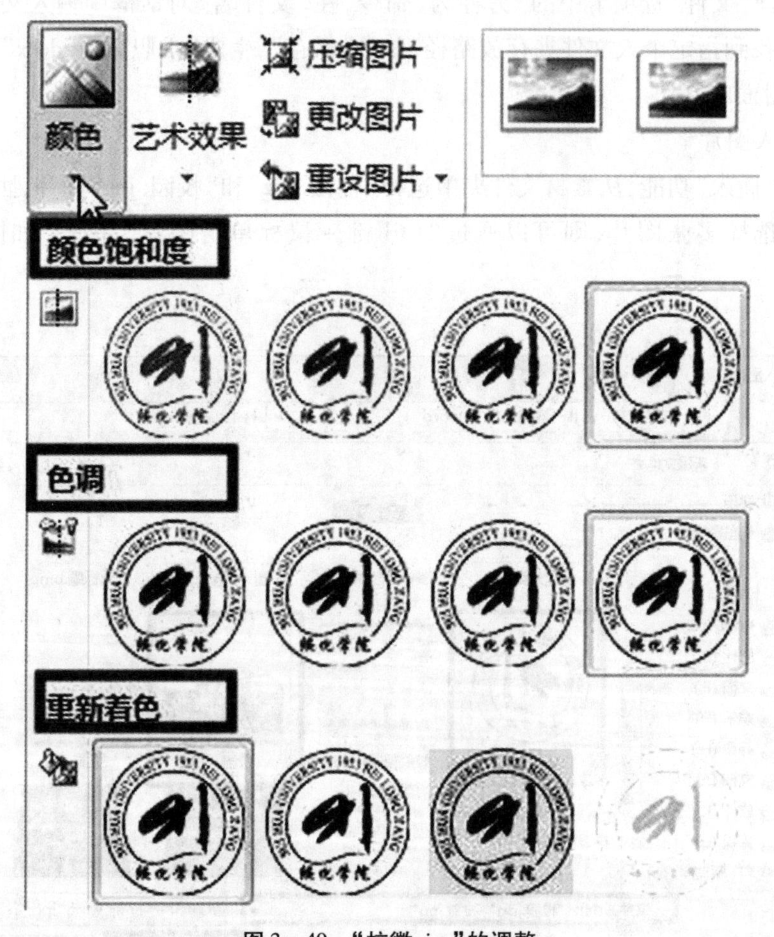

图3-49 "校徽.jpg"的调整

☞ 点击选中"校园.jpg"图片,选择"图片工具"中的"格式"选项卡,单击"图片样式"选项组中的"图片效果"按钮,弹出下拉列表,在列表中依次选择"映像""发光"和"柔化边缘",并在弹出的对应级联菜单中分别选择"映像变体→紧密映像,接触""发光变体→紫色5pt发光,强调文字颜色4"和"柔化边缘→10磅",对图片进行效果处理。

④输入文字

在封面页中,依次输入相关文字,并进行相应的"字体"和"段落"设置。

☞ 输入文字"绥化学院",并将中文字体设置为:华文行楷,初号,加粗,字符间距加宽2磅,居中对齐。

☞　输入英文“SUIHUA UNIVERSITY”，并将西文字体设置为 Arial Unicode MS，字号为三号，字符间距加宽 6 磅，居中对齐；段后间距 1.5 行。

☞　输入文字“求职简历”，并将字体设置为华文隶书，字号为 60，加粗，蓝色，字符间距加宽 6 磅，居中对齐；段前间距 1 行。

⑤“即点即输”与制表位的使用

在封面下部的适当位置输入“姓名”“专业”“联系电话”和“电子邮箱”，字体设置为华文细黑，字号为四号，加粗；段前间距 0.5 行。具体操作步骤如下：

☞　将指针移动到需要输入个人信息的适当区域后双击鼠标，插入点自动定位到该位置，同时在水平标尺的对应位置会出现左对齐式制表符，如图 3－50 所示。

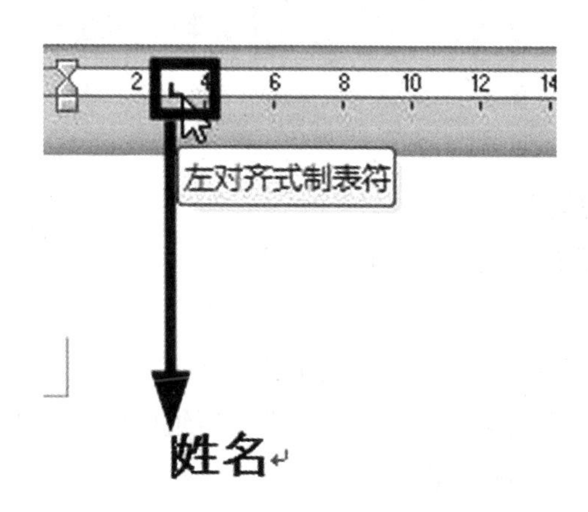

图 3－50　“即点即输”与制表位的变化

☞　插入点输入“姓名：”，并将字体按上述要求进行格式化设置，点击下划线按钮，按空格键输入适当长度的“________”，按回车键，跳转到新的下一行行首。

☞　按 Tab 键，光标会自动移到制表位的标记处，与上一行的“姓名”对齐，输入“专业：”，点击下划线按钮，按空格键输入适当长度的“________”，按回车键，跳转到新的下一行行首。

☞　重复上述步骤，分别在后面的两段中输入“联系电话：”和“电子邮箱：”及点击下划线按钮，按空格键输入适当长度的“________”。

☞　按住鼠标左键拖拽，选择“联系电话：”和“电子邮箱：”所在段落，将制表位标记水平右移，如图 3－51 所示，移动到合适位置后松开左键。

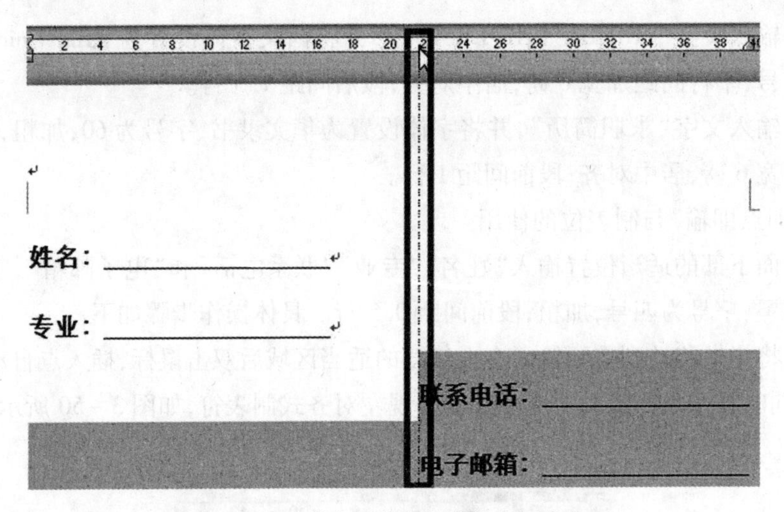

图3-51　选中段落随制表位水平右移

☞ 单击“保存”按钮，保存文档。

(3)对“自荐书”进行字符格式和段落格式设置

①准备工作

☞ 按快捷键“Ctrl + End”，将插入点定位到封面页最后一段的段尾处。

☞ 点击“页面布局”选项卡“页面设置”选项组中的“分隔符”按钮，打开“分隔符”对话框，在“分节符”区域中选择“下一页”。

☞ 光标自动定位到第2页的起始点，点击“插入”选项卡“文本”选项组中的“对象”按钮，如图3-52所示。在弹出的对话框中点击“文件中的文字”按钮，找到并选中“自荐书.docx”文档，单击“插入”按钮。

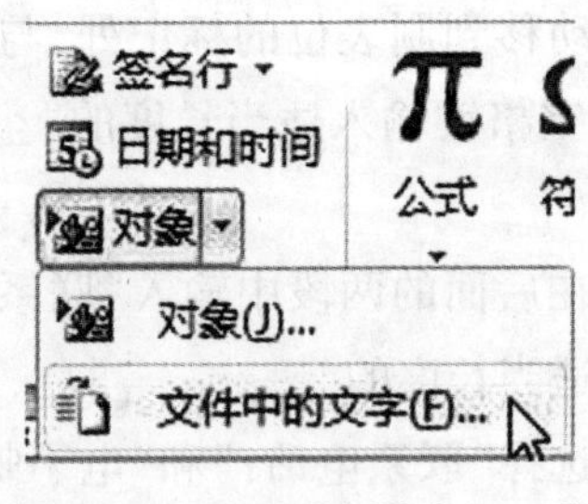

图3-52　插入“自荐书.docx”

☞ 再次按快捷键“Ctrl + End”，将插入点定位到封面页最后一段的段尾处。

☞ 点击“插入”选项卡“文本”选项组中的“日期和时间”按钮，打开“日期和时间”对话框，勾选“自动更新”复选框，在“可用格式”列表框中，选择所需的日期格式为中文格式：××××年××月××日。如图3-53所示。

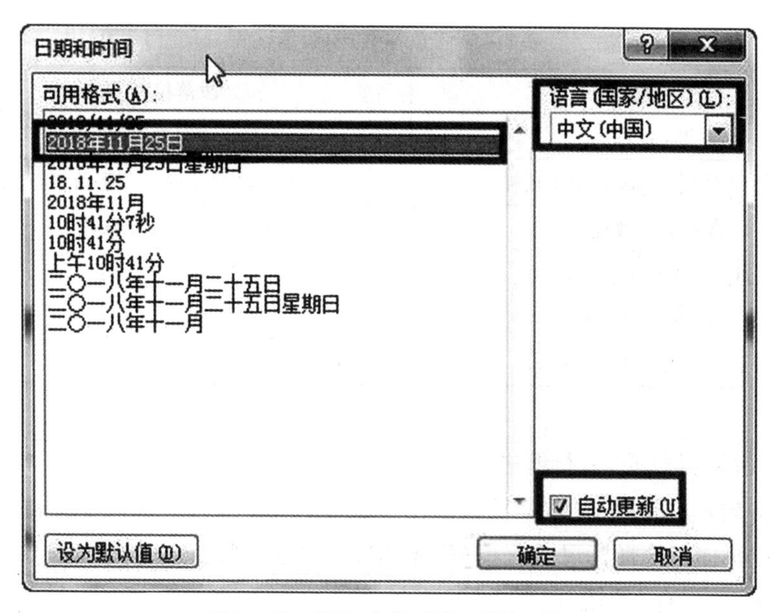

图 3－53　插入当前系统日期和时间

②"自荐书"的字符格式设置

本部分主要为"开始"选项卡下"字体"选项组中的相关操作设置，主要包含了字体、字号等，具体要求见表 3－4。其中对少量的重复字符格式设置，可以通过格式刷来完成。

③"自荐书"的段落格式设置

本部分主要为"开始"选项卡下"段落"选项组中的相关操作设置，主要包含了对齐方式、缩进、间距的段落格式化等，具体要求见表 3－5。其中对"敬礼！"的操作，使用了水平标尺的功能，快速取消首行缩进。

表 3－4　"自荐书"的字符格式

字符内容	字符格式要求
标题"自荐书"	华文新魏、一号、加粗、 字符间距加宽 12 磅
"尊敬的领导：" "求职人：×××" "××××年××月××日"	幼圆、四号 提示：可用格式刷复制格式
正文文字	楷体_GB2312、小四

表 3-5 “自荐书”的段落格式

选择的段落	段落格式要求
标题“自荐书”	居中对齐
第 3 段(您好!)~第 10 段(敬礼!)	两端对齐、首行缩进 2 个字符、1.75 倍行距
第 10 段(敬礼!)	取消首行缩进
第 11 段(求职人:×××)、 第 12 段(××××年××月××日)	右对齐
第 11 段(求职人:×××)	段前间距 20 磅

取消“敬礼!”段的“首行缩进”操作步骤如下:

☞ 将插入点放置于“敬礼!”段的任意位置。

☞ 鼠标向左拖动标尺的首行缩进标记,移动至左缩进标记处,如图 3-54 所示。

☞ 单击“保存”按钮,保存文档。

校参加了计算机学会,在学
关知识。同时,在学校帮助
故障。
　　作为一名即将毕业的大
我的干劲与努力将弥补这
的。我相信:用心一定能赢
眼,开启我人生新的旅程。
　　感谢您在百忙之中阅览
表,望有机会加盟贵公司!
　　此致!
敬礼!

图 3-54 “敬礼!”段取消首行缩进

(4)制作“个人简历”表格

①准备工作

☞ 将插入点定位到“自荐书”的最后。插入“分节符(下一页)”,将光标定位于第 3 页（自荐书的下一页），输入文字“个人简历”，并对标题进行“黑体、加粗、二号”格式化处理。

☞ 在标题行“个人简历”段落的结束处，按回车键，插入点跳转到新的段落，清除新段落的格式。

②制作表格

单击“插入”选项卡“表格”选项组中的“绘制表格”按钮，利用表格绘制笔来手动绘制表格。根据个人简历表的行数，先绘制水平线，再根据内容和布局，绘制出相应的垂直线。

③合并单元格

选中第 7 列中的第 1 ~3 行单元格，单击“表格工具”栏下“布局”选项卡“合并”选项组中的“合并单元格”命令，合并单元格，作为个人照片粘贴处。如图 3 -55 所示。

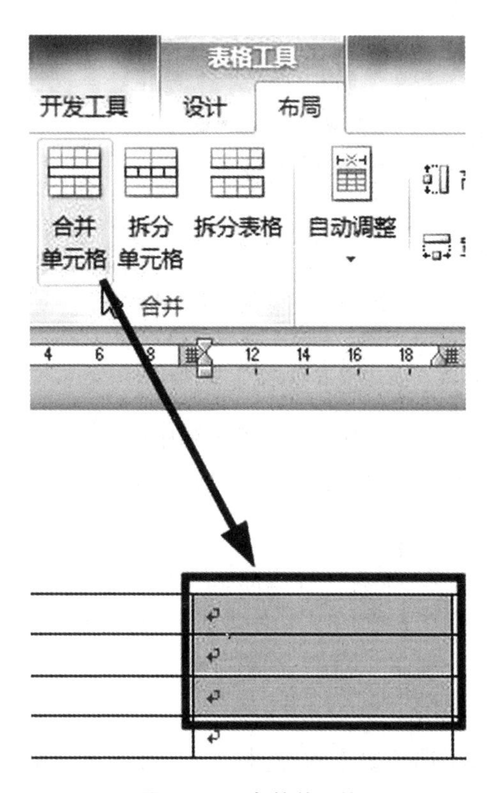

图 3 -55　合并单元格

④设置表格的底纹

在单元格中输入相应的文字，将表格中的文字设置成“仿宋、小四、加粗”，同时将对应单元格选中，设置底纹为“茶色、背景 2、深色 10%”。

⑤调整单元格的宽度或高度

调用“表格属性”对话框,设置表格中第 1 ~ 9 行的行高为固定值,值为 0.8 cm。其他行根据实际输入内容所占用的空间,利用鼠标指针来调整单元格的宽度或高度。操作步骤如下:

☞ 单击“姓名”单元格后拖拽鼠标至第 9 行,选中第 1 ~ 9 行。

☞ 右击鼠标,在弹出的快捷菜单列表中选择“表格属性”命令。

☞ 在打开的“表格属性”对话框中单击“行”选项卡,勾选“指定高度”复选框并调整高度值为“0.8 厘米”,点击“确定”,如图 3 – 56 所示。

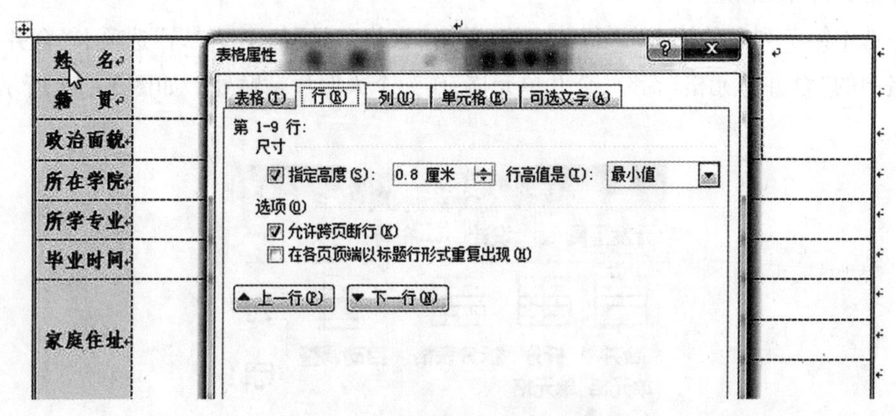

图 3 – 56 设置选中表格行高

⑥设置单元格的对齐方式

☞ 将表格第 1 ~ 9 行和第 10 ~ 12 行第 1 列中的文字设置为“水平居中”。

☞ 将表格第 10 ~ 12 行第 2 列的段落设置为“两端对齐”。

⑦设置表格的边框

将表格的内边框设置为“虚线”,外边框设置为“双细线”。

☞ 鼠标移动到表格左上角,单击十字花图标,选中整个表格。

☞ 选择“表格工具”栏下“设计”选项卡“绘图边框”选项组中的“笔样式”下拉按钮,选择“虚线”,“笔画粗细”值为 0.75 磅。

☞ 单击“表格样式”选项组中的“边框”下拉按钮,选择“内部框线”。如图 3 – 57 所示。

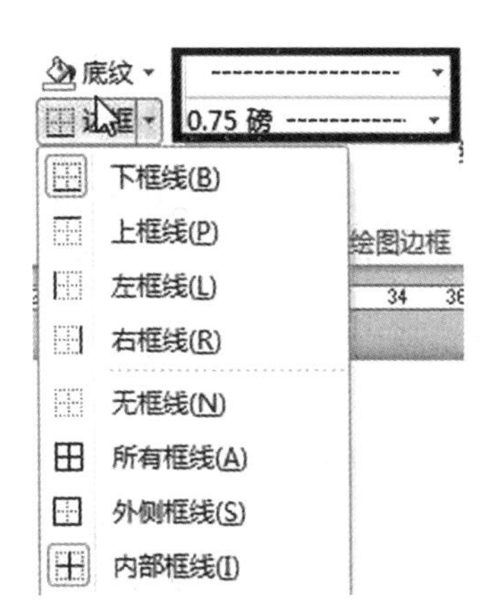

图 3－57　设置“内部框线”边框

☞　重复以上操作步骤，设置外边框为“双细线、0.75 磅”，选定“外侧框线”。

☞　单击“保存”按钮，保存“求职简历. docx”文档。

3.1.4　实训拓展

1. 根据 Word 2010 提供的“Office. com 模板”的功能，通过网络搜索“求职简历”模板并下载，根据自己的情况，对模板进行编辑和修改，制作一个有特色的、属于自己的求职简历。

2. 建立名为“Office 助手. docx”的文档，输入图 3－58 中文字内容，完成下述操作。

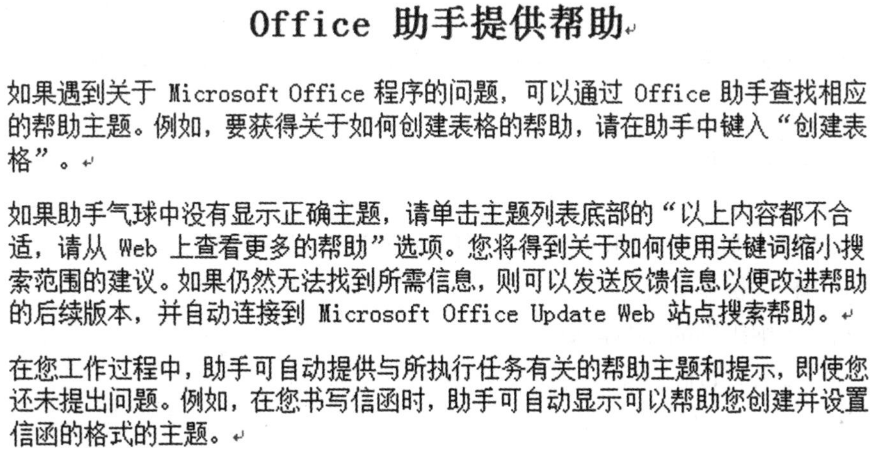

Office 助手提供帮助

如果遇到关于 Microsoft Office 程序的问题，可以通过 Office 助手查找相应的帮助主题。例如，要获得关于如何创建表格的帮助，请在助手中键入“创建表格”。

如果助手气球中没有显示正确主题，请单击主题列表底部的“以上内容都不合适，请从 Web 上查看更多的帮助”选项。您将得到关于如何使用关键词缩小搜索范围的建议。如果仍然无法找到所需信息，则可以发送反馈信息以便改进帮助的后续版本，并自动连接到 Microsoft Office Update Web 站点搜索帮助。

在您工作过程中，助手可自动提供与所执行任务有关的帮助主题和提示，即使您还未提出问题。例如，在您书写信函时，助手可自动显示可以帮助您创建并设置信函的格式的主题。

图 3－58　文字内容

(1)标题设置为黑体、二号并居中，字符间距加宽 2 磅，加三维边框、蓝色底纹。

(2)将正文第1段设置为楷体、小三号字。

(3)将正文第2段至第3段添加任意样式的项目符号。

(4)将正文第2段至第3段分为等宽两栏,由分割线分开,栏间距为2个字符。

(5)在文章的任意位置插入一个艺术字,文字内容为"Office助手"。

(6)在文章的任意位置插入任意剪贴画,高度为285.75磅,宽度为324磅,图像控制颜色为"水印"模式,环绕方式为"衬于文字下方"。

(7)在正文中查找"Microsoft Office",并替换为"微软Office",要求替换后的中文字体为红色、黑体、加粗,西文字体为Times New Roman、蓝色、下划线。

(8)创建第4段,插入"5行6列"表格,将第1行单元格合并并居中,输入"成绩单"。第2行的1至6列的列头单元格中依次输入学号、姓名、语文、数学、英语、总分。要求表格内所有文字为楷体、小四号、居中。

(9)将表格行高设置为18磅,列宽为85磅。外边框设置为4磅,颜色为红色,内边框设置为1磅,颜色为紫色。

3.2 实训二:毕业论文排版设计

3.2.1 实训背景

临近毕业,学生会根据院系指导老师的要求完成毕业论文。毕业论文的完成是本科教学中的一个重要实践环节,对于培养学生利用所学专业知识分析和解决实际问题的能力具有重要作用,是学生能否毕业和是否具有学位资格的重要依据。如果前期学生完成了毕业论文内容的书写,则应结合前文所讲的Word 2010操作知识,根据学校和指导教师提供的毕业论文撰写规范及模板要求,完成毕业论文排版工作。

3.2.2 实训目的

本实训以毕业论文为例,训练长文档的排版方法与技巧,主要包括:

1. 应用样式快速设置。
2. 利用大纲级别的标题自动生成目录。
3. 利用页眉和页脚添加论文标题和页码。
4. 利用"节"设置论文不同版式的页面。
5. 利用"域"插入特定内容及自动完成特定的复杂功能。

3.2.3　实训过程

3.2.3.1　实训分析

一篇完整的毕业论文主要包含以下几部分：

①封面：从上至下一般由学校标志、学校名称、本科毕业论文（设计）、题目、学生姓名、学号、专业、指导教师等组成。

②扉页：扉页与封面区别不大，基本上是封面的英文版。

③摘要与关键词：摘要是课题主要研究内容、意义以及研究成果的简短陈述，具有相对独立性和完整性。摘要中不需要标注参考文献，字数一般要求在 300 字左右。关键词是供检索使用的主题词条，一般数量为 3 ~ 5 个，词之间使用"；"分隔，选取和排位按照学科目录分类由高至低的顺序。

英文摘要和关键词应与中文摘要、关键词保持一致。

④目录：主要包括摘要、Abstract、正文章节标题、结论、参考文献、致谢、附录等。

⑤正文：正文内容及字数需看具体院校和专业的要求。

⑥参考文献：参考文献的引用有固定的规范要求，是作者引用相关学术资料的汇总表。作者在完成设计的过程中，参考的学术思想、研究方法、设计方案等均应编入参考文献。

⑦致谢：是指作者对导师以及其他协助作者完成毕业论文的组织和个人的感谢语。

⑧附录：指篇幅较大，不宜在正文中写出的有关数据、图表、程序等。当这些资料或数据较容易得到或查询时，可不必单列附录。

论文的排版过程如下：

①页面设置与属性设置。

②定义正文、章节、段落的样式。

③将已定义的对应样式分别应用于论文、各级标题和正文。

④设置页眉和页脚。

⑤利用大纲级别的标题自动生成目录。

⑥根据指导教师意见，完善修改。

论文的排版格式示例如下：

（1）封面和扉页

封面和扉页排版格式示例，可见图 3 - 59。

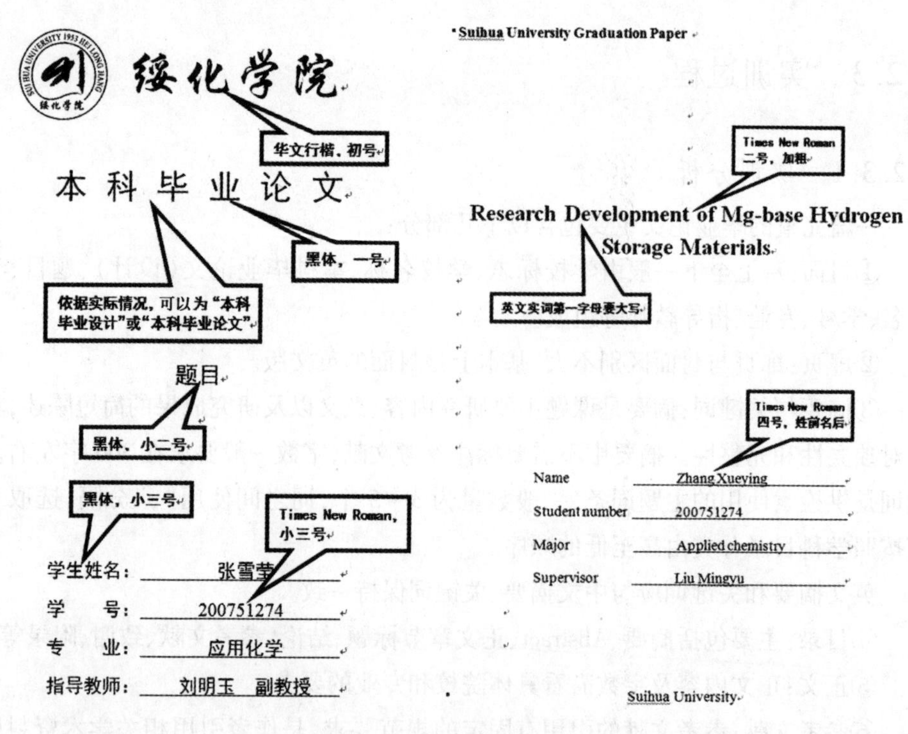

图 3－59　封面和扉页版式

(2)中英文摘要及关键词

中英文摘要及关键词格式示例，可见图 3－60。

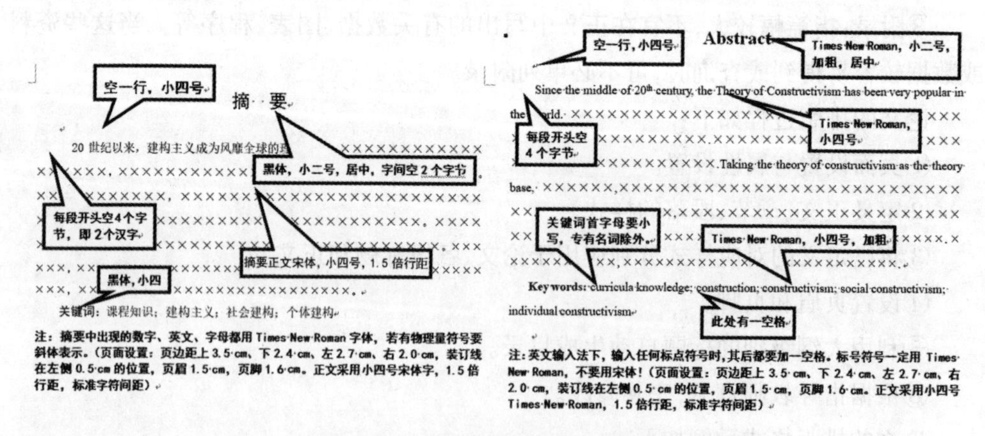

图 3－60　中英文摘要及关键词版式

(3)目录

目录格式示例，可见图 3－61。

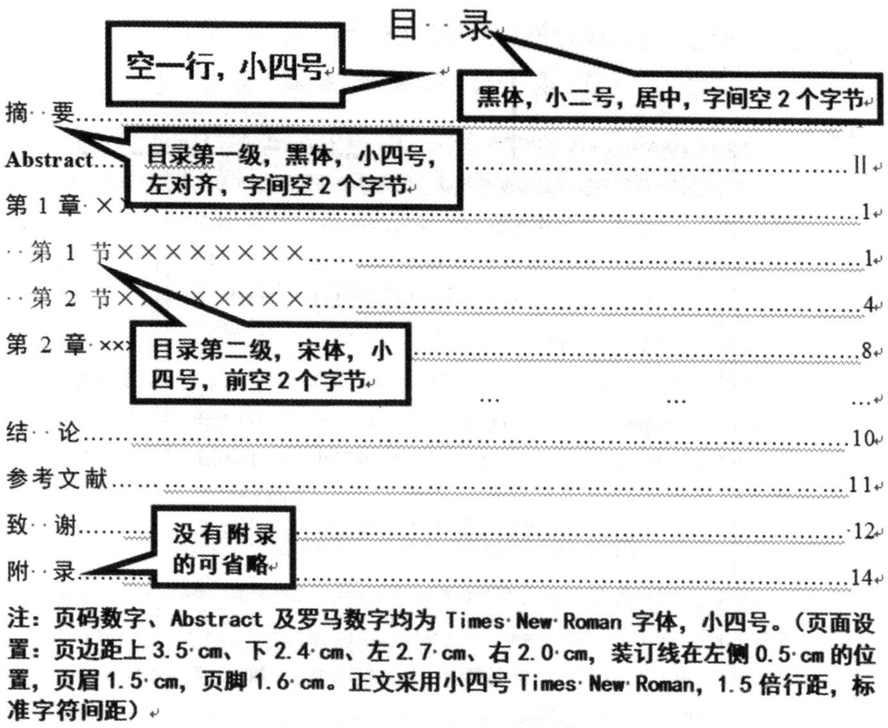
目　录
空一行，小四号
黑体，小二号，居中，字间空 2 个字节
摘　要……………………………………………… I
Abstract……………………………………………… II
目录第一级，黑体，小四号，左对齐，字间空 2 个字节
第 1 章 ×××……………………………………………… 1
　第 1 节×××××××××……………………………… 1
　第 2 节×××××××××……………………………… 4
第 2 章 ×××……………………………………………… 8
目录第二级，宋体，小四号，前空 2 个字节
…　…　…
结　论……………………………………………… 10
参考文献……………………………………………… 11
致　谢……………………………………………… 12
附　录……………………………………………… 14
没有附录的可省略
注：页码数字、Abstract 及罗马数字均为 Times New Roman 字体，小四号。（页面设置：页边距上 3.5 cm、下 2.4 cm、左 2.7 cm、右 2.0 cm，装订线在左侧 0.5 cm 的位置，页眉 1.5 cm，页脚 1.6 cm。正文采用小四号 Times New Roman，1.5 倍行距，标准字符间距）

图 3－61　目录版式

(4)正文

正文格式示例,可见图 3－62。

绥化学院2014级本科生毕业设计（论文）

黑体，小四号，数字为 Times New Roman，依据实际情况，可改为“绥化学院 2014 级本科生毕业设计”或“绥化学院2014级本科生毕业论文”

第1章 绪 论

空一行，小四号

绪论内容一般应包括本选题研究现状，值得继续探索的方向或内容以及开展本选题研究的意义、内容、方法等方面。

绪论格式：“绪 论”二字为小二号黑体，居中，置顶，字间空2个字节。“绪论内容”为小四号宋体；与题目之间空一行，小四号；每段开头空4个字节(即2个汉字)，1.5倍行距。绪论页码：由第1页开始。

全文页面设置：页边距上3.5 cm、下2.4 cm、左2.7 cm、右2.0 cm，装订线在左侧0.5 cm的位置，页眉1.5 cm，页脚1.6 cm；正文采用小四号宋体（数字、英文采用小四号Times New Roman），1.5倍行距，标准字符间距；章标题下空一行，小四号。

第2章 物理化学法污水处理技术

正文采用的格式为：一级标题“第2章”（汉字为小二号黑体，居中，置顶，标题中数字及英文为Times New Roman，字体也可为黑体，各院系自己统一），换行后书写二级标题“第1节”（汉字为小三号黑体，左起顶格；标题中数字及英文为Times New Roman），另换行后书写三级标题“1.1”（小四号黑体，左起空2个汉字）。正文的题序层次不宜太多，标题不可以单独置于页面的最后一行。

正文汉字采用小四号宋体，数字、英文均采用小四号Times New Roman。

表2-1 毕业论文示例表

注：注释文字为楷体_GB2312小五号，英文及数字均用Times New Roman小五号。表题为黑体五号，其中数字及英文均为Times New Roman五号。表序号“表2-1”与表的名称“毕业论文示例表”之间有一个空格。表中汉字均为宋体五号，英文及数字均用Times New Roman五号。

插图应符合国家标准及专业标准，与文字紧密配合，内容正确。图题由图序号和图名组成。图序号按章编排，如第1章第1图的图序号为“图1-1”；图题的书写格式及字号、字体与表题相同，为黑体五号，置于图下。图注或其他说明应置于图与图题之间，采用楷体_GB2312小五号。引用图应说明出处，在图题右上角加引用文献编码。图中若有分图，则用（a）、（b）等标识并置于分图之下。插图与其图题不得分页编排。

图3－62 正文版式

(5)结论

结论格式示例，可见图3－63。

结 论

注：结论部分是对主要研究成果的归纳、总结(分析)。若论文未能得出应有的结论，则可没有结论部分，但要用“第×章 前景与展望”，或建议、研究设想、尚待解决的问题等代替。

结论格式：“结 论”二字为小二号黑体，居中，置顶，字间空2个字节。“结论内容”为小四号宋体，与题目之间空一行，小四号，每段开头空4个字节(即2个汉字)，1.5倍行距。

图3-63 结论版式

(6)参考文献

参考文献格式示例，可见图3-64。

参考文献

黑体，小二号，居中

[1] 谢希德，创造学习的新思路 [N]，人民日报，1998-12-25(10)

[2] 张志建，严复思想研究 [M]，桂林：广西师范大学出版社，1989：56-57

[3] 高景德，王祥珩，交流电机的多回路理论 [J]，清华大学学报，1987，27(1)：1-8

[4] Chen S, Billing S A, Cowan C F, et al., Practical identification of MARMAX models [J], Int J Control., 1990，52(6)：1327-1350

[5] 张全福，王里青，“百家争鸣”与理工科学报编辑工作 [C]，见：郑福寿主编，学报编辑论丛：第2集，南京：河海大学出版社，1991：1-4

参考文献序号可用Times New Roman小四号，也可宋体小四号，自己院（系）统一。

注：数字与英文均为 Times New Roman 小四号，汉字为宋体小四号；英文文献应在英文输入法下输入字母和标点，标点后加一空格。（版面页边距上3.5 cm、下2.4 cm、左2.7 cm、右2.0 cm，装订线在左侧0.5 cm的位置，页眉1.5 cm，页脚1.6 cm。正文采用宋体小四号，1.5倍行距，标准字符间距）

图3-64 参考文献版式

3.2.3.2 实训知识点

(1)应用样式

样式是背景颜色、文字颜色、格式等的集合，是一组已经定义完毕的文本格式模板，分为内置样式和自定义样式。利用样式进行排版时，首先要选定排版对象，或将光标移动到需要排版的段落内，再选择要应用的样式。

①内置样式

Word 2010 样式库提供了90余种内置样式，用户可以直接套用模板批量使用。点击“开始”选项卡，在“样式”选项组选择应用样式。

②自定义样式

Word 2010 预定义了标准样式，另外还提供了自定义样式。操作步骤如下：

☞ 单击“开始”选项卡的“样式”选项组中右下角,显示“样式”窗口按钮,调用“样式”窗口,如图 3-65 所示。

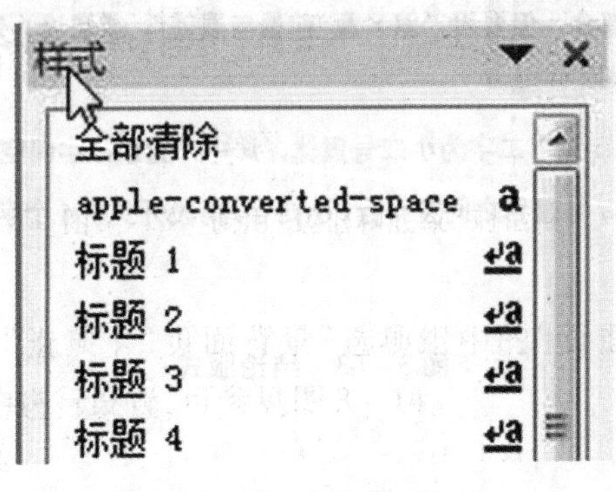

图 3-65 “样式”窗口

☞ 单击“新建样式”按钮,在“根据格式设置创建新样式”对话框中根据文档排版需要进行格式设置。

(2)页眉和页脚

页眉和页脚是文档不可或缺的组成部分,分别位于页面的顶部与底部。在页眉和页脚的区域中,可以添加各种内容,如文档的页码、文档的名称、作者姓名等,并且与文档正文一样,可以进行格式设置。

文档默认对页眉或页脚进行设置时,文档所有页均为同一个页眉或页脚。Word 2010 提供了多种页眉和页脚样式。当需要进行高级排版来制作特殊效果时,可以通过功能复选项实现文档不同页数显示页眉或页脚的不同内容。例如,可以实现显示首页独有的页眉或页脚的内容,还可以实现奇偶页页眉或页脚显示内容不同。

添加或修改页眉和页脚,可选择“插入”选项卡“页眉和页脚”选项组中的“页眉”和“页脚”命令,或双击页眉或页脚区域进行编辑。进入编辑状态后,文档的顶部或底部会出现虚线编辑区,选项卡区域会显示“页眉和页脚工具”栏,如图 3-66 所示。

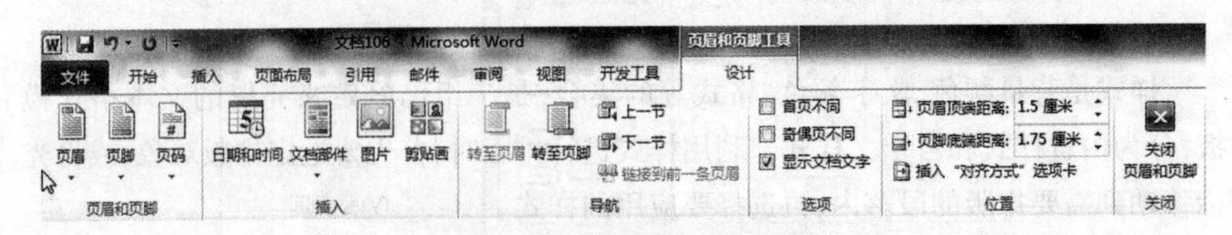

图 3-66 “页眉和页脚工具”栏

(3)目录

对于内容复杂且页数较多的长文档,需要创建一个目录来了解整个文档的层次结构与内容,帮助用户快速查询所需内容。如果文档在编辑过程中设置了标题样式,则可以很方便地自动生成目录。

①编辑文档时，首先要对标题样式属性进行参数设置。

②将光标定位于目录生成的位置。

③选择“引用”选项卡，单击“目录”按钮，进入“插入目录”，调用“目录”对话框，可自动生成目录。

④当文档章节内容和页数发生变化时，可以在目录中任意处右击，在弹出的快捷菜单中选择“更新域”命令，即可更新目录内容。

(4)页面设置

页面设置提供相关功能用于调整预览效果与最终期望的输出结果之间的差距，以达到理想的打印结果。选择“页面布局”选项卡“页面设置”选项组中右下角的对话框按钮，调用“页面设置”对话框。如图3－67所示。

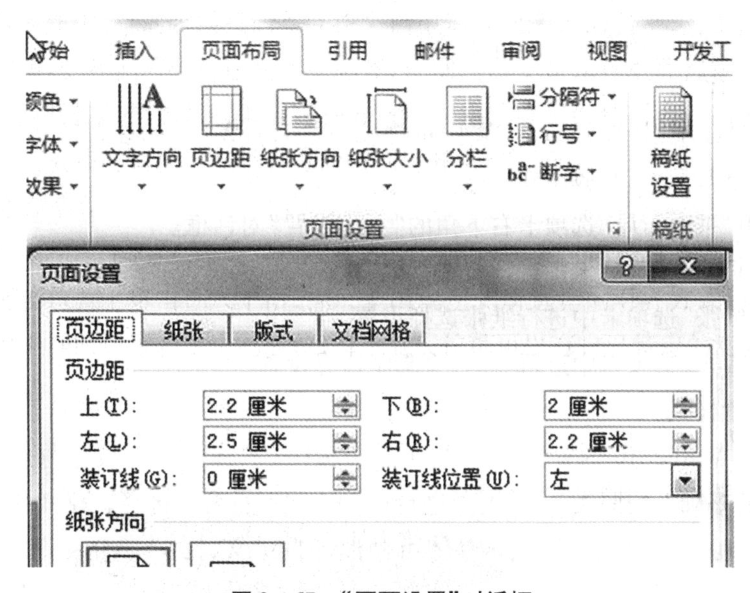

图3－67　“页面设置”对话框

☞　纸张大小：Word 2010 提供了多种预定义的纸型。例如A4纸规格、B5纸规格、信封规格等。同时，还可以自定义纸张大小，以满足特殊的需要，例如打印各类请柬。

☞　纸张方向：根据需要选择使用横向或纵向纸张等。

☞　设置页边距和页眉页脚，达到美观的整体效果。

(5)分页与分节

在文档中，Word 2010 会默认将整篇文档看作为一节，当内容填满一整页时文档会自动分页。当遇到同一文档中需要显示不同的页面版式时，如不同的页眉页脚、不同的页码、不同的背景，就需要在文档中强制分页与分节。强制分页与分节时，可通过调用“分隔符”命令来执行分页符、分栏符和分节符命令。

①分页符:分页符是分隔相邻页之间的文档内容的符号。

②分栏符:文档中有分栏时,分栏符会使后面的文字内容从下一栏开始编排。

③分节符:文档中可以划分多个节,大到文档,小至段落,都可以进行分节,因此可以实现文档的不同部分设置不同的页格式。在大纲视图和草稿视图中分节符是两条横向平行虚线。

3.2.3.3 制作步骤

论文写成后,首先需要对备份的整篇论文的内容进行全选(“Ctrl + A”键),统一去除格式(“Ctrl + Shift + N”键),再根据排版要求进行论文的格式化。

(1)修改文档属性

选择“文件”选项卡的“信息”选项组,在右侧“属性”选项中点击“高级属性”按钮。在弹出的文档属性对话框中输入论文的标题、作者和单位。还可以右击论文文档图标,调用“属性”,输入相关内容。

(2)页面设置

A4 纸,页边距上 3.5 cm、下 2.4 cm、左 2.7 cm、右 2.0 cm,装订线在左侧 0.5 cm 的位置,页眉 1.5 cm,页脚 1.6 cm。

①调用“页面布局”选项卡右下角的“页面设置”对话框。

②在“页边距”选项卡中进行页边距、装订线等相关设置。

③在“纸张”选项卡中进行纸张选择设置。

④在“版式”选项卡中进行页眉、页脚距边界设置。

(3)设置样式

可以在 Word 2010 内置样式“标题 1(1 级标题)”“标题 2(2 级标题)”“标题 3(3 级标题)”的基础上按照表 3 – 6 要求进行样式修改。也可以选择新建样式,按照要求设置标题级别格式和正文格式。具体可参照“自定义样式”部分和图 3 – 69 进行操作。

表 3 – 6 样式要求

样式	字体	字体大小	段落格式
标题 1	黑体	小二	居中,1 级,段前 0 行,段后 12 磅,1.5 倍行距
标题 2	黑体	小三	左对齐,2 级,段前和段后均为 10 磅,1.5 倍行距
标题 3	黑体	小四	左对齐,正文文本,左缩进 0.85 cm,段前和段后均为 8 磅,1.5 倍行距
正文	宋体	小四	左对齐,正文文本,首行缩进 4 个字节,1.5 倍行距

样式模板设定完成后选择全文(“Ctrl + A”键),在“样式”任务窗格中选择“正文”样式,应用全文。然后再对各级标题进行选定,快速设置各级标题样式。

(4)自动生成章节号

论文各级标题前都会有章节号,如“第×章”“1.1”“1.1.1”等,除了可以在前文讲解的样式中修改,还可以通过对标题设置多级编号来实现。若论文章节号是多级编号自动生成的,则在后期修改章节或插入新章节时会自动更新,十分方便。

①选中已设置好的“标题 1”,单击“开始”选项卡“段落”选项组中的“多级列表”按钮,在任务窗格中选择“定义新多级列表”,设置编号。

②设置“标题 1”编号格式。如图 3-68 所示。

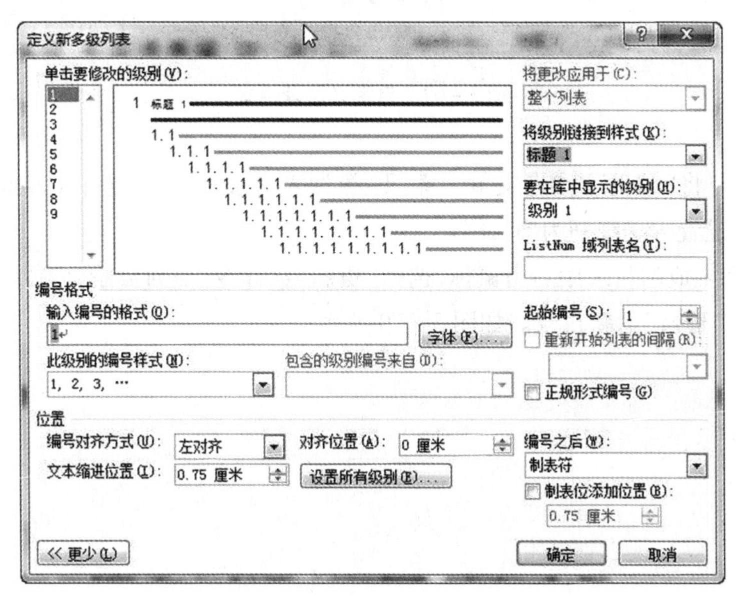

图 3-68　设置“标题 1”编号格式

③重复操作,设置其他级标题。

(5)生成目录

前文介绍了设置标题样式自动生成目录,但有些论文目录可能会有其他格式要求,这时就需要通过自定义来进行相关设置。如图 3-69 所示。

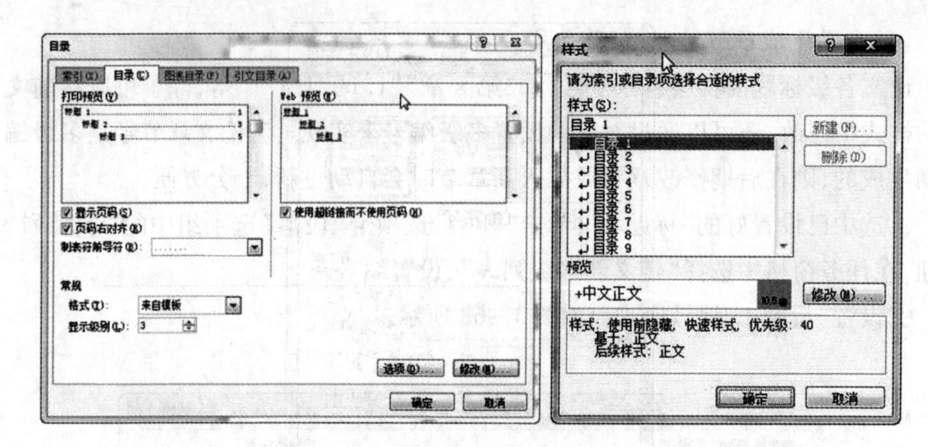

图 3 - 69 自定义目录格式

如果需要将"结论""参考文献""附录"等加入目录,就需要选中对应标题,在"段落"选项中,设置大纲级别为"1 级"。

最后,在生成的目录中右击鼠标,选择"更新域"命令,更新目录,生成包括"结论""参考文献""附录"的新目录。如图 3 - 70 所示。

目　录

摘　要……I
Abstract……II
第1章 问题定义……1
1.1 背景……1
1.2 课题……1
1.3 目标……1
第2章 系统分析……3
2.1 开发技术……3
2.2 可行性分析……4
2.3 需求分析……5
2.4 数据库设计……6
第3章 系统设计……11
3.1 模块设计……11
3.2 系统流程设计……14
第4章 详细设计……18
4.1 首页设计……18
4.2 登录注册设计……19
4.3 商品查询设计……21
4.4 个人中心设计……22
4.5 账号管理设计……24
结　论……30
参考文献……31
附录1 部分代码……32
附录2 系统使用说明……45
致　谢……46

图3－70　加入“结论”“参考文献”“附录”的新目录

(6)插入分节符

根据论文排版要求,插入分节符,使论文的某一章节或者某几章节成为相对独立的部分。例如,一般会在“目录”和“摘要”之间插入分节符,在“目录”和“正文”之间插入分节符。这样操作,便于生成不同类型的页码形式和特殊版式。

①将插入点移动到“目录”文字之前,单击“页面布局”选项卡“页面设置”选项组中的“分隔符”按钮。

②在“分节符”任务窗格选中“下一页”。

③采用同样的操作,在“正文”之前插入“分节符”的“下一页”。

④根据具体的样式及页码要求,对每一部分进行不同的版式设置。

(7)设置页眉和页脚

根据论文相应要求,封面、中英文摘要和目录不显示页眉。正文设置页眉,具体内容要求是"绥化学院××××级本科生毕业设计(论文)",版式要求是"中文为黑体,数字和英文为Times New Roman,小四号,居中对齐"。

①将鼠标插入点移动到正文部分所在的节中。

②单击"插入"选项卡"页眉和页脚"选项组中的"页眉"按钮,在弹出的下拉列表中单击"编辑页眉"命令后输入相关内容并按要求对其进行格式化设置。此外,也可直接双击页眉区域,进行编辑。

③在页眉编辑状态下选择"设计"选项卡,单击"导航"选项组中的"链接到前一条页眉"按钮,取消页眉编辑区域右端的"与上一节相同"的状态。

④编辑完成后,单击"关闭页眉和页脚"按钮,完成页眉部分设置。

根据论文要求,需要在中、英文摘要底部居中插入页码,页码格式为Ⅰ、Ⅱ等。论文正文部分页码格式为1、2、3等。

①可按照页眉操作方式,进入页脚编辑状态。

②关闭"链接到前一条页眉",断开第1、2节之间的页脚链接,即页脚右端的"与上一节相同"字样消失。

③插入点移动到中文摘要所在的节的页脚中。

④单击"页眉和页脚"选项组中的"页码"按钮。

⑤在"页面底端"的级联菜单中选择所需样式。

⑥选择"设置页码格式"命令,在对话框中按要求进行编号及起始页码设置。

⑦单击"导航"选项组中的"下一节"按钮,进入下一页的页脚编辑。

⑧重复以上操作,直至完成页码设置。

⑨将插入点移动至论文正文所在节中,重复上述操作,完成对正文页脚居中位置页码的设置。

⑩按论文其他排版要求,进行参考文献、附录、致谢等的设置,完成论文的排版工作。

3.2.4 实训扩展

建立名为"散文.docx"的文档,并输入图3-71中的文字内容,完成下述操作。

行将消逝的月光

南京　华明玥

去年春天，我在鸡鸣寺的科技会馆等人的时候，巧遇替《老房子》做首席摄影的李玉祥，他是来此为《老房子》一书的原作巡回展做布置和前期准备的。当时《老房子》一书火得很，所以当我毫不隐讳地对李玉祥说这本书增添了他本人的声誉和神秘感时，李并不惊讶。他显然把我的话当作溢美之词，他说，别把《老房子》这套书当作摄影者的审美层次的阐发，不，一切都由老房子来陈述，来抒发，他不过是个记录者而已。

李玉祥提到了那些幸存的老房子的命运，他说，光线消失了，对一名摄影者来说，最关键的从四面八方穿射进来的光线就要消失了，老房子成了众多新式建筑物所形成的深井的“井府”，光线变得昏暗。我们无法像两年前去拍这套书时那样，目睹光线从四面八方而来，在老房子的瓦瓴上琤琮弥散，老房子不再是安坐光束中的一朵古莲，这是残留在城镇一角的老房子共同的命运。

我同意他的观点。光确实最重要。《老房子》丛书打动人心的地方，并非仅仅在于布局、结构、雕刻、历史与传说，还在于光色形成的厚度和透明感，是它，使历史与现实都有了虚幻与空缺的一面。我喜欢雕花木门开启的刹那，一束天然的光线劈进门缝，照在堂屋里的两把椅子上，使它们半明半暗的场景。更多的什物和感情，更多的对历史的缅怀之意浮动在虚影里。在《皖南民居》一书中，我们经常看到类同的场景——（非常类似于寓意油画静物的某些场景——）因为光的出现，普通的两把竹椅之间，也有了喁喁细语的意思。此刻我们定会忘了这一帧照片本是暗示歙县清代建筑的堂屋结构的。建筑结构与非专业人士本无关系，但有了光，一切都变得不一样。

图 3－71　散文《行将消逝的月光》

（1）将标题“行将消逝的月光”字体设置为“华文隶书”，字号设置为“二号”，字形设置为“粗体”，颜色设置为“蓝色”，对齐方式设置为“居中”。

（2）将第 1 段文字“南京　华明玥”的颜色设置为“蓝色”，对齐方式设置为“居中”，并加“下划线”，类型为“最细实线”，颜色为“紫色”。字符间距设置为“加宽，5 磅”。

（3）将第 2 段整段文字“去年春天……”设置为“首字下沉”，下沉行数“3 行”。首行缩进值设置为“29 磅”，段后间距设为“11 磅”，字形设置为“斜体”。

（4）将第 3 段整段文字“李玉祥提到了……”首行缩进值设置为 “29 磅”。

（5）将第 4 段整段文字“我同意他的观点……”左缩进和右缩进均设置为“139.80 磅”。

（6）设置页脚的样式为“时间样式”，页脚距边界的距离为“60 磅”。

（7）设置页面边框类型为“方框”，边框颜色为“蓝色”。

3.3　实训三：邮件合并功能之批量制作

3.3.1　实训背景

因为业务往来，某些企业的一些职员会面临众多的数据表，同时又需要将表中的数据一一提取出来制作大批量的商务信函封皮、私人信函封皮或者是员工的工作证等。面对如此繁杂的数据信息,难道只能逐一地人工复制粘贴并保证操作过程中不出错吗?其实,借助 Word 2010 的邮件合并功能就可以批量地、准确地、快速地完成上述任务。本实训详细讲解"邮件合并"功能及具体操作,同时以实例剖析的方式帮助读者快速上手。

3.3.2 实训目的

员工的工作证是标识姓名、编号、所属部门和企业的工作证件。企业常常需要为员工制作统一格式的工作证,使用 Word 2010 可以快速设计工作证,同时可批量地为每个员工生成工作证,大大提高工作效率。批量设计属于 Word 2010 文档处理的高级应用,可以通过制作模板工作证来练习图文表混排,并引入合并域和邮件合并高级功能。全国计算机等级考试(NCRE)的办公软件等级考核中,邮件合并功能作为 Word 部分操作题经常出现,熟练操作本功能后可举一反三,批量设计并制作企业名片、录取通知书、成绩单等文件。

3.3.3 实训过程

3.3.3.1 实训分析

主要包括主文档表格制作、邮件合并两部分内容。

(1)制作主文档模板,绘制表格,输入文字,设置相关格式。

(2)根据员工信息表的数据源,在相应文档中插入合并域。

(3)将数据合并成符合员工工作证要求的文档。

3.3.3.2 实训知识点

(1)邮件合并

邮件合并是指在邮件主文档的固定内容中,合并与发送信息相关的一组通信资料,从而批量生成需要的邮件文档。邮件合并功能不仅可以实现批量处理各类信函等与邮件相关的文档,还可以批量制作工作证、录取通知书、成绩单、学生奖状等。

(2)邮件合并的应用条件

邮件合并的使用通常都具备两个规律:

①需要制作的数量比较大。

②文档由固定内容和变化内容组成,比如学生获奖的奖状,陈述性语言都是固定不变的,而获奖人和奖项就属于变化的部分,变化的部分可以通过含有标题行的数据表进行编辑保存。

(3)邮件合并的基本过程

①建立主文档

主文档是根据文档布局和排版需要,输入的固定不变的通用内容。实际操作中需要注意的是,要在合适的位置区域留出后续将要进行信息(变化的部分)填充的空间。

②编辑好数据源

数据源就是数据表格,主要包含变化部分的字段和相关信息。数据源可以使用 Excel、Outlook 联系人、Access 数据库、Word 来制作,本例是以 Excel 创建数据源的。

③数据源合并到主文档

数据源合并到主文档的目的是将变化的字段和对应信息逐一添加到主文档的预留处,数据表格中的字段行数代表着即将生成的主文档份数。最后利用“邮件合并”功能,批量生成对应变化部分字段的主文档。

3.3.3.3　制作步骤

(1)素材准备

①创建员工文件夹,存放员工照片,照片以数字或者英文命名。如果以对应姓名的汉字命名,后期批量完成时可能会有个别图片不显示的情况。

②在当前文件夹下,新建 Excel 并编辑员工信息,字段信息主要包含工号、姓名、职务、照片等。员工信息表中手动添加“照片”列时比较麻烦,可以通过公式“ = "E:\\校本教材\\jsj 基础教材\\word\\头像\\" &A2&". jpg" ”和自动填充功能完成。

需要注意的是,例子中照片默认的存放路径是“E:\校本教材\jsj 基础教材\word\头像”,表格输入公式时需要在路径下的每个“\”后再加一个“\”,并在“头像”后加“\\”,即图片的完整路径。如图 3 - 72 所示。

D2　f_x　="E:\\校本教材\\jsj 基础教材\\word\\头像\\"&A2&".jpg"

	A	B	C	D	E
1	工号	姓名	职务	照片	
2	001	刘子晴	经理	E:\\校本教材\\jsj 基础教材\\word\\头像\\001.jpg	
3	002	王宁	经理助理	E:\\校本教材\\jsj 基础教材\\word\\头像\\002.jpg	
4	003	赵鑫	项目经理	E:\\校本教材\\jsj 基础教材\\word\\头像\\003.jpg	
5	004	张浩	项目经理助理	E:\\校本教材\\jsj 基础教材\\word\\头像\\004.jpg	
6	005	胡子琪	数据库讲师	E:\\校本教材\\jsj 基础教材\\word\\头像\\005.jpg	

图 3 - 72　数据源信息

③在当前文件夹下,新建 Word 主文档,根据证件内容和布局,编辑文档并生成员工工作证模板。如图 3 - 73 所示。

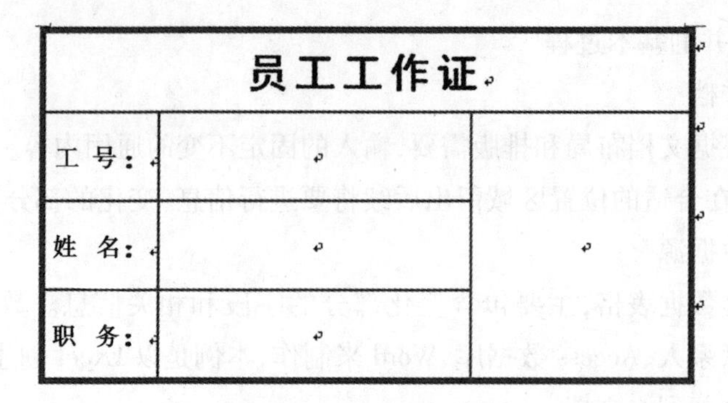

图 3 - 73　员工工作证模板

(2)利用邮件合并功能制作员工工作证

①链接数据源

建立 Word 主文档和 Excel 链接。单击“邮件”选项卡的“选择收件人”按钮,在弹出的下拉列表中选择“使用现有列表”。

打开“选取数据源”对话框,找到前期编辑好的 Excel,选择打开。在打开的数据源中选择 Sheet1 $,点击“确定”。如图 3 - 74 所示。

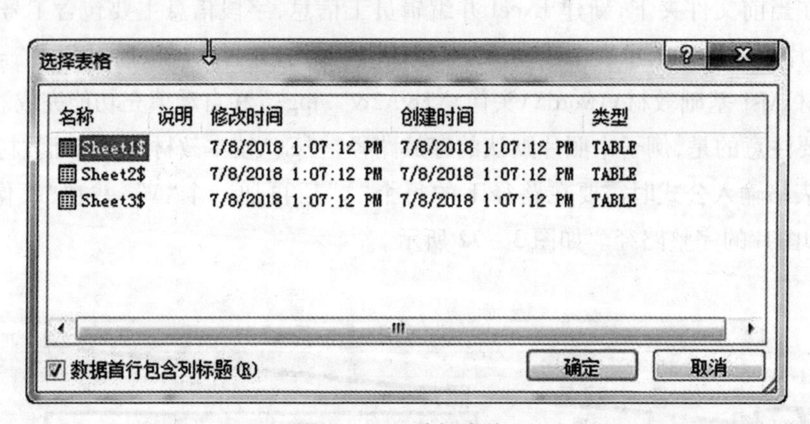

图 3 - 74　选择表格

至此,完成了数据源的链接。“邮件”选项卡中多数原本为灰色的命令按钮也都转变成彩色的,“邮件”选项卡功能进入激活状态。

②插入合并域

依次将插入点移动至“工号”“姓名”“职务”单元格,每次插入点在单元格时,单击“邮件”选项卡的“插入合并域”按钮,将数据域依次插入 Word 中员工工作证的对应位置。如图 3 - 75 所示。

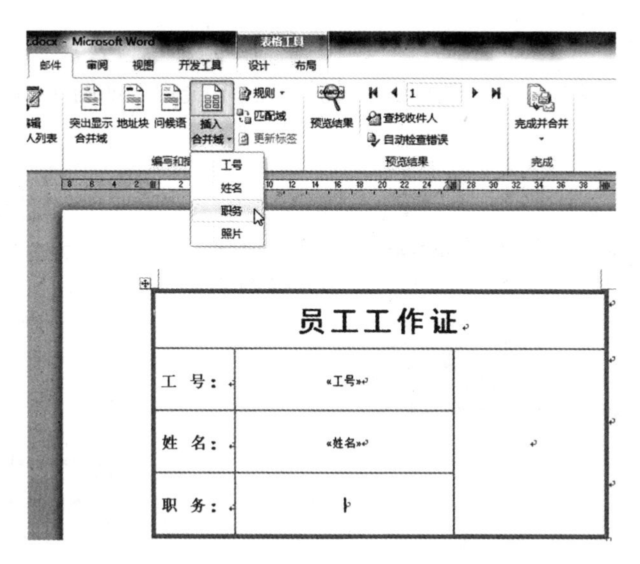

图3－75　在员工工作证中插入合并域

③插入照片

插入点移动到显示照片的位置，单击“插入”选项卡“文档部件”选项组中的“域”命令。如图3－76所示。

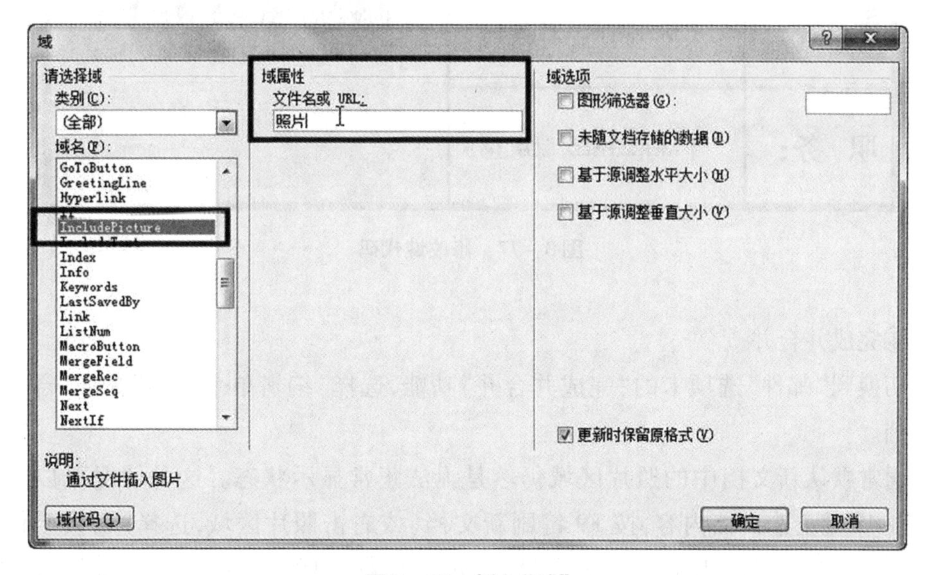

图3－76　插入“域”

在“请选择域”对话框中选择“IncludePicture”域，域属性中输入字符，如本例为“照片”，起到字符占位的作用。此时照片控件与Excel中的照片列并没有建立关联，需要修改域代码。

按组合快捷键“Alt＋F9”切换到域代码状态，选定代码中“照片”字样，利用“插入合并域"功能中的"照片"命令域替换"照片"字符。再次按"Alt + F9"键切换回正常模式,调整存放照片控件表格的大小,使证件整体协调、美观。如图 3 - 77 所示。

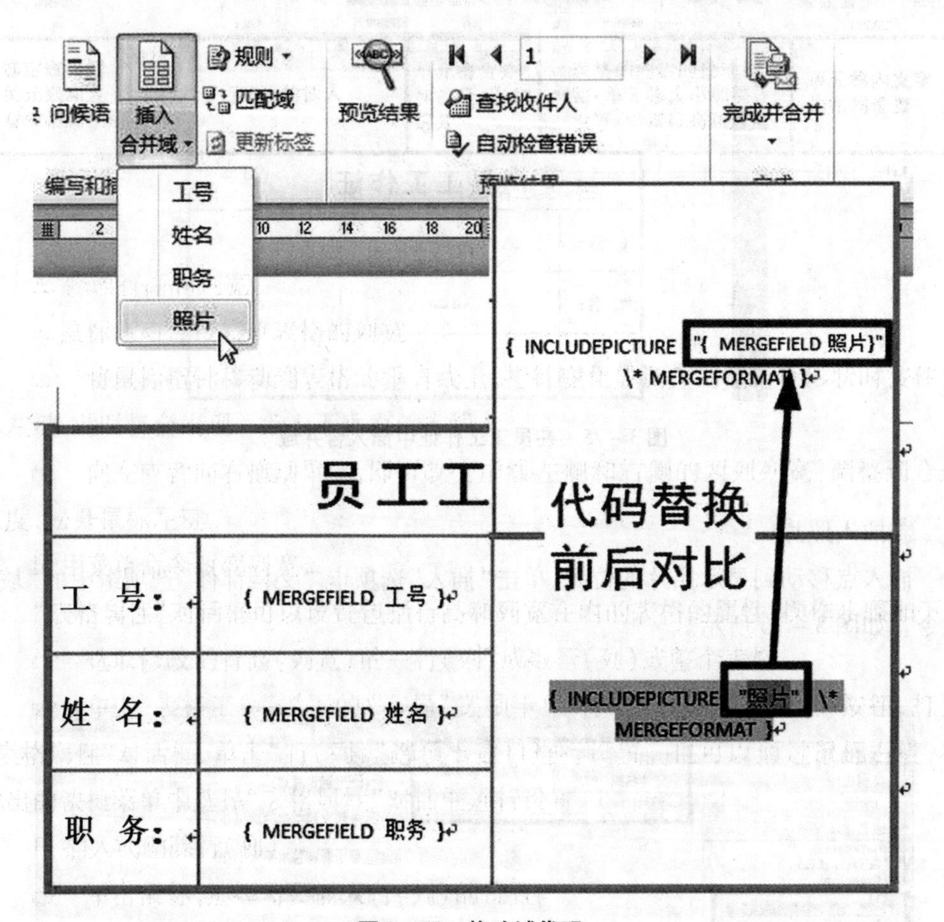

图 3 - 77 修改域代码

④完成并合并

切换到"邮件"选项卡的"完成并合并"功能,选择"编辑单个文档"命令,合并至新文档。

通常默认新文档中的照片区域仍然是无法正常显示状态。这种情况可以通过"Ctrl + A"键全选文档内容,按 F9 键刷新文档(或右击照片区域,选择"切换至代码域"命令),如果照片仍然不能正常显示,可以保存关闭后重新打开。如图 3 - 78 所示。

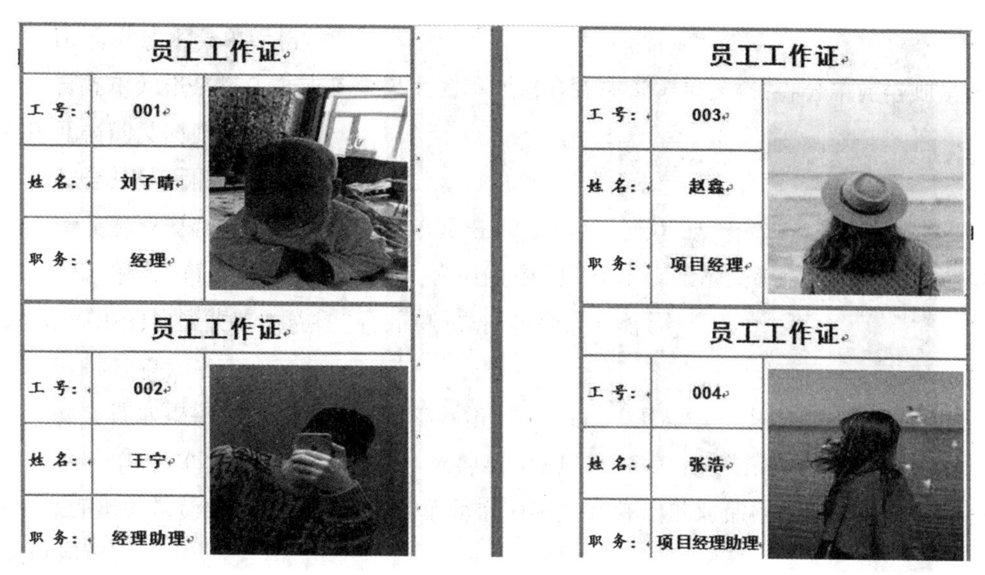

图 3－78　合并至新文档

(3)后期调整

①调整邮件合并文档的图片大小

如果不满意之前的图片大小，可以返回之前设计的模板页面，按“Ctrl＋A”键全选文档内容，按 F9 键刷新，调整好第一个图片的大小后再重新合并到新文档即可。

②选择邮件合并的文档类型

如果希望多个人的表格放在一页纸中按顺序排列下去，可以返回主文档，将邮件合并的文档类型设置为“目录”。

3.3.4　实训拓展

3.3.4.1　批量制作名片

名片是展示个人姓名及其所属企业、职务和联系方式的卡片。企业一般都要为员工制作统一样式的名片。利用 Word 2010 邮件合并功能可以快速批量制作名片，大大提高工作效率。常见的商务名片会印有个人的姓名、所属企业、职务、联系方式、工作地址和邮箱等。名片的成品效果，如图 3－79 所示。

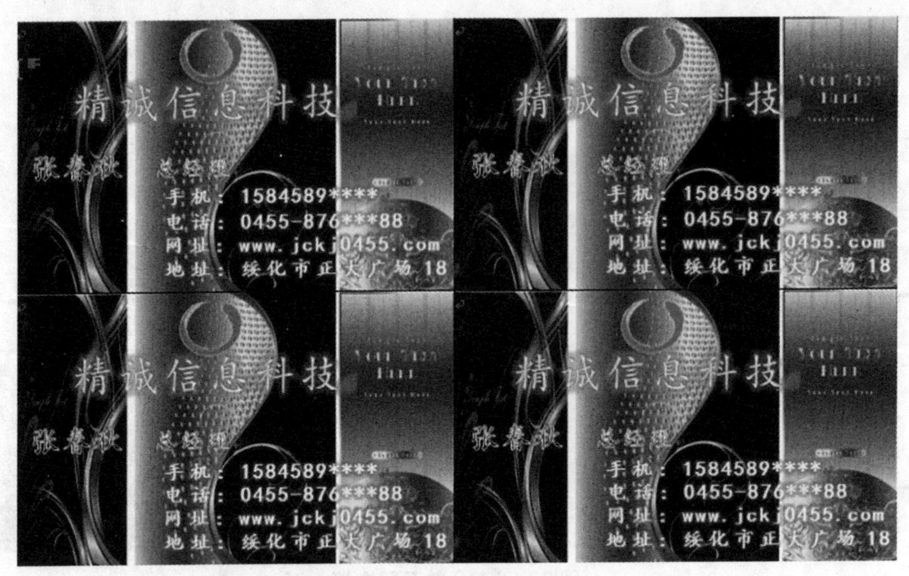

图 3-79　个人名片效果

批量制作名片的简要操作步骤如下：

(1)设计名片，制作模板

首先根据自身需要和企业经营业务来选择合适的名片背景图案和公司的标志，制作名片模板。

①新建名称为“名片模板”的文档，在新建的文档中单击“页面布局”选项卡“页面设置”组中的“页边距”按钮，在弹出的下拉菜单中选择“窄”命令。

②利用插入表格功能，生成一个 4 行 2 列的表格(可一次生成 8 张名片)。单击表格左上角“全选”按钮选择整个表格，在“表格工具”栏下“布局”选项卡“单元格大小”选项组中设置单元格高度为“5.6 厘米”、宽度为“9.2 厘米”；单击“对齐方式”选项组中的“单元格边距”按钮，在打开的对话框中设置单元格四周的边框均为“0 厘米”，并取消选中“自动重调尺寸以适应内容”复选框。

③插入点移动至第一个单元格，利用“插入”的“图片”功能，插入名片的背景图和公司标志，调整大小和位置；利用“插入”的“艺术字”功能，输入“某某某”艺术字，并选择合适的艺术字样式，设置字体和字号。如图 3-80 所示。

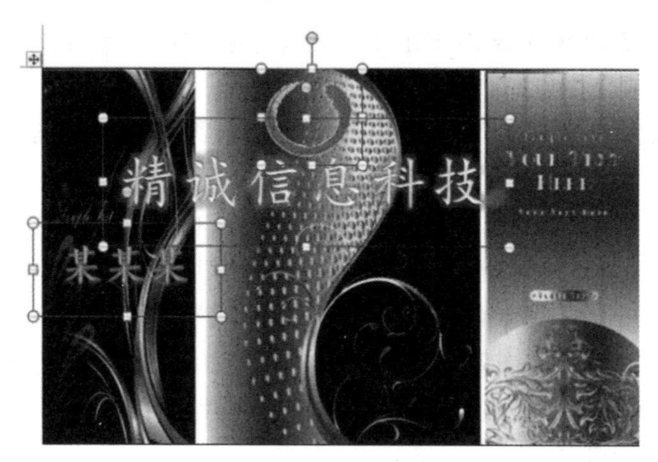

图 3－80 设置名片字体

④单击“绘图工具”栏下“格式”选项卡“艺术字样式”选项组中的对话框按钮，打开“设置文本效果格式”对话框，在“文本框”选项卡中的“自动调整”栏中取消选中“根据文字调整形状大小”复选框；在文本框中的背景图片上添加其他文字信息，并根据需要调整样式效果、大小和位置。

（2）利用邮件合并功能导入员工数据

在批量生成名片的过程中，需要快速一次性导入大量的员工个人资料，即需要事先准备好相关的数据表格，如利用 Excel 或者 Word 表格制作员工数据表。

①本例以 Word 表格来制作员工数据表，如图 3－81 所示。

姓名	职务	手机	电话
张春秋	总经理	1584589****	0455-876***88
刘达	销售主管	1588640****	0455-876***89
林峰	业务经理	1364675****	0455-876***90
曾丹	业务经理	1330756****	0455-876***91
杜淑芳	技术总监	1594563****	0455-876***92
陈明	设计总监	1397429****	0455-876***93
李小刚	设计师	1354130****	0455-876***94
孙俪	设计师	1367024****	0455-876***95
张东升	人事主管	1310753****	0455-876***96
王定国	总经理助理	1372508****	0455-876***97
赵德国	人事专员	1321514****	0455-876***98
陈丽	业务经理	1334786****	0455-876***99
杨洋	业务经理	1396765****	0455-876***87

图 3－81 员工数据表

②在“名片模板”文档中，单击“邮件”选项卡“开始邮件合并”选项组中的“选择收件人”按钮，在下拉菜单中选择“使用现有列表”命令调用“选取数据源”对话框，选

择并打开员工数据的 Word 文档,即将数据导入当前“名片模板”中。

(3)添加插入合并域并批量生成名片

将导入的数据分别放置于对应的名片区域位置,需要利用插入合并域功能,进行数据归类合并。

①插入“姓名”域,选择名片中的“某某某”文本,单击“编写和插入域”选项组中的“插入合并域”,在下拉列表中选择“姓名”。其他区域进行类似操作。

②此时,第一个名片模板制作完毕。单击选中表格中第一个单元格的名片背景图片,单击“表格工具”栏下“布局”选项卡“表”选项组中的“选择”按钮,选中“选择单元格”选项。按“Ctrl + C”键复制当前选中的第一个名片内容,按“Ctrl + V”键粘贴到其他 7 个空白的单元格中。

③单击“邮件”选项卡“完成”选项组中的“完成并合并”按钮,在下拉菜单中选择“编辑单个文档”命令,在弹出的对话框中选择“全部”合并记录。

④上一步单击确定后,会自动创建一个新文档,一次批量生成数据表中的所有员工名片。

3.3.4.2 批量发送指定内容的邮件

当企业因业务发展,需要批量向客户发送指定内容的邮件时,人工操作比较费时、费力,成本也较高。利用 Word 2010 的邮件合并功能和 Outlook 邮件收发软件(使用方法参见本书 6.3 节),可以轻松实现自动逐条发送指定内容的邮件到指定邮箱。

(1)制作发送的文本内容。

本实训以 Excel 制作员工数据表,Excel 的具体使用方法参见第 4 章。员工数据表如图 3-82 所示。

	A	B	C	D	E	F	G
1	姓名	性别	出生日期	民族	是否党员	工作时间	邮箱
2	刘卫东	男	1982/6/28	汉	是	2010/7/1	942184@sohu.com
3	张丹峰	女	1987/7/7	汉	否	2011/7/1	lw14388666@163.com
4	王德贵	男	1990/9/2	朝鲜	是	2013/7/1	lw1001@163.com
5	李章	男	1992/4/6	汉	是	2015/7/1	lw1001@qq.com

图 3-82 员工数据表

(2)新建名称为“邮件发送”的文档,复制 Excel 的表头(不包含“邮箱”),然后粘贴至“邮件发送”文档中,适当调整表格宽度。选中表头后,在其下方插入新的一行。如图 3-83 所示。

姓名	性别	出生日期	民族	是否党员	工作时间

图 3－83　新建“邮件发送”文档

(3)点击“邮件”选项卡“开始邮件合并”选项组中的“邮件合并分步向导”命令后，文档右侧会显示“邮件合并”对话框。如图 3－84 所示。

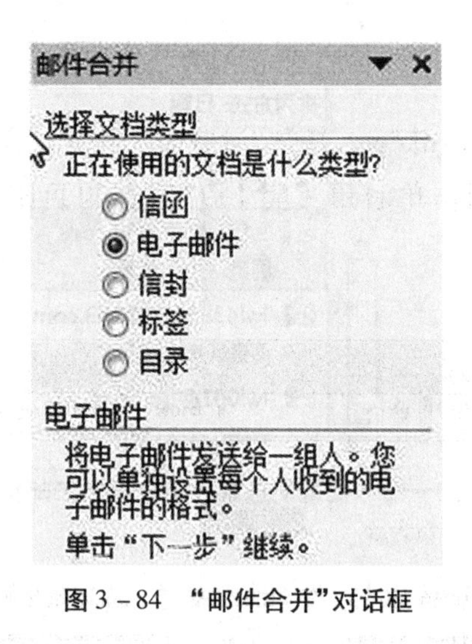

图 3－84　“邮件合并”对话框

(4)“选择文档类型”对话框中选择“电子邮件”，点击“下一步”；跳至“选择开始文档”，选中“使用当前文档”，点击“下一步”；跳至“选择收件人”，选择“使用现有列表”下的“浏览”命令，导入(1)中制作的员工数据表，点击“确定”；跳至“邮件合并收件人”对话框，可以对收件人列表进行编辑，点击“确定”。如图 3－85 所示。

邮件合并收件人

这是将在合并中使用的收件人列表。请使用下面的选项向列表添加项或更改列表。请使用复选框来添加或删除合并的收件人。如果列表已准备好，请单击“确定”。

数..	☑	姓名	性别	出生日期	民族	是否党员	工作时间	邮箱
发送...	☑	刘卫东	男	6/28/1982	汉	是	7/1/2010	9421
发送...	☑	张丹峰	女	7/7/1987	汉	否	7/1/2011	lwl43
发送...	☑	王德昊	男	9/2/1990	朝鲜	是	7/1/2013	lwl00
发送...	☑	李章	男	4/6/1992	汉	是	7/1/2015	lwl00

图 3－85　邮件合并收件人

(5)利用“插入合并域”功能，依次在对应表格里添加收件人列表中的域。然后在“邮件合并”对话框中点击“下一步:预览电子邮件”。

(6)此时，可以通过左右翻页预览发送邮件数据。确认无误后，点击“下一步:完成合并”。

(7)跳至“邮件合并”，至此到最后一步。点击“合并”下的“电子邮件”，在弹出的

“合并到电子邮件”对话框中,在“收件人”栏下拉列表中选择“邮箱”;“主题行”输入相应的邮件题目;“邮件格式”可根据具体情况选择,默认选项为“HTML”,也可以选择“附件”;“发送记录”选择“全部”,点击“确定”。

(8)系统自动调用 Outlook(首次使用需注册账号),软件将自动发送上述内容至指定的邮箱。如图 3-86 所示。

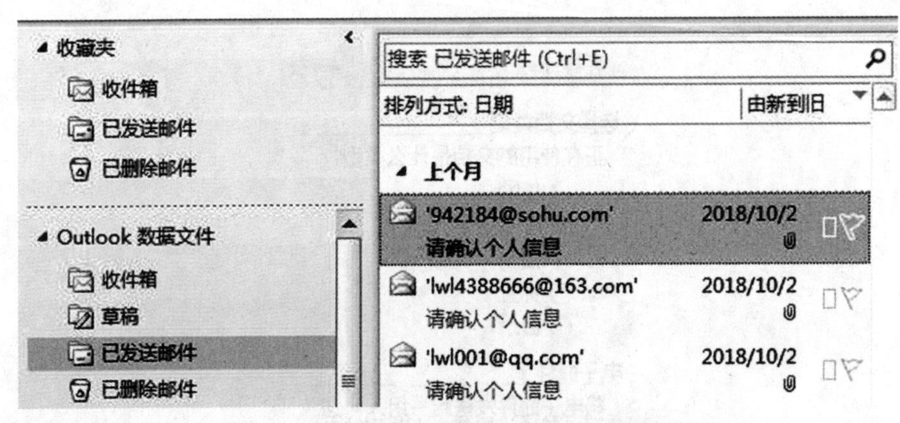

图 3-86　批量发送邮件至公司员工邮箱

(9)如果“邮件格式”选择以“附件”形式发送,以“张丹峰,lwl4388666@163.com”为例,登录该邮箱账号后,则可以查看邮件格式为“附件”的邮件。此外,如双击“邮件发送.docx(14 KB)”可调用 Word 2010 查看具体内容。

(10)本实训以“HTML”默认发送,以“张丹峰,lwl4388666@163.com”为例,登录该邮箱账号后,查看邮件格式为“HTML”的邮件,如图 3-87 所示。

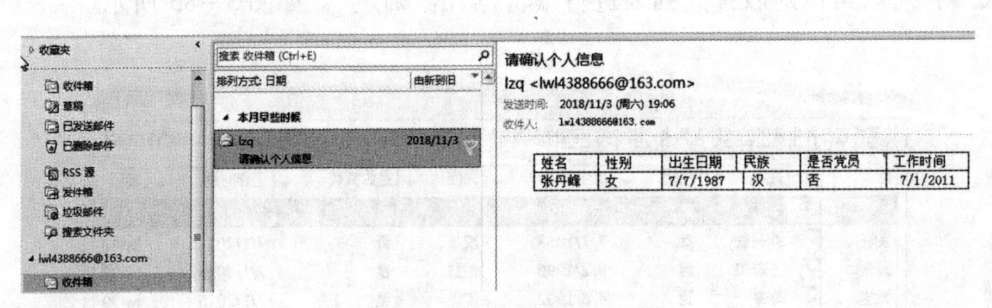

图 3-87　收件人邮箱的相应邮件

3.4 实训四:控件和宏功能之制作调查问卷

3.4.1 实训背景

问卷调查法是指制定详细周密的问卷,要求被调查者进行回答以收集资料的方法。调查问卷又称调查表、问卷,是一组与研究目标有关的问题,或是一份为进行调查而编制的问题表格。利用 Word 2010 中 Visual Basic 脚本制作一份关于服务满意度的调查问卷,添加交互功能,使调查问卷更加人性化,让被调查者可以更快速、更方便地填写信息。

3.4.2 实训目的

调查问卷是人们在社会调查研究活动中用来收集资料的常用工具。调查研究人员借助这一工具对社会活动过程进行准确、具体的测定,并应用社会学统计方法进行量的描述和分析,获取所需要的调查资料。在进行调查之前,调查者需要将相关问题编制成表格。

在调查问卷中利用 ActiveX 控件可以快速实现单选、复选等内容,使调查内容更加丰富、易懂、易操作。另外针对控件添加一些简单的程序可以使其具有复杂的功能,如填完自动发送。

3.4.3 实训过程

3.4.3.1 实训分析

完整的调查问卷一般由标题、卷首语、指导语、主体、结束语等部分组成。调查问卷主要有2种形式:

①封闭式:与选择题类似,只允许在提供的内容中进行选择。

②开放式:允许被调查者用自己的话来回答问题。

调查问卷示例可见图3-88和3-89。

××教育网调查问卷

尊敬的老师您好：

××教育网旨在为全国的中学生、大学生提供全方位的中考、高考、考研、留学、就业等方面的信息服务，为教育工作者提供便捷的资料查询和成果展示服务，为全国高校师生展示自己的形象和实力提供平台。

现诚挚地邀请您参与问卷调查，您的反馈和建议对我们很重要。我们保证此问卷调查将按照国家有关的规定采取保密原则进行，问卷调查结果只用作数据分析，不对外公布。

谢谢！

个人/学校资料

姓名：		性别：	☐男 ☐女	年龄：	
单位名称：		所属行业：			
通信地址：					
联系方式：	Tel:		E-mail:		

调查问卷

购买的服务：	
服务单号：	
遇见问题需要售后服务的时候，您对我公司售后服务人员的服务是否满意：	☐满意 ☐基本满意 ☐不满意
您对我公司售后服务人员的服务还不满意的项目或认为需要改进的项目有：	☐不为用户服务 ☐服务响应不及时 ☐各部门推脱 ☐配套服务少 ☐服务没有解决问题 ☐服务不专业

图3-88 调查问卷示例1

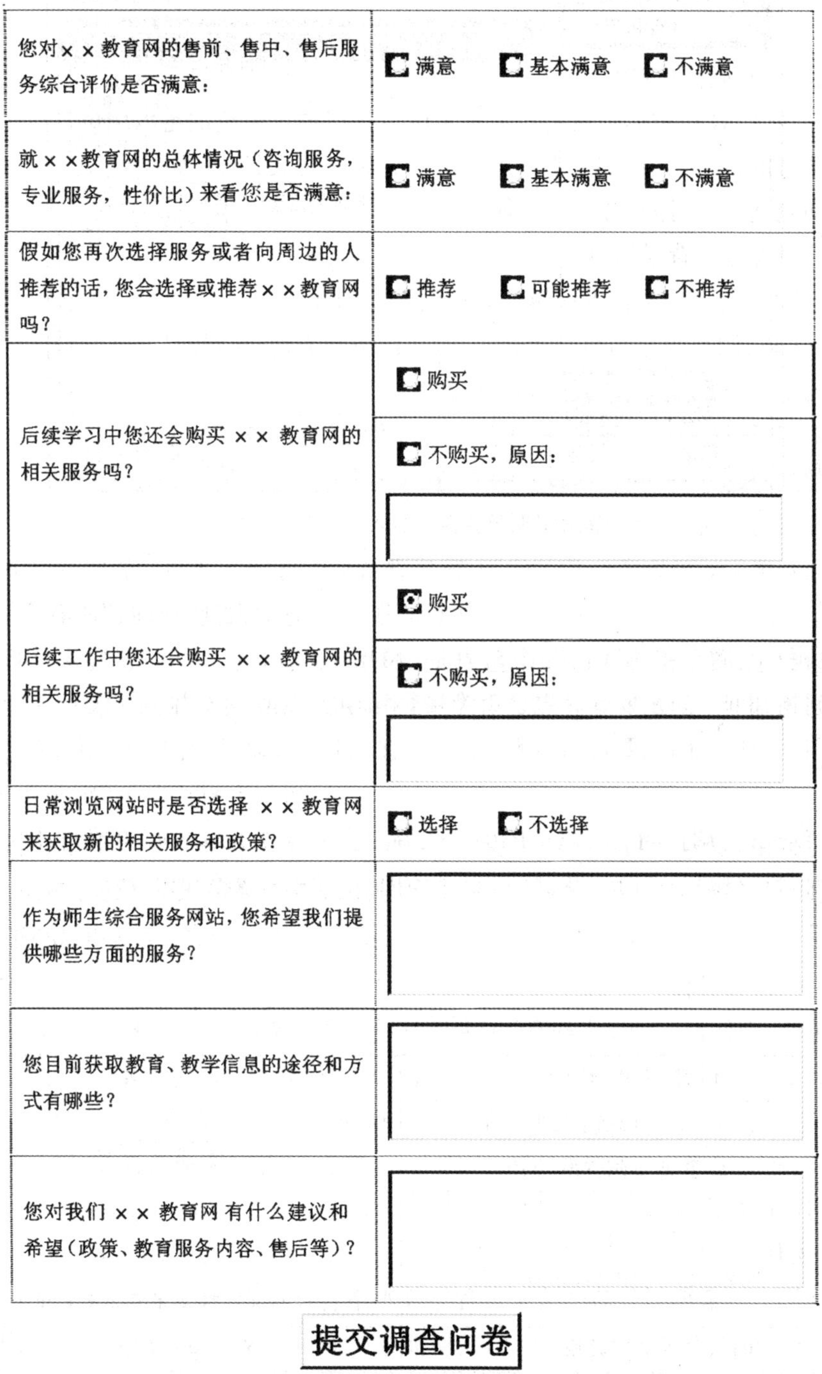

您对××教育网的售前、售中、售后服务综合评价是否满意:	满意　基本满意　不满意
就××教育网的总体情况(咨询服务,专业服务,性价比)来看您是否满意:	满意　基本满意　不满意
假如您再次选择服务或者向周边的人推荐的话,您会选择或推荐××教育网吗?	推荐　可能推荐　不推荐
后续学习中您还会购买××教育网的相关服务吗?	购买
	不购买,原因:
后续工作中您还会购买××教育网的相关服务吗?	购买
	不购买,原因:
日常浏览网站时是否选择××教育网来获取新的相关服务和政策?	选择　不选择
作为师生综合服务网站,您希望我们提供哪些方面的服务?	
您目前获取教育、教学信息的途径和方式有哪些?	
您对我们××教育网有什么建议和希望(政策、教育服务内容、售后等)?	

提交调查问卷

图3-89　调查问卷示例2

(1)标题:以简短的语句概括出调查研究的主题,使被调查者可以快速获知调查问卷的大致内容和方向。

(2)卷首语:主要说明调查研究的意义、内容、方法等,以消除被调查者的紧张和顾虑。

卷首语包括以下内容:

①自我介绍(让被调查者明白调查者的身份或调查研究的主办单位)。

②调查的目的(让被调查者了解调查者想调查什么)。

③回收问卷的时间、方式及其他事项。

④被调查者的背景信息。

(3)指导语:主要是告诉被调查者如何填写问卷。

(4)主体:调查问卷的核心部分,一般按以下几方面进行设计。

①确定调查目标——"我要调查什么?"

②确定子目标——"我打算从哪几个方面来进行调查?"

③设置问题——"我可以设置哪几道问题?"

在设置问题时必须考虑以下几点:

①问题选用。确定所有相关问题,确定调查问卷选题。选题一般遵循以下几个方面原则:一要选择最必要的题目;二要注意问题数量适中,答题时间控制在 20 分钟以内;三要顾及被调查者的身份背景,注意提问的语气、方式。

②问题排列。问题要本着先易后难、循序渐进的原则进行排列。

③问题表述。问题要言简意赅、通俗易懂、目的明确、没有歧义,要保持客观、中立,一个问号只有一问。

(5)结束语:调查问卷结尾一般会对被调查者的合作表示衷心的感谢,同时,也可以简要地询问被调查者对问卷设计和问卷调查有何好的意见和建议。

3.4.3.2 实训知识点

(1)ActiveX 控件

ActiveX 控件是一种图形对象,用来控制一组预定义的事件。比如,这个事件是可以通过命令按钮打开一个浏览器或另一个程序。ActiveX 控件包括复选框、文本框、列表框、选项按钮、命令按钮和其他控件。ActiveX 控件为用户提供了一些选项,通过这些选项,用户可选择用于提交数据的入口点,创建自定义窗体和对话框或选择那些被单击后即可运行宏的按钮,还可执行其他一些操作。

(2)宏代码

宏就是一些编程语言命令按一定程序规则组合在一起,作为独立命令完成一个特定任务。Word 2010 中的宏就是借用其功能来执行一系列 Word 命令。Word 库中集成了 VBA 代码,使用 Visual Basic 语言将宏作为一系列指令来编写。本实训中要让调查问卷中的控件具有一些特定功能,因此需要为控件添加宏代码。

3.4.3.3 制作步骤

"调查问卷"文档的制作流程大致如下:

①另存文件为启动宏的文档；

②插入各种控件；

③添加宏代码；

④保护调查问卷文档；

⑤填写调查问卷内容测试控件功能。

(1)创建启用宏的文档

“调查问卷”文字和表格已提前编辑，可参照图 3 - 88 和图 3 - 89 内容排版或者自行设计，编辑过程不再赘述，实现方法可参照前文。由于本实训启用了 ActiveX 控件，并且应用宏命令实现部分控件的特定功能，因此首先要将 Word 文档保存为启用宏的 Word 文档。具体方法为，在新建的文档中利用“另存为”命令，选择文件的“保存类型”，选择“启用宏的 Word 文档”并保存。

(2)插入文本框控件

在调查问卷中需要用户直接输入文字内容的位置添加文本框，并根据需要为文本框控件的树形设置预留位置。插入文本框控件的具体操作如下。

①将插入点定位到“姓名”右侧的单元格中，单击“开发工具”选项卡“控件”选项组中的“旧式工具”按钮，在弹出的下拉列表中选择“文本框”控件。

②点击新生成的文本框控件，拖动窗格控制点可根据表格要求适当调整其大小。如图 3 - 90 所示。

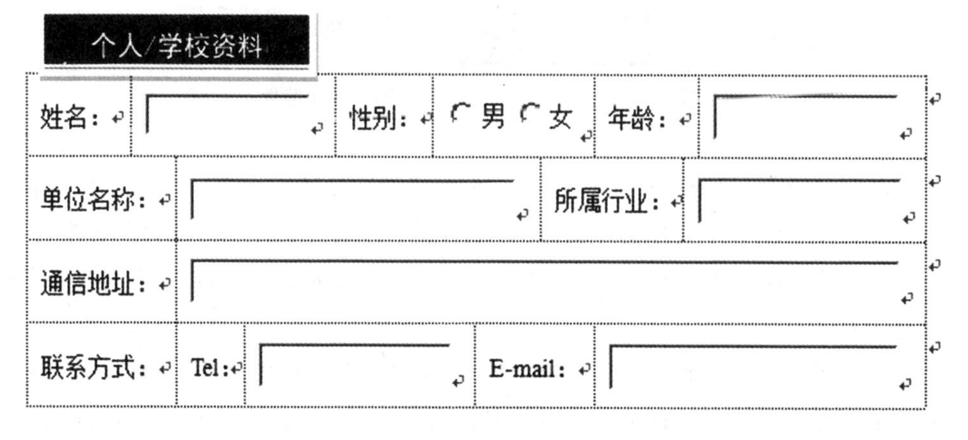

图 3 - 90　调整文本框控件的大小

③采用同样的操作方法，在调查问卷中其他需要用户直接输入信息处插入文本框控件，并调整至合适的大小。

(3)插入选项按钮控件

调查问卷中只有固定几项可选择时，可以使用单选按钮控件对象进行表述。如表格中“性别”只有两个选项：“男”和“女”。插入单选按钮控件的具体操作如下。

①将插入点定位到"性别"右侧的单元格中,单击"开发工具"选项卡"控件"选项组中的"旧式工具"按钮,在弹出的下拉列表中选择"选项按钮"控件。

②选中"性别"右侧单元格控件,单击"开发工具"选项卡的"属性"按钮,在"属性"窗格中设置"Caption"的属性为"男",设置 GroupName 的属性为"sex",调整控件大小,给后续控件留出空位。如图 3-91 所示。

图 3-91　插入属性为"男"的选项按钮控件

③按照①和②的操作方法,插入属性为"女"的选项按钮控件。在"属性"窗格中设置"Caption"的属性为"女",设置 GroupName 的属性为"sex",调整控件大小。"GroupName"属性用于设置多个选项按钮所在的不同组别,同一组别中只能选择其中一个选项按钮。

④采用同样的操作方法,在调查问卷的其他对应单元格中插入选项按钮控件,并根据内容调整其大小。如在下一选项框中分别插入第 3、4、5 个选项按钮控件,其中,"Caption"的属性为需要设置选择按钮的文字,同一选项框中选项按钮控件的"GroupName"的属性均为"group1"。需要说明的是这里的"group1"为自定义分组,为了区别其他选框的属性,用户可以个性化定义不同的分组属性,以下其他关于分组的属性部分也是如此。如图 3-92 所示。

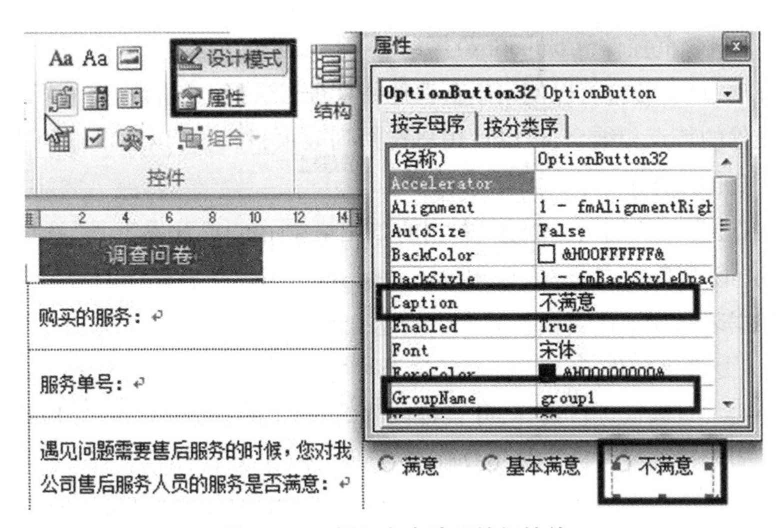

图 3－92 插入多个选项按钮控件

当完成本单元格第 1 个选项按钮控件插入后，可以直接复制该按钮，粘贴到空位，直接设置相关属性即可。

⑤采用同样的操作方法，复制单元格已插入的 3 个选项按钮控件，粘贴至其他适合的单元格中，设置对应的“Caption”属性和“GroupName”属性（为“group2”“group3”“group4”等）。如图 3－93 所示。

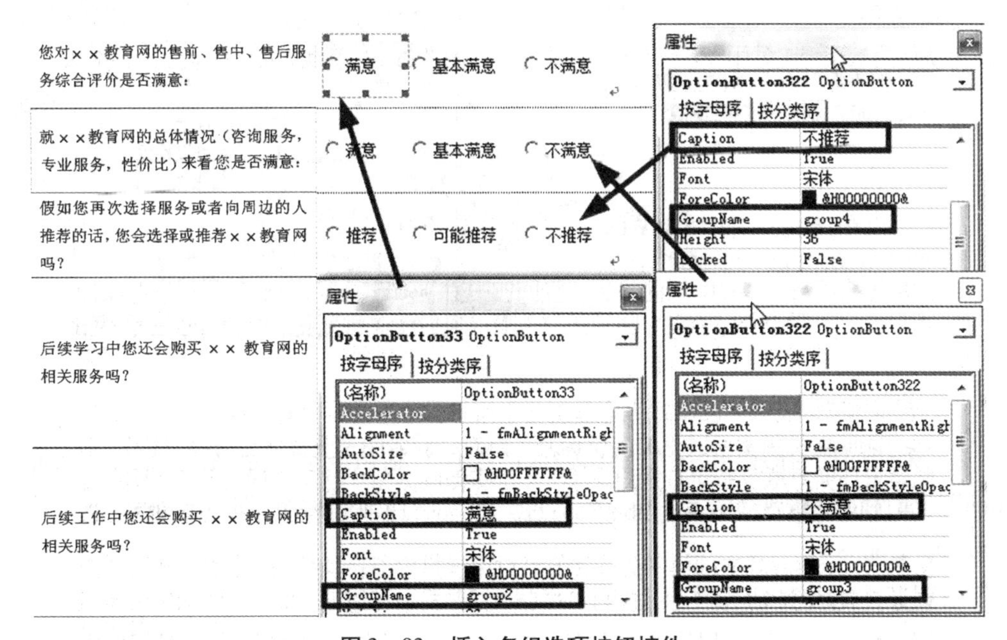

图 3－93 插入多组选项按钮控件

(4)插入组合框控件(ComboBox)

当选择项目较多时,可以使用组合框控件来进行选择。组合框控件将文本框控件与列表框控件的特点相结合,可以让用户选择列表项目,又可以通过输入文本来选择列表项目。具体操作如下:

将插入点定位到“购买的服务”右侧的单元格中,单击“开发工具”选项卡“控件”选项组中的“旧式工具”按钮,在弹出的下拉列表中选择“组合框”控件。同时,拖动窗格控制点根据表格要求适当调整其大小。

(5)插入复选框控件

当用户要求对数据进行选择,并且可以同时选择多项数据时,可以应用复选框控件来实现。插入复选框控件的具体操作如下:

①将插入点定位到需要插入复选框控件的单元格中,单击“开发工具”选项卡“控件”选项组中的“旧式工具”按钮,在弹出的下拉列表中选择“复选框”控件。

②在“属性”窗格中设置“Caption”的属性为“不为用户服务”,“GroupName”的属性为“group8”。如图3-94所示。

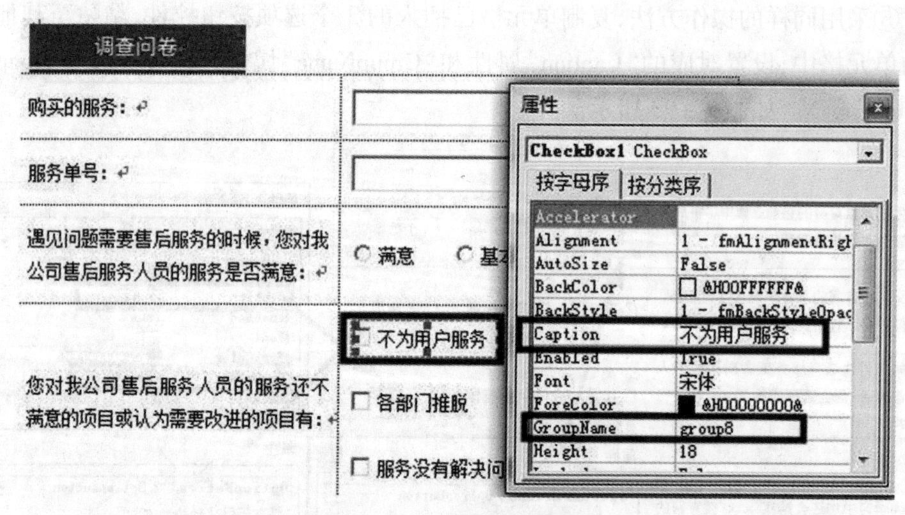

图3-94 设置相关属性

③采用同样的操作方法,复制已完成的控件并粘贴至空白处,根据需求对“Caption”的属性进行修改。需要注意,本单元格的控件均为同一组,即“GroupName”的属性均为“group8”。

(6)插入命令按钮控件

目前,调查问卷通常以网络邮件的方式发送,发送邮件的好处是省时、省力,回收调查问卷的效率高。本实训通过在Word文档中插入命令按钮控件,实现点击相关按钮完成指定的邮件发送。

①将插入点定位到调查问卷的结尾处中部,单击“开发工具”选项卡“控件”选项

组中的“旧式工具”按钮，在弹出的下拉列表中选择“命令按钮”控件。

②调整控件至合适大小，在“属性”窗格中设置“Caption”的属性为“提交调查问卷”，设置“Font”属性，将字体设置为“华文楷体、粗体、四号”。如图 3－95 所示。

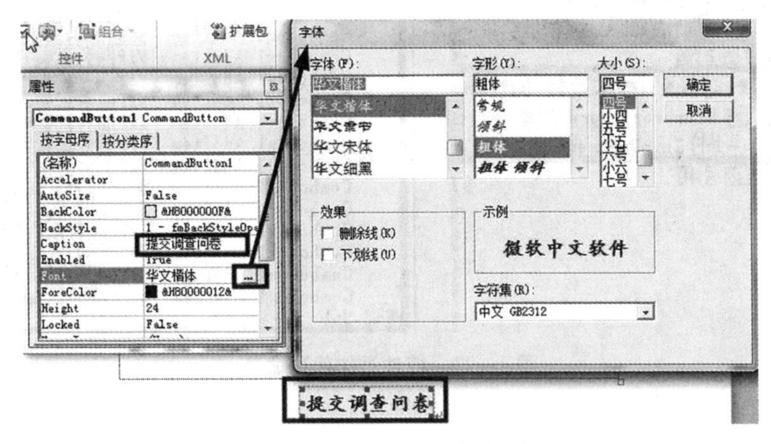

图 3－95　设置按钮控件属性

(7)添加宏代码

Word 中的宏代码常常能够给我们的文档编辑带来很多的便利，它可以把大量重复性的工作转化成一系列的命令，从而让用户“一键”实现想要的功能。前文在“调查问卷”中插入的组合框控件中并没有列表内容，想要让组合框的下拉列表框中存在列表内容，则需要应用宏代码进行添加，具体操作如下。

①添加组合框列表项目

选择要添加列表项目的组合框控件，将“属性”窗格中的“(名称)”属性设置为“ComboBox1”，即组合框名称。如图 3－96 所示。

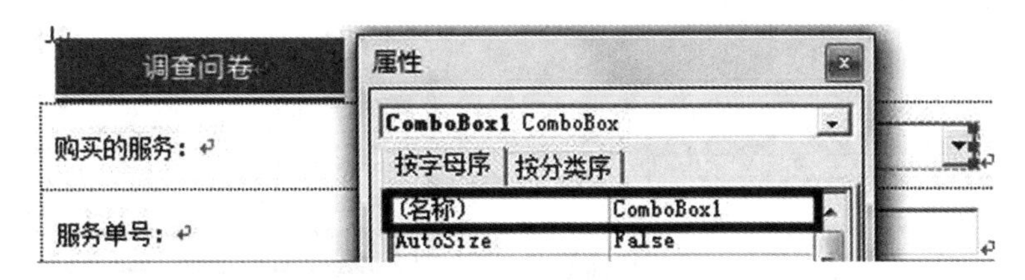

图 3－96　命名控件

②单击“开发工具”选项卡“代码”选项组中的“Visual Basic”按钮，打开 Visual Basic 窗口。在系统自动打开的窗口左侧“工程”任务窗格中选择要添加宏代码的文档名称，即“Project(校本教材 问卷调查)”根目录下的“ThisDocument”文件，选择“视图”菜单下的“代码窗口”命令，输入图中命令代码，如图 3－97 所示。

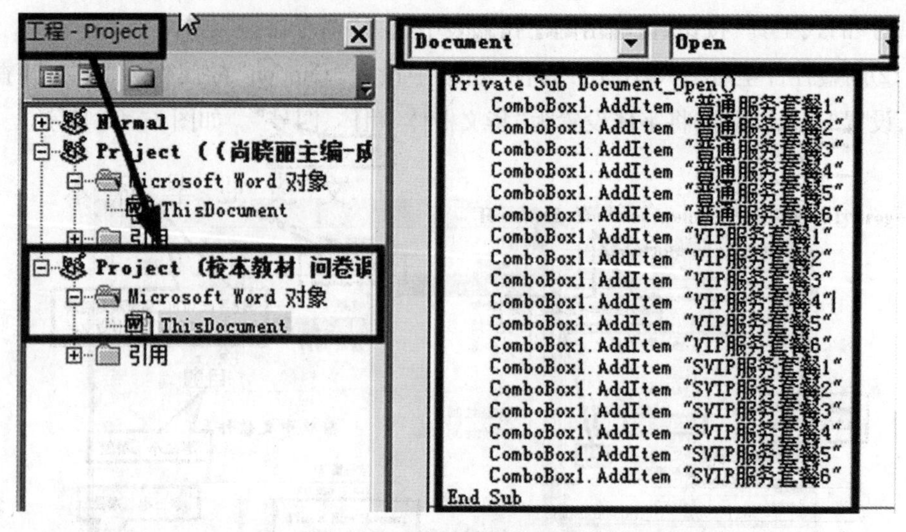

图 3－97　控件添加代码命令

打开代码窗口后,对“ComboBox1”的组合控件添加相应选项。代码“Private Sub”用于定义程序过程,“Document_Open( )”用于该段程序在文档被打开时执行,“AddItem”用于向组合框控件中添加一条选项。详细宏代码编写规范可参考相关书籍。

(8)利用选项按钮控制文本框状态

在“调查问卷”的是否购买相关服务的选项中,为更加人性化,可利用宏代码实现特定功能:当用户选择“购买”选项时提示输入原因的文本框失效,选择“不购买”选项时则可以在文本框中输入相关内容。

①设置文本框和选项按钮的名称

设置第 1 组“不购买,原因”文本框控件的“(名称)”属性为“cause1”,分别设置“购买”和“不购买”选项按钮控件的“(名称)”属性为“buy1”和“nobuy1”。第 2 组也如此操作,对应的属性分别设置成“cause2”“buy2”和“nobuy2”,如图 3－98 所示。

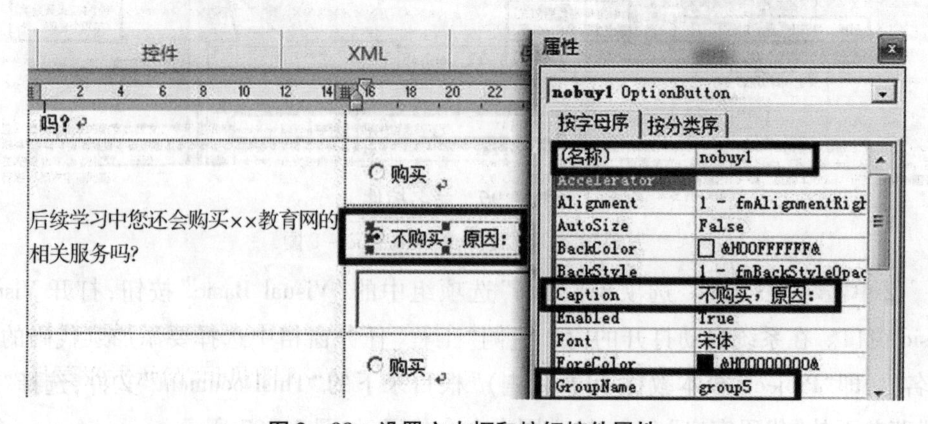

图 3－98　设置文本框和按钮控件属性

②选项按钮添加事件

双击第 1 组“不购买,原因”选项按钮控件,打开代码窗口,在“Private Sub nobuy1_Click( )”选项按钮控件的单击事件过程中输入如图 3 - 99 代码,使鼠标单击时“cause1”文本框控件有效(即 Enabled 属性为“True”),背景颜色属性变为白色状态(即 BackColr 属性为“&HFFFFFF”)。输入代码时,系统会自动提示相关字符开头的命令,双击自动输入即可。

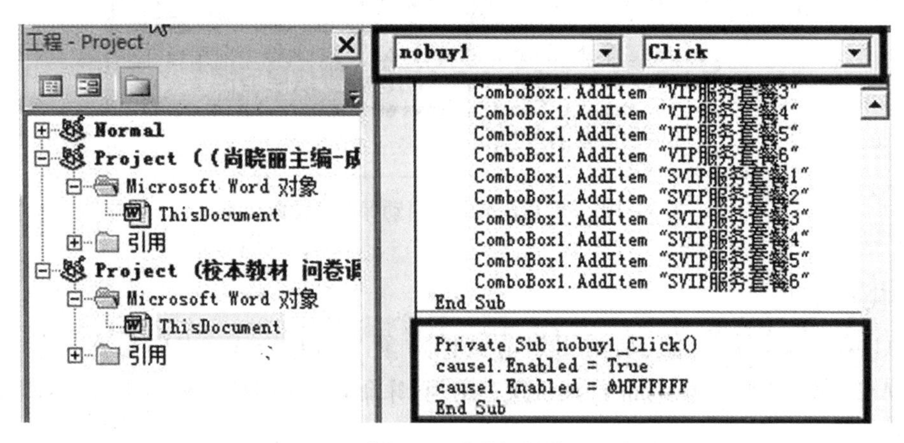

图 3 - 99　为“nobuy1”按钮控件添加代码

双击第 1 组“购买”选项按钮控件,打开代码窗口,在“Private Sub buy1_Click( )”选项按钮控件的单击事件过程中输入如图 3 - 100 代码,使鼠标单击时“cause1”文本框控件有效(即 Enabled 属性为“False”),背景颜色属性变为灰色状态(即 BackColr 属性为“&HCOCOCO”)。

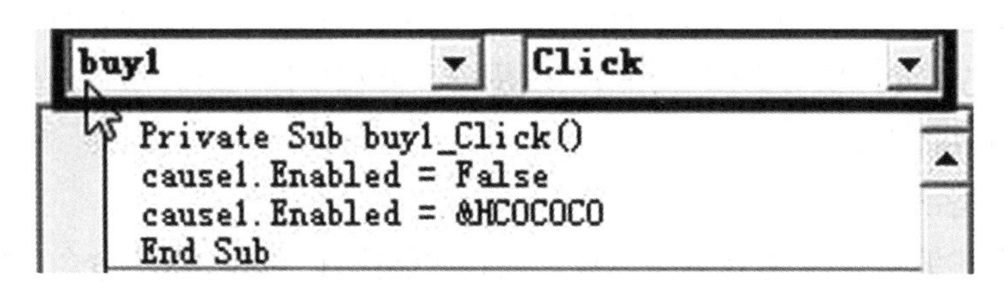

图 3 - 100　为“buy1”按钮控件添加代码

重复如上操作,为第 2 组按钮控件添加相应代码。代码中更改某一控件属性,格式为“对象. 属性 = 值”。控件大部分属性均可通过程序控制,因此可以利用程序使控件在不同的情况下有不同的效果。本实训中,控件“Enabled”属性“True”代表控件有效,属性“False”则代表控件无效。控件“BackColor”属性用于设置控件的背景颜色,属性是以十六进制的颜色值表示的,而“&H”则是十六进制的标识。

(9)为按钮添加保存文件和发送邮件功能

可以为按钮添加相应程序,实现点击“提交调查问卷”按钮后文档自动保存并发送邮件到指定邮箱。

双击文档尾部“提交调查问卷”按钮控件,在打开的代码窗口中添加如图 3 - 101 代码。

图 3 - 101　利用代码实现自动保存及发送功能

代码含义:

①第一段代码功能,是调用当前文档对象 ThisDocument 中的另存文件方法 SaveAs2,将文件另存至 Word 的默认保存路径,并命名该文件主文件名为“问卷调查信息反馈”。

②第二段代码功能,是设置邮件地址为“xxx@ sohu. com”,实现邮件自动发送到指定邮箱,即调用 ThisDocument 中的 SendForReview,邮件主题为“问卷调查信息反馈”。

代码输入时,完整的命令可以包含关键字、运算符、变量、常数以及表达式等元素,各元素之间用空格进行分隔,每一条语句完成后换行,若要将一条语句连续写在多行上,可以用续行符“_”进行连接。

(10)保护调查问卷文档

为了防止用户误操作导致调查问卷发生结构或者内容上的变化,可以使用保护文档功能中的“仅允许填写窗体”功能,实现用户只能在控件上进行填写操作,不能对文档内容进行其他无关操作。

①设置退出设计模式

完成上述编辑后,需要进入退出设计模式才能执行“限制编辑”命令。单击“开发工具”选项卡“控件”选项组中的“设计模式”按钮,取消当前的功能选择状态。

②执行“限制编辑”命令

单击“开发工具”选项卡的“保护”选项组中的“限制编辑”按钮。

③设置仅允许填写窗体

在“限制编辑”窗格中勾选“仅允许在文档中进行此类型的编辑”复选框,在下方的下拉列表中选择“填写窗体”,然后点击“是,启动强制保护”按钮。在随后弹出的对话框中输入 2 次用户设置的保护密码,单击“确定”并保存文档。

(11)测试调查问卷相关功能

逐项选择或填写相应内容后单击“提交调查问卷”,测试相关功能是否正常。

3.4.4　实训拓展

3.4.4.1　宏命令之批量统一文本格式

我们在办公、学习和生活中经常需要在互联网上查找资料,但是有时从互联网上下载的文本资料或者复制的文本内容格式并不是我们习惯的,看起来比较杂乱,那么就可以运用宏命令来解决这类问题,节省再次排版时间,提高效率。

(1)新建文档,输入任意一段文字。

(2)调用“录制宏”命令。

①单击“视图”选项卡“宏”选项组中的“录制宏”命令。

②在“录制宏”对话框中,“宏名”处输入名称并将宏保存在“所有文档”,然后选择将宏指定到“按钮”。如图 3－102 所示。

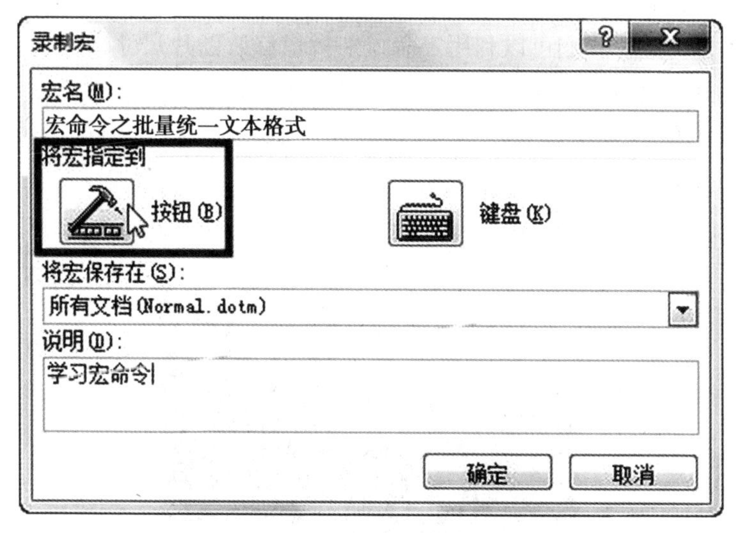

图 3－102　“录制宏”对话框

③在弹出的对话框中,将“宏按钮”添加到“快捷工具栏”区域,并可以调整显示顺序和显示图标,确定后快捷工具栏区域会显示“批量统一文本格式”按钮,点击按钮可快速统一文本格式。

④进入宏录制状态后,鼠标指针下方出现录制图标。此时,按照日常设置格式习惯进行文本格式化操作,如字体、字号、字体颜色、行距等,设置完毕后点击“宏”选项组中的“停止录制”命令,完成宏制作。之后再遇到杂乱的文本格式,可以直接点击快捷工具栏上的“批量统一文本格式”按钮,就可将格式自动转变为设置的样式。如图

3 - 103 所示。

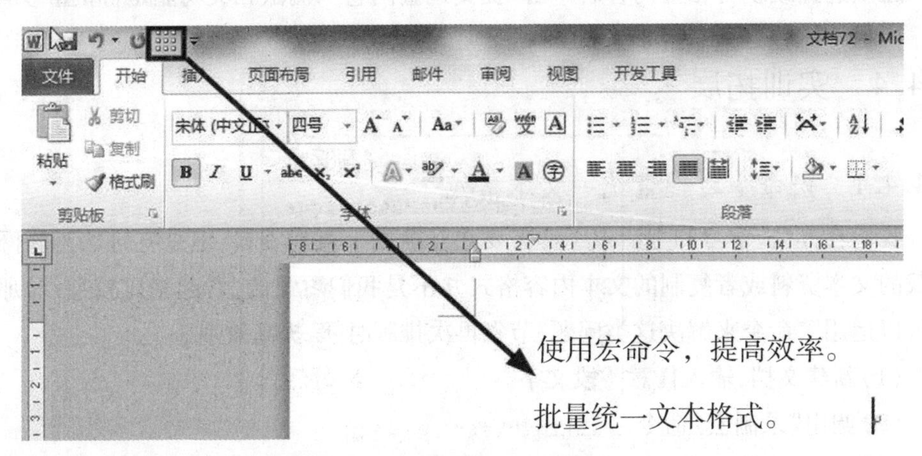

图 3 - 103　批量统一文本格式

3.4.4.2　宏命令之批量修改图片尺寸

当我们进行图文混排,遇到大量的图片需要修改尺寸时,手动逐个修改无疑是耗时、费力的工作。这时我们可以利用宏命令来批量修改图片尺寸,轻松实现图片大小统一,节省大量的精力和时间。

(1)测试图片

如图 3 - 104 文档中的图片大小不一。

图 3 - 104　文档图片初始状态

(2)调用宏命令

①单击“视图”选项卡“宏”选项组“查看宏”命令,或者使用组合快捷键“Alt + F8”调用“宏”对话框。

②设置“宏”名称后,点击“创建”后会自动弹出“Microsoft Visual Basic for Applications”窗口,输入图3 - 105 中代码至窗口中并替换原有命令字符。本实训中对图片修改后的要求是高5 cm、宽4 cm。代码的中文部分为代码注释,不起到命令作用,输入时可省略。输入代码时换行后可不必输入空格,直接输入当前行的命令即可。

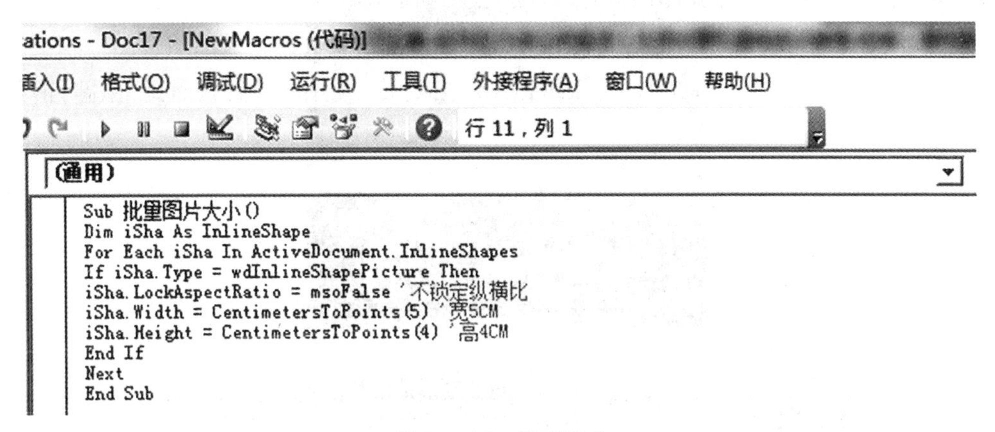

图3 - 105 代码部分

③代码命令输入完成后,点击工具栏上绿色的右三角运行按钮,执行命令程序。如果文档图片数量较多,则需要等待一会儿,标题栏上方的“正在运行”字样消失,即完成了文档图片大小的批量修改工作。关闭“Microsoft Visual Basic for Applications”窗口,返回文档查看。批量修改后的图片,如图3 - 106 所示。

图 3 – 106　批量修改后的图片

④如果需要将图片批量按比例缩放,可按上述操作步骤,将宏代码替换即可。具体代码如图 3 – 107 所示。

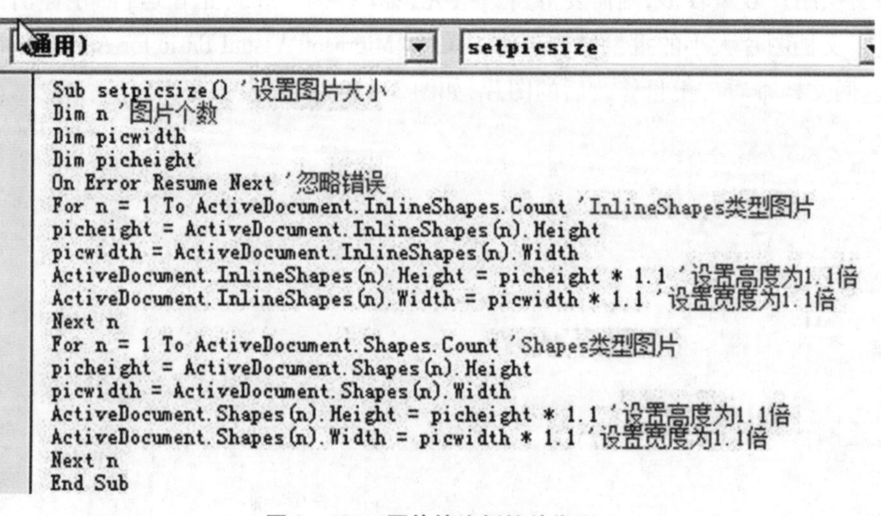


```
Sub setpicsize() '设置图片大小
Dim n '图片个数
Dim picwidth
Dim picheight
On Error Resume Next '忽略错误
For n = 1 To ActiveDocument.InlineShapes.Count 'InlineShapes类型图片
picheight = ActiveDocument.InlineShapes(n).Height
picwidth = ActiveDocument.InlineShapes(n).Width
ActiveDocument.InlineShapes(n).Height = picheight * 1.1 '设置高度为1.1倍
ActiveDocument.InlineShapes(n).Width = picwidth * 1.1 '设置宽度为1.1倍
Next n
For n = 1 To ActiveDocument.Shapes.Count 'Shapes类型图片
picheight = ActiveDocument.Shapes(n).Height
picwidth = ActiveDocument.Shapes(n).Width
ActiveDocument.Shapes(n).Height = picheight * 1.1 '设置高度为1.1倍
ActiveDocument.Shapes(n).Width = picwidth * 1.1 '设置宽度为1.1倍
Next n
End Sub
```

图 3 – 107　图片按比例缩放代码

第 4 章
电子表格处理软件——Excel 2010 实训

Excel 2010 功能完整、操作简单，提供了财务、统计、数学、工程、数据库等种类的函数和强大的图表、报表制作功能，使用其强大的数据组织、计算、分析和统计功能，通过图表、图形等多种形式形象地显示出处理结果，可以方便而有效地建立和管理数据，同时，Excel 2010 也提供了与 Office 2010 中其他软件相互调用数据的功能，实现了资源传递和共享。

4.1　实训一：制作学生成绩表

4.1.1　实训背景

某学校为了统一管理和快速分析所有专业的学生成绩，设计成绩单格式、成绩分析方案等，制作了成绩单和各种分析模板。

4.1.2　实训目的

在制作模板的过程中，逐步掌握 Excel 2010 的基本知识点。

4.1.3　实训过程

4.1.3.1　实训分析

学生成绩由平时成绩、实验成绩、期末成绩三部分构成，其中实验成绩由实验项目计算得出，期末成绩由考核内容计算得出，应该分别进行统计分析。在分析平时成绩时，需要创建 2 个表，分别是平时作品成绩表和平时成绩分析表；在分析期末成绩时，也需要创建 2 个表，分别是期末作品成绩表和期末成绩分析表。

4.1.3.2 实训知识点归纳

(1)界面认知

启动 Excel 2010 的方法:

①执行“开始/所有程序/Microsoft office/Microsoft Excel 2010”命令,启动 Excel 2010。

②双击桌面 Excel 图标或文件资料夹视窗中的 Excel 2010 文件的名称。

Excel 2010 的工作界面和各组成部分如图 4-1 所示。

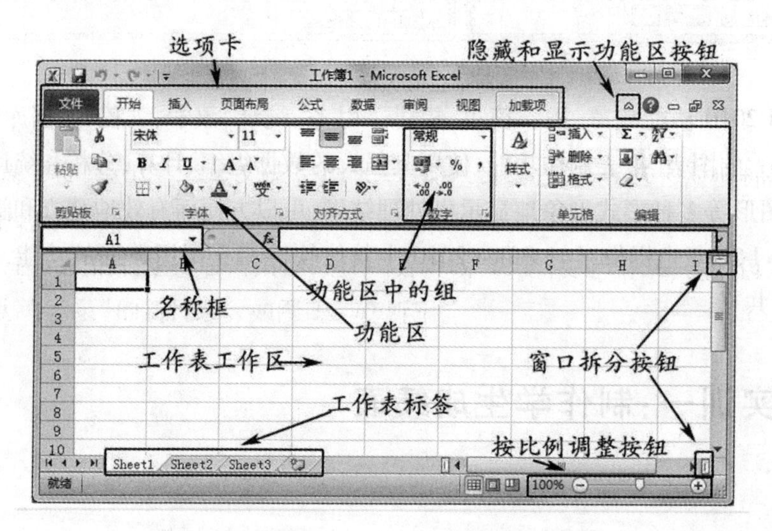

图 4-1 Excel 2010 工作界面和各组成部分

(2)单元格及其名称

Excel 2010 的基本工作单位是单元格,用单元格名称来标识。单元格名称由列号(字母)和行号(数字)组成,如上图中的 A1 就是合法的单元格名称。

(3)功能区

默认显示八个选项卡界面(也叫功能页次),分别对应八个功能区,每个功能区又按功能划分了不同的选项组,每个选项组里集中了同类别的功能按钮。使用时,要先选择操作对象(一般是单元格),再单击相应的功能按钮。

在 Excel 2010 的功能区中,分门别类地放置了编辑工作表时可以使用的各种功能按钮。开启 Excel 2010 时默认显示“开始”选项卡所包含的功能按钮,当点击其他的选项卡时,会及时显示该选项卡中所包含的功能按钮。

局限于软件界面安排,有些选项卡标签会在需要使用时才会显示。例如:在工作表中选择一个图表对象,此时与图表有关的三个选项卡(分别为设计、布局、格式)才会显示出来。

当我们需要进行某一操作时,要先点击上方的选项卡,再从中选择所需的功能按钮。例如我们想在工作表中插入一张图片，点击“插入”选项卡，再点击“插图”选项组中的“图片”按钮，在弹出的窗口中选取要插入的图片。

插入图片后，才会出现“图片工具”选项卡，此选项卡包含对图片的处理，有删除背景、更正、颜色、艺术效果、高度、宽度、裁剪等。

①“更正”功能可以调整图片的亮度和对比度、锐化和柔化图像。

②“颜色”功能，可以设定图像的色调、重新着色、设置透明色等，还可以单击“图片颜色选项”弹出“设置图片格式”窗口，对图片进行填充、线条颜色、线型、阴影、映像、发光和柔化边缘、三维格式、三维旋转、图片更正、图片颜色、艺术效果、裁剪、大小、属性、文本框等操作。

③艺术效果，可以把图片设置为铅笔素描、蜡笔平滑、马赛克气泡等软件本身提供的效果。

④为了进一步美化，Excel 2010 中设置了图片的各种边框修剪效果。

(4)对工作簿、工作表的操作

每张工作表由多个基本元素——单元格构成，而这样的若干个工作表构成了一个工作簿。在利用 Excel 2010 进行数据处理时，经常需要对工作簿和工作表进行适当的操作，例如插入和删除工作表、保护重要的工作簿或工作表等。

工作表的标签列出了当前工作簿的所有工作表(默认为 3 张)。双击工作表的名字(如 sheet1)可以修改工作表的名称，右击工作表的名称，可以进行插入、删除、重命名、修改标签颜色、保护工作表、移动位置等操作。

在当前工作簿中实现移动工作表的操作，只需要选择要移动的工作表标签，然后沿着工作表标签行拖动选定的工作表标签，在合适的位置释放鼠标；在当前工作簿中复制工作表，需要在拖动工作表的同时按住 Ctrl 键，并在适当的位置释放鼠标，然后松开 Ctrl 键。

在不同工作簿间移动或复制工作表：右击要移动或复制的工作表标签，选择“移动或复制(M)”(必须源工作簿和目标工作簿文件都已打开)，打开“移动或复制工作表”对话框，在“工作簿”下拉列表框中选择目标工作簿，移动或复制工作表。

(5)选定单元格的方法

单击某个单元格，即选中了该单元格，也就是当前活动的单元格，此时，在名称框中会显示当前单元格的名称。如图 4 - 2 所示，选择 A2 单元格，单元格会有黑色的方框，此时输入的数据会被保存在该单元格中，也可以在编辑栏中输入内容。

	A	B	C	D	E
1	明星商场上半年销售情况统计表				
2	制表日期	2018年7月			
3	产品编号	产品名称	一月	二月	三月
4	001	电视	263	890	792
5	002	显示器	777	548	860
6	003	主机箱	74	301	884
7	004	SSD硬盘	349	341	392
8	005	笔记本电脑	410	598	898
9	006	空调	886	828	288

图 4-2　选中的单元格有黑色方框

在工作表中选择一个区域的方法:单击第一个单元格,拖到最后一个单元格;或者在单击第一个单元格后,按住 Shift 键,再单击最后一个单元格,这样可以同时选择一片连续的区域,区域的名称为第一个单元格的名称,名称所对应的单元格会高亮突出显示。

若要选择不连续的单元格范围,配合 Ctrl 键再单击,以拖拽的方法完成不连续范围的选择。

选择工作表的所有单元格:单击工作表工作区左上角的全选按钮,会选择所有的单元格,或者按"Ctrl + A"键实现全部选择。

单击行号可以选择一整行,单击列号可以选择一整列。可以用 Shift 键和 Ctrl 键来配合单击选择相邻或不相邻的行或列,比如,按住 Ctrl 键,再单击 B、D、F 列,可以选择不连续的列。

(6)填充单元格内容及智能填充柄

单元格中的内容可分成两种:一种是可计算的数字内容(包括数字、日期、时间等),另一种是不可计算的文字内容。

可计算的数字内容:由数字 0 ~ 9 及一些符号(如.、+、-、$、% 等)组成,例如 15.36、-99、$35、75% 等都是数字内容;日期与时间虽然含有少量的文字或符号,但也属于数字内容,例如 06/10/2018、10 月 1 日等。

不可计算的文字内容:包括中文字符、英文字母等及文本型数字的组合(如身份证号码、学号、银行账户、电话号码等)等。

输入文本或数字的方法是相同的,选择要输入内容的目标单元格直接录入,或者在编辑栏中录入内容。

可以设置单元格能接受的数据类型和允许值的范围，比如学生成绩设置为只允许 0 ~ 100 范围内的分值，可以有效地减少和避免错误数据的输入。如图 4 – 3 所示，可以选择目标单元格，在“数据”选项卡中选择“数据有效性”，设置“有效性条件”为“时间”，那么该单元格只接受时间格式的输入，并设置时间范围，如果输入其他字符，则会显示错误信息（在“出错警告”中设置）。

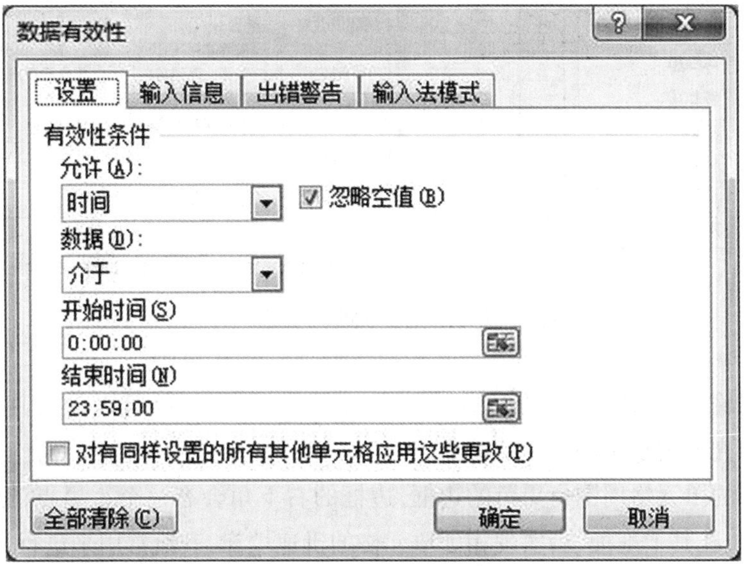

图 4 – 3　设置“有效性条件”为“时间”

如果要删除单元格中的数据，选中该单元格，然后按 Del 键即可；如果按 Ctrl、Shift 等功能键配合，能同时选择多个单元格，然后按 Del 键，可以删除多个单元格中的数据；如果要删除整行或整列，用鼠标右击行号或列号就有删除功能。

如果想要精确地控制对单元格的删除操作，直接使用 Del 键是不行的。在“开始”选项卡的“编辑”选项组中，找到“清除”按钮，在弹出的快捷菜单中选择相应的命令，即可删除单元格中的相应内容（如超链接、格式、内容、批注等）。

选择单元格后，可以直接输入数据，或者在编辑栏中输入数据，回车后完成本单元格内容的录入并转移到下一个相邻的单元格（默认为下方单元格），输入的数据可分为常规、数值、货币、文本等类型，在“开始”选项卡里，功能区中数据组选择“设置单元格格式”，会弹出设置窗口，在录入数据之前，先单击设置数据的类型，默认为常规类型。

如果单元格之间输入的内容有一定的规律，如等差数列、序列等等，可以利用“智能填充柄”来完成快速填充。

填充数列时，选择第一个单元格，输入数列的第一个数，回车并重新单击此单元格,在“开始”选项卡的功能区找到“编辑”选项组,“填充”→系列→选择序列产生在行或列,类型是等差序列、等比序列、日期等,步长值就是公差或公比值,再输入终止值。例如:在 A1 单元格输入数值“1”,再设置系列产生在列,步长值为“3”,终止值为“40”,操作的过程和结果如图 4-4 所示。

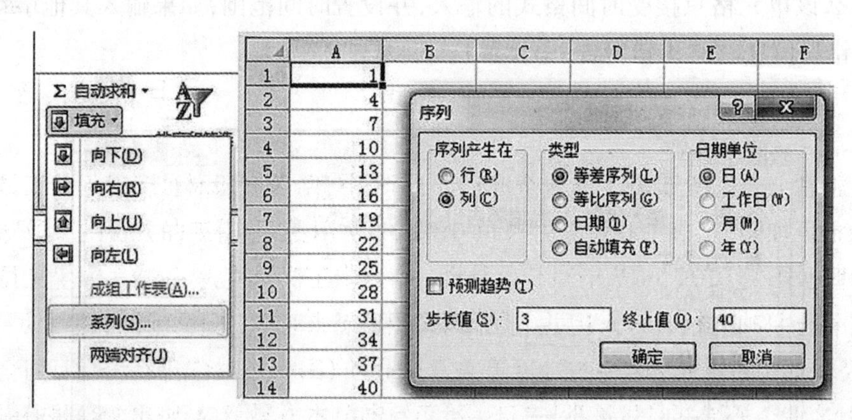

图 4-4 填充数列示例

如果想输入 Sunday、Monday、甲、乙、丙、丁等常识性序列,可以输入其中一个值,通过智能填充柄拖拽来完成快速填充。

在选择的单元格周围有黑色的边框,边框的右下角会有一个小黑点,就是智能填充柄,鼠标放在其上拖拽,会实现相邻单元格的迅速填充,一般常用来进行复制公式等操作。

如果想了解并定义可以智能填充的序列,在“文件”选项卡,单击“选项”→“高级”→“常规”→“编辑自定义列表”,弹出“自定义序列”窗口,选择“新序列”,在右边输入序列的各项,以行为单位,单击“添加”按钮,即可以添加新的序列,以后可以方便地用智能填充柄填充。

如果想输入的数据是一些单位或部门的名称,并且这些内容在同一列的相邻上几行单元格已经录入,只需要按住 Alt 键配合向下方向键即可像下拉列表框一样选择相应的内容实现回车键输入。如图 4-5 所示,在输入 D7 的内容时,如果其内容于上面的单元格已经出现过,可以按住 Alt 键和向下方向键,则可以在同一列中上面单元格的项目里选择,选中后,按回车键即可完成 D7 内容的编辑,以加快录入速度和准确度。

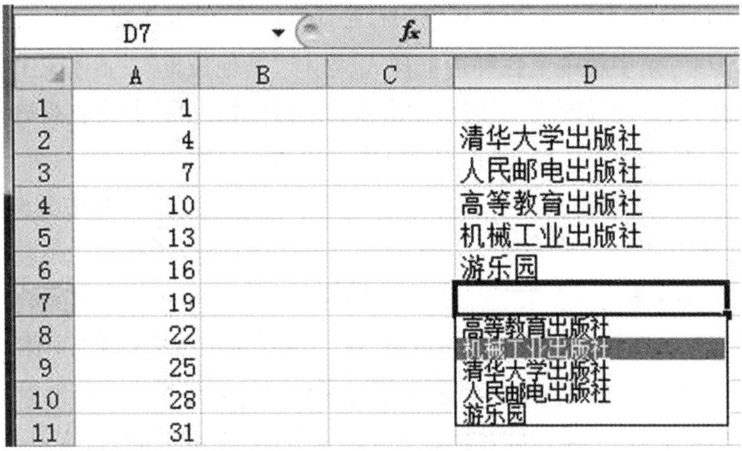

D7

	A	B	C	D
1	1			
2	4			清华大学出版社
3	7			人民邮电出版社
4	10			高等教育出版社
5	13			机械工业出版社
6	16			游乐园
7	19			
8	22			高等教育出版社
9	25			机械工业出版社
10	28			清华大学出版社 人民邮电出版社
11	31			游乐园

图 4－5　出现的下拉列表框

需要在一个较大的工作表或工作簿中查找一些特定的数值或字符时，查看每个单元格的内容就十分麻烦，特别是单元格的内容过多不能全部显示时。Excel 2010 提供了查找和替换功能，可以方便地查找和替换所需要的内容，按“Ctrl + F”键可以出现“查找和替换”窗口，单击窗口中的“选项”按钮可以设置查找参数。

在 Excel 2010 中既可以查找出包含相同内容的所有单元格，也可以利用“单元格匹配”功能查找出与活动单元格中内容不完全匹配的单元格，熟练应用这种方法能进一步提高用户编辑和处理数据的效率。通常，我们查找文字或数值是为了修改或者成批替换为其他的内容，其中，“单元格匹配”功能更是以单元格为最小单位进行查找。

(7)工作区显示调整

按住 Ctrl 键加推拉鼠标滚轮，可以按比例缩放显示工作表内容，同样，在工作区的右下角可以按比例(10% ~400%)缩放显示。

为了实现前后数据的对照，可以拆分窗口，通过双击水平滚动条和垂直滚动条上方的“窗口拆分按钮”可以把窗口拆分为 2 个或 4 个，同时显示同一文件的不同位置，可双击多出的窗口边界以恢复单窗口显示。

(8)合并单元格或拆分合并单元格

只有相邻的单元格才能进行合并，拖拽或配合 Shift 键选择连续的区域，如果需要合并的单元格中已经有了数据，则只有最左上角的单元格中的数据会保留在合并后的单元格中，其余的会被删除。操作方法：先选择需要合并的单元格区域，在“开始”选项卡中找到“对齐方式”选项组，在其中选择“合并后居中”按钮可以进行合并操作。

同样，合并后的单元格也可以在相同的位置选择“合并后居中”按钮来还原分解，单个的单元格是不能分解的。

(9)单元格边框的添加和修改

Excel 2010 遵循先选中后操作的原则，即先选中操作对象，再选择操作命令。例如，要将 A2：F2 单元格修改为红色双线外边框、蓝色双线内边框，首先要拖拽选择

A2:F2 范围内的所有单元格,在“开始”选项卡中找到“字体”选项组中的“边框”按钮,它右边的小三角中隐藏了各种边框样式,选择“其他边框”。在弹出的窗口中,左边选择线条样式,下边设置线条颜色,单击预置区的按钮,可以非常直观地设置需要的边框样式。

若要清除所选单元格范围中所有边框样式,则只需要在“设置单元格格式”窗口中,单击“无”按钮。

(10)单元格填充

选择要修改填充背景色的单元格区域,在“开始”选项卡中找到“字体”选项组,在 ▾ 按钮右边的小三角中选择“其他边框”,在弹出的窗口中,选择“填充”选项卡,可以选择一种背景色填充,背景色有系统预先设置好的 70 种颜色,如果不满意,也可以通过“其他颜色”按钮来设置 RGB 混合颜色(三种颜色都是 0 ~255 个级别,可随意设置混合色)。

颜色设置好以后,可以在上面叠加图案,图案的样式和颜色可以单独设置,Excel 2010 预设了条纹、剖面线等 18 种图案(可以叠加),每种图案有“主题色”“标准色”“最近使用颜色”“其他颜色”等可以设置和选择。

也可以点击左下部“填充效果”按钮,实现渐变颜色的填充,有单色、双色及 Excel 2010 自带的预设渐变,渐变的底纹样式和方向都可以设置。

(11)格式化文本

设置字体的格式,是为了使工作表中的某些数据突出显示,或者为了让工作表的版面的层次显得更加丰富和便于阅读。对不同内容种类的单元格需要设置不同的字体。

文本的对齐方式,是指内容在单元格中显示时,相对于单元格边框在水平和垂直方向的位置。在默认情况下,Excel 2010 的单元格中,数字靠右对齐、文本靠左对齐、逻辑值和错误值居中对齐。另外,Excel 2010 还允许单元格中的内容设置其他的对齐方式,如合并后居中、旋转一定的角度等,具体设置方式在“开始”选项卡中。

(12)输入公式和函数(对地址的相对引用和绝对引用)

在 Excel 2010 中,输入公式的时候,首先必须输入一个英文的等号“ =”,之后再输入参与计算的数据对象(可以是数值或单元格名称、函数)和运算符。例如:选择单元格后,输入“ =SUM(A1:B2) +6”,这样 Excel 2010 就会识别我们录入的是公式,而不是一般的文本或数据。注意:用运算符来连接要运算的数据对象,运算符有不同的种类与优先级,连接的数据对象可以是数值、单元格区域、函数、字符串等类型。

运算符可以对公式中的数据进行特定类型的运算。在 Excel 2010 中运算符有 5 种类型:引用运算符、算术运算符、字符串运算符、关系运算符、逻辑运算符。

如果同一公式中用到多个、多种类的运算符,Excel 2010 会按照运算符的优先级来依次完成运算。如果包含的运算符优先级相同,则会从左到右进行计算。Excel

2010 中的运算符如表 4－1 所示，在表中，运算符的优先级从上到下依次降低。

表 4－1　各种运算符及说明

运算符	说明
:(冒号)、 (单个空格)、,(逗号)	引用运算符，如 SUM(A1:D10)
-	负号
%	百分比
^	乘幂
* 和 /	乘和除
+ 和 -	加和减
&	连接两个字符串
= 、< 、> 、< = 、> = 、< >	关系运算符
NOT、AND、OR	逻辑非、逻辑与、逻辑或

在单元格中输入数据和公式后，可对这些数据进行自动、精确、高速的运算处理，如图 4－6 所示，在 G4 中输入公式“ = C4 + D4 + E4 + F4”后，会自动计算出结果显示在 G4 中。

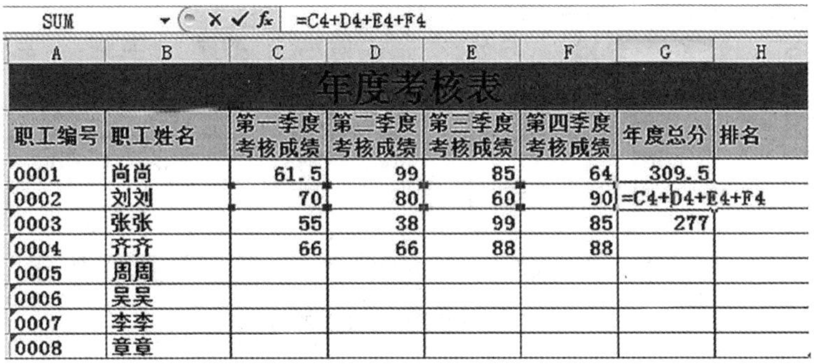

SUM　=C4+D4+E4+F4

A	B	C	D	E	F	G	H
年度考核表							
职工编号	职工姓名	第一季度考核成绩	第二季度考核成绩	第三季度考核成绩	第四季度考核成绩	年度总分	排名
0001	尚尚	61.5	99	85	64	309.5	
0002	刘刘	70	80	60	90	=C4+D4+E4+F4	
0003	张张	55	38	99	85	277	
0004	齐齐	66	66	88	88		
0005	周周						
0006	吴吴						
0007	李李						
0008	章章						

图 4－6　输入公式

使用公式的方法，主要包括输入、引用、修改及删除。引用就是通过单元格名称对工作表中的一个或一组单元格进行使用，实际上使用的是单元格的值，这样在单元格的值发生变化时，公式会及时重新计算并更新计算结果。通过引用，可以在一个公式中使用同一工作簿或不同工作簿中的相应部分的数据，或者在多个公式中引用同一单元格的数据。在 Excel 2010 中，引用公式的方式包括：相对引用和绝对引用，也可以相对引用和绝对引用两种方式混合引用。

直接输入单元格的名称(单元格地址)的方式就是相对引用,例如 BC3、A1:C5。在单元格地址(列号或行号)前面加上“$”符号就是绝对引用地址的表示方法,例如:$BC$3、$C4,A$1:C$5。值得注意的是,行和列可以分别设定为绝对引用或相对引用。

相对引用方式与绝对引用方式的区别是这样的:假设在计算机 F:\123\456 路径下有一个文件 A.txt,想要将其复制到 F:\路径下,不知道如何操作,于是就向老师询问,结果得知右击鼠标并复制 A.txt 后,从当前的位置点击 Back Space 键 2 次,再点击“Ctrl + V”键粘贴就可以了,这种引用地址的方法就是相对引用——相对于现在的位置去找;再假设去某地,得知实际地址为“黑龙江省绥化市黄河路 18 号”,按地址直接走到黑龙江省,再走到绥化市,再走到黄河路、走到 18 号,这种方法就是绝对引用,因为地址是唯一的,所以无论出发点在哪儿,都能找到同一个地点。在编辑公式时,相对引用地址会随着公式的输入位置而改变,绝对引用地址则无论公式在哪儿,它引用的都是同一个单元格,在复制公式时表现非常明显。

切换相对引用与绝对引用使用 F4 键,每按一次 F4 键,引用类型都会改变。

如图 4-7 所示,输入 D2 的公式为“= B2 + C2”,采用相对引用,含义是计算 D2 的结果时,需要 2 个参数,以当前 D2 的位置为基准,向左找两个相邻的单元格(B2 和 C2)的值再求和。在拖拽智能填充柄复制公式到 D3 单元格时,D3 的公式就是以当前 D3 的位置为基准,再向左找两个相邻的单元格求和,结果为 B3 和 C3 的和,如图 4-7 右所示。

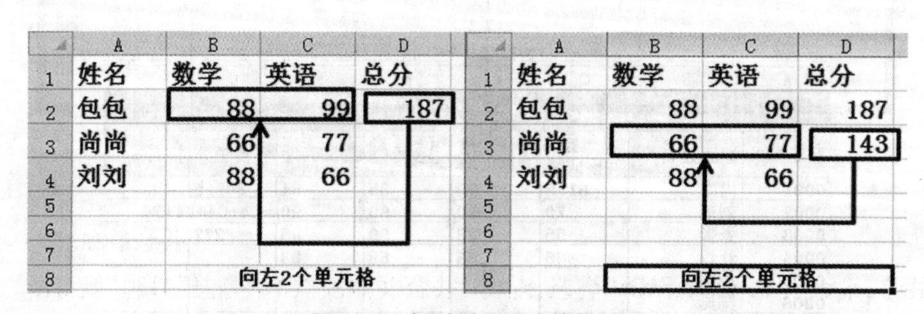

图 4-7 相对引用公式的复制

如果 D2 的公式 = B$2 + $C$2,使用了绝对引用,则无论把公式复制到哪儿,Excel 2010 都找到 B2 和 C2 的值来相加。如果在公式中使用了相对引用与绝对引用两种方式,就是混合引用,如图 4-8 所示。

	A	B	C	D
1	姓名	数学	英语	总分
2	包包	88	99	187
3	尚尚	66	77	187
4	刘刘	88	66	=B$4+$C$4

图 4－8　混合引用

此公式在复制后，绝对引用的部分（如 B$4 中的 $4）不会变动，而相对引用的部分（如 B$4 中的列号 B）会随情况而变化。如把图 4－8 中 D4 的公式复制到 E4 时，结果会变为 C$4＋$C$4，如图 4－9 所示。

	A	B	C	D	E
1	姓名	数学	英语	总分	
2	包包	88	99	187	
3	尚尚	66	77	187	
4	刘刘	88	66	154	=C$4+$C$4

图 4－9　复制公式后相对引用的部分发生变化

Excel 2010 中集中了大量的函数，与直接编辑公式计算相比较，使用函数进行计算更方便快捷。正确了解函数的功能，使用好相应的参数，还会减少错误的产生。函数一般包含 2 个部分——函数名和参数，如“＝SUM（B1：F10，G11：H20）”，含义是对 B1：F10 单元格区域和 G11：H20 两个区域内所有数据求和。

大部分函数都包含 3 个部分——函数名称、参数和小括号，有的函数不需要参数（例如随机函数 RAND（））。比如在最大值函数 MAX 中，MAX 是函数名称，通过函数名称就能知道函数的功能和用途。小括号里面放参数（可以是单元格名称、其他函数或常数等），无论函数有没有参数，函数名后面的小括号是不能省略的。

可以单击编辑栏左边的插入函数按钮“fx”，会弹出“插入函数”对话框，搜索或在下拉列表框中找到要输入的函数。

比如我们要练习通过插入函数对话框来输入函数，列出学生的成绩，求出名次。先选中 E22 单元格，然后按下编辑栏左边的“fx”按钮，数据编辑列会自动输入等号“＝”，并且打开函数搜索对话框，输入 RANK. EQ 函数名（如果不知道函数名则输入“排序”）并搜索，双击搜索到的 RANK. EQ 函数名，会弹出函数参数窗口，如图 4－10 所示，在其中输入内容。

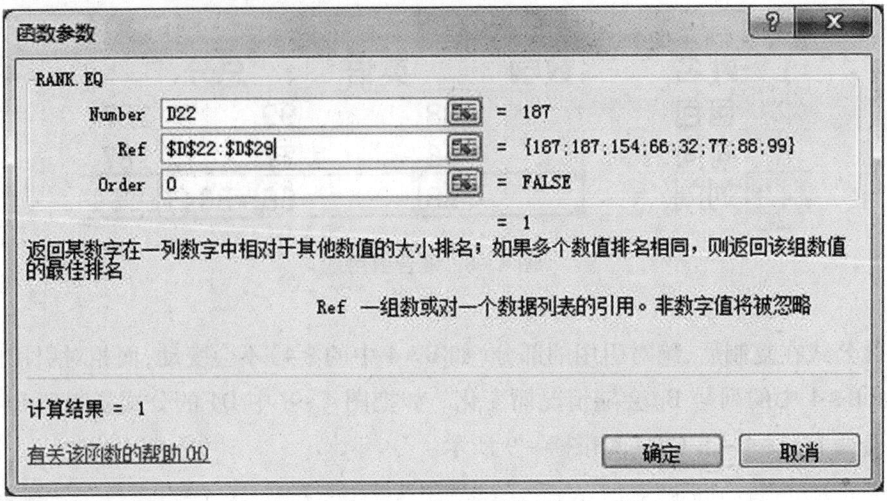

函数参数

RANK.EQ

Number D22 = 187

Ref $D$22:$D$29 = {187;187;154;66;32;77;88;99}

Order 0 = FALSE

= 1

返回某数字在一列数字中相对于其他数值的大小排名；如果多个数值排名相同，则返回该组数值的最佳排名

Ref 一组数或对一个数据列表的引用。非数字值将被忽略

计算结果 = 1

有关该函数的帮助(H) 确定 取消

图 4-10 函数参数窗口

在 Number 中输入第 1 个要排名次的数据单元格(名称为 D22);在 Ref 中输入要排名次的数据范围,因为之后要复制公式到 E23:E29,范围必须固定在 D22:D29,所以要使用绝对引用地址 $D$22:$D$29,以免发生变化;在 Order 中输入 0 或忽略为降序,其他值为升序;按下“确定”按钮即可得到计算的名次结果,函数返回的是真实的名次结果,如果有相同名次,则排名结果为并列,如本例中名次为第 1 的有 2 名同学,则没有第 2 这个名次,选取 E22 单元格,并拖拽智能填充柄到 E29 单元格结束,会看到排序结果。

如果已经知道要使用的函数名,或是函数名很长,记得不是很清楚,还可以直接在单元格内输入“=”,再输入函数的第 1 个字母,例如“R”,大小写字母都可以,此时单元格下方出现下拉列表,列出 R 开头的所有函数,如果需要的函数还没出现,再继续输入它的第 2 个字母,例如“a”,以此类推,发现需要的函数后,用鼠标双击它就会自动进入单元格。

在“开始”选项卡的编辑区有一个自动求和按钮 Σ·,通过它可以快速输入某些函数。例如:当我们选取 E29 单元格并按下 Σ· 时,会自动插入 SUM 函数,而且还会自动添入 E29 上方的所有合适单元格作为参数。在此按钮中,还提供了几种常用的函数如计数、最大值、最小值等,只要按下 Σ· 中旁边的下拉箭头,即可单击选择其他的常用函数(如平均值、最大值、最小值、计数等)。

(13)插入图表

把数据以图表的形式表示,可以清楚地了解和分析各个数据的大小以及数据的变化趋势,可以更直观地显示出工作表中数据的内在联系,便于对数据进行分析和对比,图表的结构如图 4-11 所示。Excel 2010 中包含各种各样的图表,如柱形图、条形图、折线图、饼图、面积图、散点图等,根据图表的各自优点和特点,在不同的情况下使用。

在 Excel 2010 中,图表有两种类型,一种是嵌入式图表,另一种是图表工作表。把图表看作是一个图形对象,并作为工作表的一部分进行保存,就是嵌入式图表;具有特定工作表名称的独立工作表保存在工作簿中,就是图表工作表。在需要独立于工作表之外或图表很大而且复杂的时候可以使用图表工作表,方便于浏览和编辑。

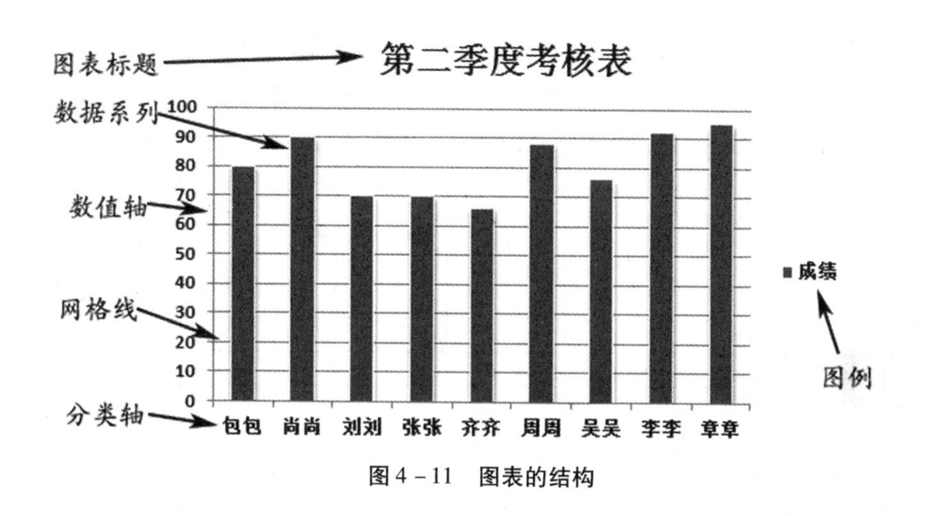

图 4－11　图表的结构

选择数据源(要生成图表的数据)后,在“插入”选项卡中选择“图表”,单击需要的类型可以方便、快速地建立一个图表,在图表创建完成后,根据需要可以多次修改其他的各种属性,使整个图表更加清晰、完整、美观。

如果已经完成的图表不符合要求,还可以随时修改,比如,更换图表种类、调整位置、增删图表标题、修改图例、增删数据源或数据标签、修改图表的字体、调整坐标轴的主要刻度范围或网格线等。

默认情况下创建的图表形状样式很简单,右击选择图表的各个组成部分如坐标轴、数据系列、图例、标题,可以单独设置其格式,通过调整,图表可变得更美观、更清晰明了。同样,也可以在单击选择图表后,调整大小、移动位置、更改类型、设置布局、设置背景等。

在“布局”选项卡的“标签”中,可以设置图表标题、坐标轴标题、图例、数据标签和模拟运算表等实用的相关属性。

(14)条件格式

选择单元格数据区域后,在“开始”选项卡的“样式”中,可以设置“条件格式”→“突出显示单元格规则”→“小于”,设置“为小于以下值的单元格设置格式”小于 60,“设置为”下拉列表中,选择“浅红填充色深红色文本”即可突出显示满足“小于 60”条件的单元格;也可自定义格式,在“设置单元格格式”窗口中,选择“填充”选项卡,设置为红色,则所选择范围中,所有满足此条件的单元格背景变为红色。

4.1.3.3 成绩单制作过程

本成绩单最终效果如图 4－12 所示。

绥 化 学 院

学 分 制 成 绩 登 记 表

2017 ~ 2018 学年 春、夏 学期

课程名称：平面设计软件实践 课程类别:专业选修 教育学院 计算机科学与技术（听障）专业2015级

序号	学号	姓名	平时成绩		期末成绩	总成绩	绩点6~10	学分	序号	学号	姓名	平时成绩		期末成绩	总成绩	绩点6~10	学分
			实验	出席								实验	出席				
1	201555001	刘刘	23	8	50	81	8.1	6									
2	201555002	张张	24	9	51	84	8.4	6									
3	201555003	齐齐	1	1	56	58	0	0									
4	201555004	周周	24	8	54	86	8.6	6									
5	201555005	吴吴	24	6	57	87	8.7	6									
6	201555006	李李	2	4	46	52	0	0									
7	201555007	章章	23	1	43	67	6.7	6									
8	201555009	包包															

成 绩 总 结

实考人数	缺考人数	等 级				
		A[90,100]	B[80,90）	C[70,80）	D[60,70）	E[0,60)
7	1	0	4	0	1	2
备注	总成绩=出席（10%）+实验（30%）+期末成绩（60%） 201555009 包包 缺考					

图 4－12 成绩单最终效果图

(1)新建工作簿文件

打开 Excel 2010,“选择”文件→“新建”→“空白工作簿”,此时会打开工作区,但是文件名称为默认的“工作簿 1. xlsx”,单击左上角的“保存”按钮,会出现“另存为”窗口,可修改文件名为“成绩单实例. xlsx”,为了向下兼容,可以设置保存类型为“Excel 97－2003 工作簿. xls”。

(2)修改工作表名称

双击左下角“sheet1”工作表名称,修改为“2016 应用 1”,右击可以设置工作表标签颜色,使其醒目(右击后,选择重命名也可以修改工作表名称)。

(3)合并单元格

拖拽选择 R1 到 A1 单元格(这样操作容易些,不易超出范围),在“开始”选项卡“对齐方式”选项组中找到“合并后居中”按钮并单击即可。

(4)录入单元格内容

双击合并后的名为“A1”的单元格,输入文字内容“绥　化　学　院”,也可以单击 A1 单元格后,在上边的“编辑栏”中输入文字。

同理,制作第二行、第三行、第四行并输入相应的文字内容。

(5)设置单元格边框线

拖拽 A5 到 R24,并在其中右击选择“设置单元格格式”,在弹出窗口中点击“边框”选项卡,选择“线条样式”中的细实线,点击“外边框”“内部”两个按钮,确定。

(6)编辑竖排文本

拖拽选择 A5 和 A6 单元格,合并后,找到文字方向按钮并选择“竖排文字”,输入内容“序　号”。采用同样方法设置 J5 和 J6 单元格。

(7)修改合适的列宽

鼠标右击上面列标号 B 并设置列宽为 9.88,合并 B5:B6 单元格,输入“学　号”。采用同样方法设置 K 列。

(8)制作成绩单各列表头

采用同样方法制作“姓名”“平时成绩”“期末成绩”“总成绩”“绩点 6 ~ 10”“学分”列,并右击相应左边界行标号,设置相应的行高。

(9)输入序号数列

单击 A7 单元格,输入 1 回车,重新单击 A7 单元格,发现其右下角有一个小黑点,这个黑点是“智能填充柄”,鼠标放到“智能填充柄”上,会变成小“ + ”号提示,此时按住左键向下拖拽,发现覆盖的单元格都同样填写上了内容“1”,如果想要所有拖拽覆盖的单元格都实现自动增加 1,则只需要在拖拽时按住 Ctrl 键。

(10)填充学号等长文本

Excel 2010 中,默认精确显示的数值是 1 ~ 11 位,超过 11 位的数字会变成科学计数法来显示,而且变得不精确。输入身份证号码时,想要精确显示,就要把输入的数字设置成文本格式,在前面加上英文的“'”号,输入 232301199901021314 等即可在单元格中精确显示。如果要输入“00000001”这样的数字,也需要设置成文本格式,比如:一起选中 C7:C27 单元格,选择“开始”→“单元格”→“格式”→“设置单元格格式”,会弹出窗口,找到“数字”选项卡,选择“文本”,可批量设置 C7:C27 单元格中内容为“文本”格式。

(11)录入学生名单

如果经常用到此学生名单,可以把名单新建为“自定义序列”,具体方法前文已经介绍。

(12)录入学生平时成绩

录入每个学生的出席成绩,实例中出席成绩占10%,即0~10分。在输入学生的实验成绩时,由于成绩评分表在另一个工作表(平时作品成绩表)中,可以用公式链接到另一张工作表中得到数值,如本实训中:D7单元格公式为:“='平时作品成绩表'!L7”。

用拖拽智能填充柄复制公式,完成其他同学平时成绩的录入,填充实验成绩结果如图4-13所示。

文件 开始 插入 页面布局 公式 数据 审阅 视图

D7 =‘平时作品成绩表’!L7

平面设计软件实践--成绩单及分布图(40-60)--lwk.xls [兼容模式]

课程名称：平面设计软件实践 课程类别:专业选修

序号	学号	姓名	平时成绩		期末成绩	总成绩	绩点6~10	学分	序号
			实验	出席					
1	201555001	刘刘	23	8					
2	201555002	张张	24	9					
3	201555003	齐齐	1	1					
4	201555004	周周	24	8					
5	201555005	吴吴	24	6					
6	201555006	李李	2	4					
7	201555007	章章	23	1					
8	201555009	包包							

图4-13 成绩表示例

(13)输入学生期末成绩

单击选中F7单元格,输入“=”,再单击“期末作品成绩表”中的“L7”列数据,回车,即相当于输入公式“='期末作品成绩表'! L7”。期末作品成绩表如图4-14所示。

L7　　f_x　=SUM(B7:K7)

	A	B	C	D	E	F	G	H	I	J	K	L
1	2017~2018 春、夏 学期											
2	平面设计软件实践课程 期末作品成绩表											
3	计算机科学与技术（听障）专业 2015级											
4	作品编号	期末作品一				期末作品二						总分
5	分值分配	0~6分	0~6分	0~8分	0~4分	0~6分	0~6分	0~6分	0~6分	0~8分	0~4分	
6	姓名	评分项一	评分项二	评分项三	评分项四	评分项一	评分项二	评分项三	评分项四	评分项五	评分项六	
7	刘刘	5	5	6	4	6	6	6	2	6	4	50
8	张张	6	6	7	4	6	6	4	2	6	4	51
9	齐齐	6	6	8	4	6	5	6	4	7	4	56
10	周周	6	6	8	4	6	6	6	2	6	4	54
11	吴吴	6	6	8	4	6	6	6	3	8	4	57
12	李李	5	4	6	4	6	6	4	2	5	4	46
13	章章	4	4	6	4	6	5	4	2	4	4	43
14	包包											
15												
16												
17		注：期末作品2个，均要求彩色打印上交，电子稿刻盘，期末作品满分为60分.										
18												

图 4－14　期末作品成绩表

（14）计算总成绩

充分利用 Excel 2010 中根据各种需要预先设计好的运算公式而形成的函数，可以节省大量的工作时间，当然，很多函数用户也很难设计出公式。

单击 G7 单元格，用公式"＝SUM（D7：F7）"完成总成绩的计算，并用智能填充柄复制公式完成其他同学的总成绩计算。

（15）计算绩点

选择第一个学生的绩点单元格位置，用公式"＝IF（G7＞＝59.5，G7/10，0）"，IF 函数是双分支选择函数，公式中"G7＞＝59.5"条件成立，会返回"G7/10"的值，条件"G7＞＝59.5"不成立则返回"0"值。用复制公式函数完成其他同学绩点的计算。

函数功能介绍：IF 函数的作用是判断是否满足某个条件，如果满足则返回一个真值对应的结果，如果不满足则返回一个假值对应的结果，可以多重嵌套来使用，格式为"＝IF（Logical_test，Value_if_true，Value_if_false）"，其参数有 3 个，Logical_test 是条件，结果只有成立和不成立 2 种，成立时为真，返回 Value_if_true 对应的值；不成立时为假，返回 Value_if_false 对应的值。

（16）计算学分

单击 I7 单元格，用公式"＝IF（G7＞＝59.5，6，0）"完成学分的计算，同样采取四舍五入的方法，不及格的成绩学分为 0。

（17）制作"成绩总结"部分

拖拽 A20 到 R20，合并单元格，输入"成　绩　总　结"，并在上边功能区找到对齐方式设为水平居中。

(18)制作成绩单下边字段名称

拖拽(A21:B22)范围,合并,输入“实考人数”,同理,设置缺考人数、等级和分数范围、备注等。

(19)统计实考人数

合并 A23 与 B23 单元格,英文输入法状态下在上面“编辑栏”中,输入“=COUNT(G7:G19,P7:P19)”,并回车,相对引用 G 列和 P 列的总成绩,统计含有数字的单元格数量(注意:不是统计人名数量)。

函数介绍:COUNT 函数的作用是计算区域中包含数字的单元格数量,格式为 Count(Value1,Value2,Value3……)等,其参数 Value1 等最多 255 个,可以包含和引用不同类型的数据,但只对数字内容的单元格进行统计。

(20)统计[90,100]分值范围内人数

合并(D23:F23),英文输入法状态下在上面“编辑栏”中,输入公式“=COUNTIF(G7:G19,">=89.5")+COUNTIF(P7:P19,">=89.5")”,引用 G 列和 P 列这 2 个“总成绩”列中的数据,统计成绩按照四舍五入的方式处理。

函数介绍:COUNTIF 函数的作用是计算区域中满足给定条件的单元格数量,格式为 COUNTIF(Range,条件),其参数 Range 表示统计范围内的非空单元格区域,可以包含和引用不同类型的数据,但是只对其中数字内容单元格进行统计,Criteria 参数中设定的是条件。

(21)统计其他分值范围内人数

同理,合并(G23:J23),英文输入法状态下在上面“编辑栏”中,输入公式“=COUNTIF(G7:G19,">=79.5")+COUNTIF(P7:P19,">=79.5")-D23,合并(K23:L23),输入“=COUNTIF(G7:G19,">=69.5")+COUNTIF(P7:P19,">=69.5")-G23-D23”,合并(M23:O23),输入“=COUNTIF(G7:G19,">=59.5")+COUNTIF(P7:P19,">=59.5")-K23-G23-D23”,合并(P23:R23),输入“=COUNTIF(G7:G19,"<59.5")+COUNTIF(P7:P19,"<59.5")”。

注意:Excel 2010 有自动重算功能,在单元格中数据发生变化时,会同时更新公式的计算结果,自动重算功能默认为开启,如果想关闭,在“文件”选项卡中,找到“选项”,选择弹出窗口中“公式”项目,对应右边窗口中“工作簿计算”有 3 个单选按钮,分别是“自动重算”“除模拟运算表外,自动重算”“手动重算”,可根据需要进行选择。

(22)计算缺考人数

点击 C23 单元格,在英文输入法状态下,在编辑栏输入“=COUNT(B7:B19,K7:K19)-A23”,用所有学号的人数减去实考人数,注意这里 COUNT 函数的参数不能引用文本或是文本形式的数字。

(23)突出显示不及格成绩

采用条件格式的方法,按住 Ctrl 键拖拽鼠标左键,选择 G7:G19 和 P7:P19,设置

“条件格式”，让小于 59.5 的成绩单元格背景色突出显示为红色，以便于找到不及格的学生，条件格式的设置效果如图 4－15 所示。

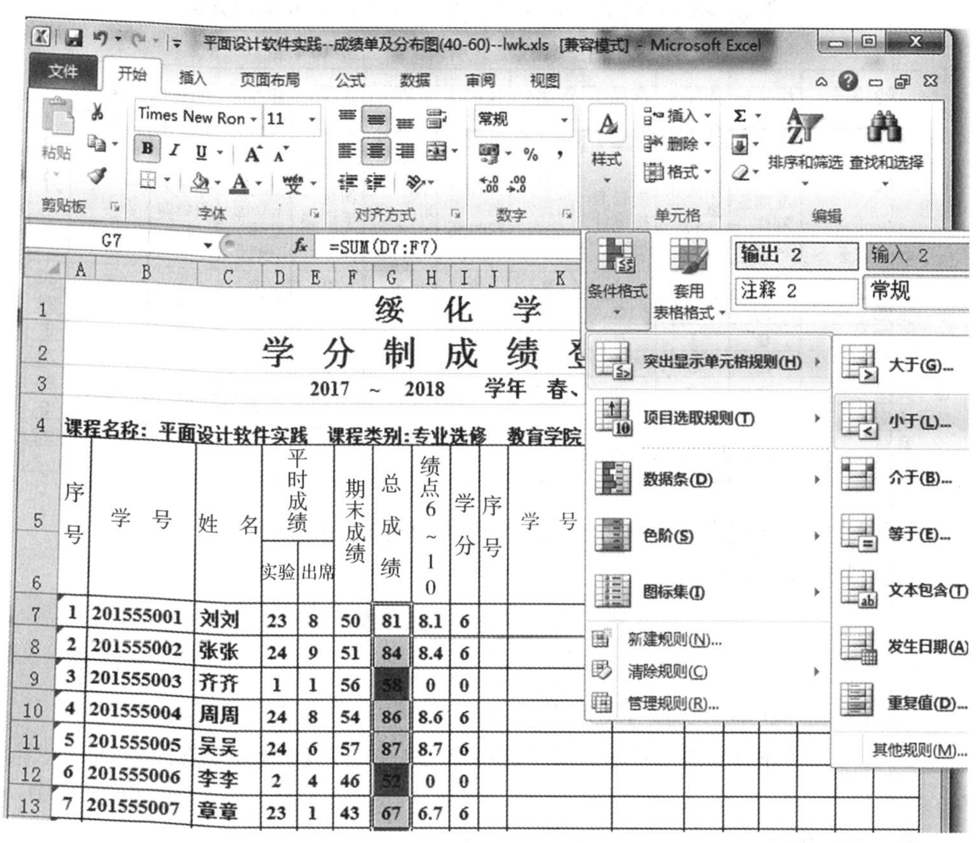

图 4－15　设置条件格式

(24)撤销误操作

如果不小心误操作，可以按“Ctrl + Z”键撤销，同时，在撤销后，可以按“Ctrl + Y”键来恢复，另外在 Excel 2010 窗口的左上角，有“撤销”和“恢复”两个按钮。

4.1.3.4　制作平时作品成绩表

最终效果如图 4－16 所示。

	A	B	C	D	E	F	G	H	I	J	K	L
1	2017~2018 学年春、夏学期											
2	平面设计软件实践课程　平时作品成绩表											
3	计算机科学与技术（听障）专业 2015级											
4	实验编号	作品1	作品2	作品3	作品4	作品5	作品6	作品7	作品8	作品9	作品10	总分
5	分值分配	0~3分	0~3分	0~3分	0~3分	0~3分	0~3分	0~3分	0~3分	0~3分	0~3分	
6	作品名称 / 学生姓名	CG 插画制作	家居报纸广告设计	皮鞋海报设计	手语社团户外广告	《西方童话选》书籍封面设计	“烟雨江南”光盘+CD封套设计	“非宠勿扰”手提袋设计	喜酒包装盒（平面+立体）设计	MAGAZINE封面设计	主题公园海报设计	
7	刘刘	2	2	2	3	2	3	2	2	2	3	23
8	张张	3	3	2	2	2	2	2	3	2	3	24
9	齐齐	0	1	0	0	0	0	0	0	0	0	1
10	周周	3	3	2	3	1	2	2	3	2	3	24
11	吴吴	2	3	3	2	2	3	2	3	2	2	24
12	李李	0	0	2	0	0	0	0	0	0	0	2
13	章章	3	3	3	3	2	3	2	1	1	2	23
14	包包											
15												
16	打印上交综合型作品10个，每个作品满分均为3分，											
17												
18	所有作品满分共30分。											

图 4－16　平时作品成绩表

(1)合并 A1 到 L1 单元格,并输入“2017～2018 学年春、夏学期”。

(2)合并相应的单元格,并输入相应的文字,如图 4－16 所示,选择 A4:L14 单元格,在“开始”选项卡“字体”选项组中,单击“其他边框”设置合适的边框线,其中 A6 单元格要单独设置。

(3)录入相应的成绩,在 L7 单元格中输入“＝SUM(B7:K7)”公式,利用智能填充柄完成 L8 到 L14 单元格中的数值计算。

4.1.3.5　制作平时成绩分析表

最终效果如图 4－17 所示。

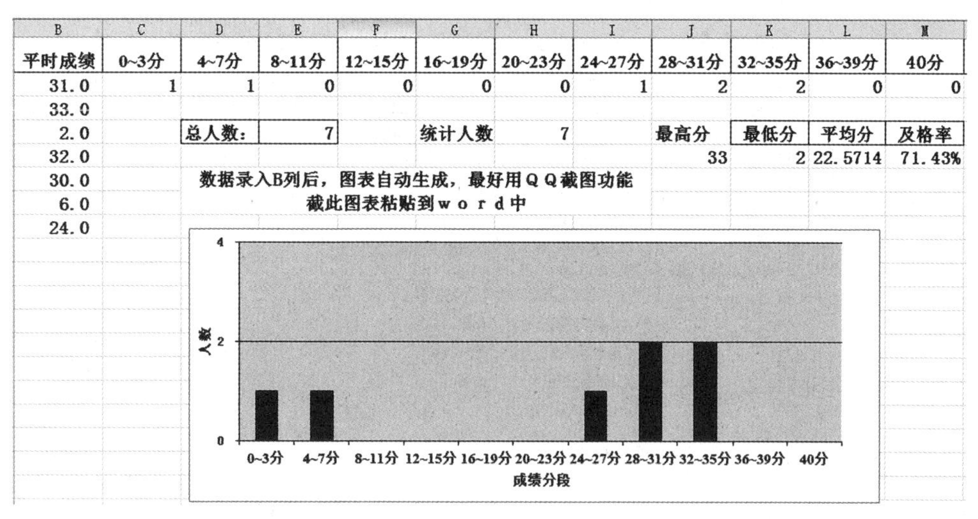

图 4 - 17　平时成绩分析表

(1)选择 C1:M1 单元格,在"开始"选项卡里,找到"数字"选项组,单击"数字"右侧符号,在出现的"设置单元格格式"窗口中,选择"文本",之后可以输入"0 ~ 3 分"等内容。

(2)选择 C2 单元格,在编辑栏中输入" = COUNTIF(B:B," <3.5")"。选择 D2 单元格,输入" = COUNTIF(B:B," <7.5") - C2"。选择 E2 单元格,输入" = COUNTIF(B:B," <11.5") - SUM(C2:D2)"。以此类推,输入 F2 到 L2 单元格的内容。选择 M2 单元格,输入" = COUNTIF(B:B," < =40") - SUM(C2:L2)"。

(3)选择 J5 单元格,输入" = MAX(B:B)",MAX()函数的功能是返回参数中的最大值;选择 K5 单元格,输入" = MIN(B:B)", MIN()函数的功能是返回参数中的最小值;选择 L5 单元格,输入" - AVERAGE(B:B)",AVERAGE()函数的功能是返回所有参数中数值的平均值;选择 M5 单元格,输入" = COUNTIF($B:$B," > =23.5")/COUNT($B:$B)",这个公式的目的是求出及格率;选择 E4 单元格,输入" = COUNT($B:$B)",功能是统计 B 列中所有数值的个数;选择 H4 单元格,输入" = SUM(C2:M2)",计算出有成绩的人数,判断 H4 和 E4 单元格统计的人数是否相等,以免出错。

(4)选择 B2 单元格,输入" = 2016 应用 1！D7 + 2016 应用 1！E7",拖拽智能填充柄,完成 B3:B8 内容的填充(平时成绩 = 出席 + 实验,出席成绩由教师手动录入)。

(5)选择 C1:M2 单元格,选择"插入"→"柱形图"→"簇状柱形图"。则会以 C1:M2 为数据源,创建图表。右击竖直坐标轴,选择"设置坐标轴格式",主要刻度单位单击"固定"单选按钮,值设置为 2.0,如图 4 - 18 所示。

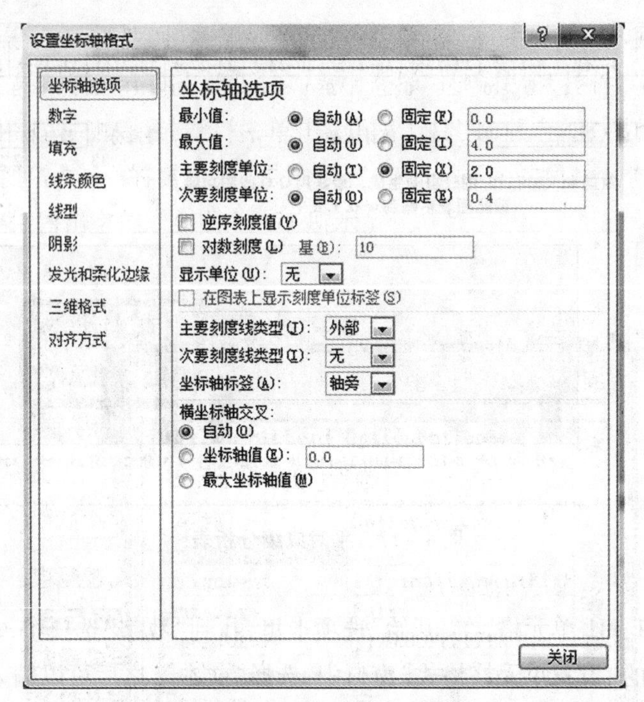

图 4－18　坐标轴格式设置窗口

(6)右击图表中的柱,选择“设置数据系列格式”,会弹出对话框,在里面可以设置“分类间距”“填充”“边框颜色”“边框样式”,以及“阴影”“发光和柔化边缘”“三维格式”等。

(7)选择图表后,上方会自动出现图表工具对应的3个选项卡:设计、布局、格式。在“设计”选项卡里可以随时更改图表类型,修改数据源、图表布局方案、图表样式等;在“布局”选项卡里,可以设置选择内容格式,插入图片、形状、文本框,修改图表标题、图例、数据标签,修改坐标轴网络线等。

期末作品成绩表、期末成绩分析表、总成绩分析表制作方法类似,步骤略。

4.1.4 实训拓展

函数综合练习:制作奖金发放表。

某公司规定,要按照员工的工龄来计算春节应发的奖金,具体规则如下:工龄未满1年的员工奖金为0元,满1年但是未满3年的发5 000元奖金,满3年及以上的发8 000元奖金,制作工作表如图4－19所示。

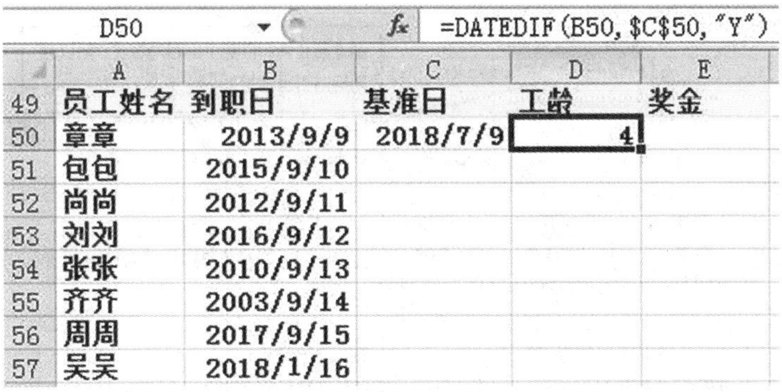

D50　　f_x　=DATEDIF(B50,$C$50,"Y")

	A	B	C	D	E
49	员工姓名	到职日	基准日	工龄	奖金
50	章章	2013/9/9	2018/7/9	4	
51	包包	2015/9/10			
52	尚尚	2012/9/11			
53	刘刘	2016/9/12			
54	张张	2010/9/13			
55	齐齐	2003/9/14			
56	周周	2017/9/15			
57	吴吴	2018/1/16			

图 4－19　工作表

首要，要计算每个员工的工龄，单击选取 D50 单元格，先计算第一个人的工龄，使用 DATEDIF 函数能计算出两个日期之间相差的年数、月数或天数，DATEDIF 函数是一个隐藏的函数，默认情况下不显示，但可以直接在输入栏中输入该函数，其格式如下：

DATEDIF(开始日期,结束日期,参数)

DATEDIF 函数的参数如表 4－2 所示。

表 4－2　DATEDIF 函数的参数

参数	返回的值
"Y"	两日期之间的整年数差
"M"	两日期之间的整月数差
"D"	两日期之间的天数差
"YM"	两日期之间的月数差，忽略日期中的年份
"YD"	两日期之间的天数差，忽略日期中的年份
"MD"	两日期之间的天数差，忽略日期中的月份和年份

DATEDIF 函数的使用方法如图 4－20 所示。

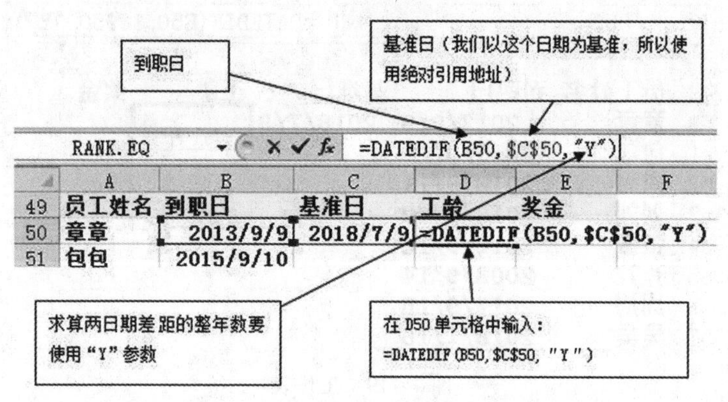

图4－20　DATEDIF 函数参数设置

计算出“章章”的工龄后，选取 D50 单元格，然后拉曳智能填充柄至 D57 单元格，算出所有员工的工龄。然后按照工龄来计算奖金（用 IF 函数来计算应发的奖金）。依据条件，当工龄小于1年的条件成立时，奖金为0；当工龄大于等于1年、小于3年的条件成立时，奖金为5 000；若以上条件均不成立，就应该是满3年及以上，奖金为8 000。嵌套使用 IF 函数，结果如图4－21所示。

提示：IF 函数判断条件，如果条件成立（所返回的值为 true）时，就执行条件成立时对应的结果，如果条件不成立（即为 false）时，则执行条件不成立时对应的结果。IF 函数可以嵌套使用。

E50　　fx　=IF(D50<1, 0, IF(D50<3, 5000, 8000))

	A	B	C	D	E	F
49	员工姓名	到职日	基准日	工龄	奖金	
50	章章	2013/9/9	2018/7/9	4	8000	
51	包包	2015/9/10		2	5000	
52	尚尚	2012/9/11		5	8000	
53	刘刘	2016/9/12		1	5000	
54	张张	2010/9/13		7	8000	
55	齐齐	2003/9/14		14	8000	
56	周周	2017/9/15		0	0	
57	吴吴	2018/1/16		0	0	

图4－21　奖金计算结果

4.2　实训二：制作产品销售表

4.2.1　实训背景

明星商场为了统计今年上半年某些产品的销售数量、进行大数据分析，需要按月份统计相应类别产品的销售数量。

4.2.2　实训目的

练习数据的录入、筛选、排序等常用功能，练习使用 VLOOKUP 函数从大量的数据库记录中查找需要的数据项。

4.2.3　实训过程

4.2.3.1　实训分析

产品销售表主要由产品编号、产品名称、月份编号三部分构成。

4.2.3.2　实训知识点归纳

(1)回车后移动所选内容方向

默认情况下，输入单元格数据后，按回车键会自动向下换到下一个单元格。但有的时候为了录入方便，可以让切换方向转为向右等方向，方法是在“文件”→“选项”→“高级”中设置。

(2)设置单元格的样式

为了避免默认的样式千篇一律、没有层次感，可先选取需要变换样式的单元格范围，找到“开始”选项卡，在“样式”选项组中按下“单元格样式”按钮或者“套用表格格式”按钮，弹出窗口中选择自己喜欢的样式，也可以用些时间自己设定各种样式。

单元格内的内容默认是横排，若字数较多，或者单元格宽度较窄，还可以设为竖排，也可以将文字旋转角度斜着放，可以在“设置单元格格式”→“对齐”→“方向”中设置为[-90,90]之间的任意角度。

(3)更改日期与时间的显示方式

在单元格中输入日期或时间时，以 Excel 2010 所能接受的格式录入，才会被识别成是日期或时间，否则会识别成文本内容。首先选中要更改日期格式的单元格范围，在选择的范围上单击鼠标右键，选择“设置单元格格式”，在弹出窗口中，点击日期，可根据右边类型选择 Excel 2010 认可的日期或时间格式。日期也可以实现加减计算，如计算两个日期之间相差的天数或者两个时间的和，如图 4-22 示例所示。

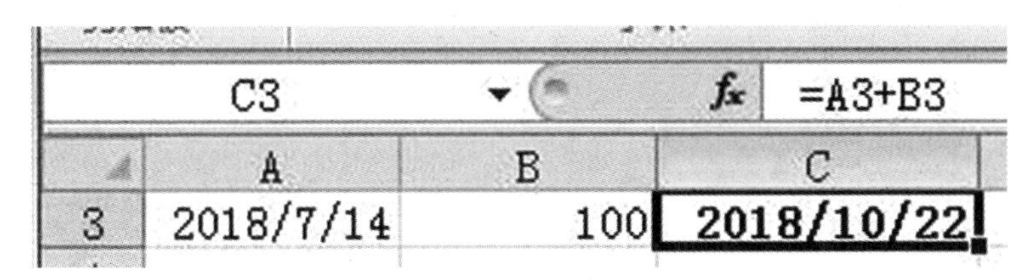

图 4-22　日期的加法计算

(4)前后对照,冻结窗格

当数量记录太多,只有最上边有数据项字段名称时,为了看下面记录时依然方便地看到数据项字段名称,可采取冻结窗格的方法,例如:选择 B3 单元格,在“视图”选项卡中选择“冻结窗格”→“冻结拆分窗格”,之后用水平或垂直滚动条可以调整数据显示位置,按“取消冻结窗格”按钮可以取消这种状态。

(5)保护数据,设置密码

为了防止编辑好的工作表被误修改,或被别人修改,可以采取设置密码的方法来保护工作表,也可以实现同时隐藏公式。首先,在“设置单元格格式”→“保护”选项卡中,勾选“隐藏”复选框。在“审阅”选项卡中,单击“保护工作表”按钮,输入 2 次相同的密码,勾选下方“编辑对象”“编辑方案”等所有复选框。此时,再次单击包含公式的单元格时看不到公式内容,在一定程度上保护了工作表的数据。在单击“撤销工作表保护”按钮后,输入保护时设定的密码可以撤销“保护工作表”功能。

(6)筛选和高级筛选

①筛选功能

可以在所有记录中筛选出符合一定条件的数据(提示:在工作表保护状态下,筛选功能不可用),比如:找出所有三月份销量在 500 以上的记录,选择 A2:H24 所有数据,在“数据”选项卡中选择“筛选”按钮,再选择“三月”对应的下拉三角→“数字筛选”→“大于”,弹出窗口,填写数据后,可进行关系和逻辑运算。

如果在此筛选结果上还想要增加其他筛选条件,单击相应列位置的下拉三角即可。

②高级筛选

利用高级筛选功能,可以把筛选的结果直接复制到其他区域,也可以设计更加复杂的筛选条件,比如:想找到三月销量大于 800、四月销量小于 300、五月销量大于 900 的记录,利用高级筛选功能,结果如图 4 - 23 所示。

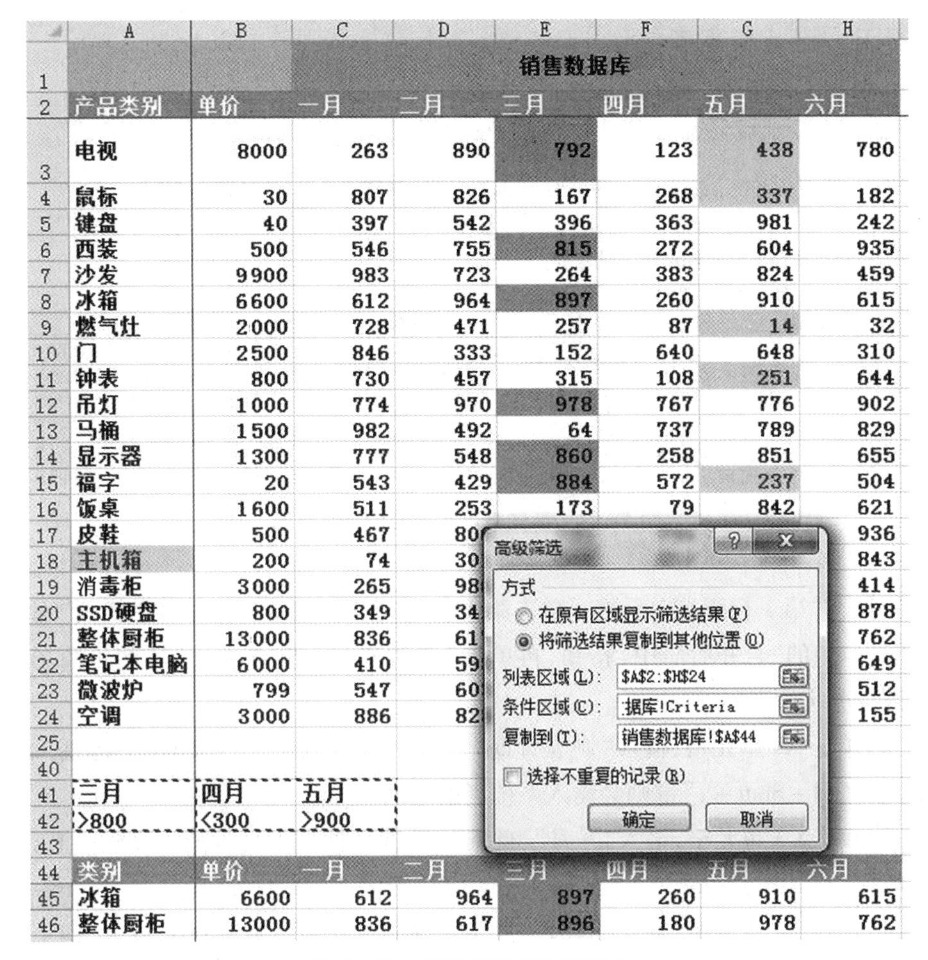

图 4－23　逻辑与功能高级筛选

高级筛选要注意条件区域的编辑，筛选条件的表头需要和数据表中表头一致，写在同一行单元格位置的几个条件是逻辑与运算，如图 4－23 中的 A41:C42，写在不同行中的，为逻辑或运算。

(7)条件格式

在“开始”选项卡中，“样式”选项组中的“条件格式”可以在原有位置突出显示满足某些特殊条件的单元格内容。比如：要在五月份数据中，突出显示值最小的 10 项数据。操作方法：先选择五月份中的所有数据单元格，之后在“项目选取规则”中，选择“值最小 10 项”即可。

同样，也可以把单元格内容中包含特定文字和符号的突出显示出来，例如，在“条件格式”中，选择“突出显示单元格规则”，再选择“文本包含”，弹出窗口中，输入所要求的文字或符号。如设置“文本中包含”的文本为“电”，则单元格中，含有“电”字的“电视”“笔记本电脑”的单元格均被特殊显示。

4.2.3.3 产品销售表制作

最终效果如图 4－24 所示。

C4 =VLOOKUP($B4,销售数据库!$A$2:$H$24,COLUMN(),0)

	A	B	C	D	E	F	G	H
1	明星商场上半年销售情况统计表							
2	制表日期	2018年7月						
3	产品编号	产品名称	一月	二月	三月	四月	五月	六月
4	001	电视	263	890	792	123	438	780
5	002	显示器	777	548	860	258	851	655
6	003	主机箱	74	301	884	212	239	843
7	004	SSD硬盘	349	341	392	49	801	878
8	005	笔记本电脑	410	598	898	797	499	649
9	006	空调	886	828	288	639	606	155

图 4－24 某些指定产品的销售情况表

(1)合并第 1 行所有单元格。单击第 1 行的行号,“开始”选项卡中找到“对齐方式”选项组中的“合并后居中”按钮,再单击“左对齐”按钮,录入文字“明星商场上半年销售情况统计表”。

(2)单击 A2 单元格,输入“制表日期”,单击 B2 单元格,按“Ctrl + ;”键输入系统日期,按“Ctrl + Shift + ;”键则会输入系统当前时间。

(3)单击 C3 单元格,输入“一月”,此时拖动选择框右下角智能填充柄向右,会自动出现“二月”“三月”等。

(4)选择 A4 单元格,输入“’001”,则会以文本形式显示数字 001,同样,向下拖拽智能填充柄到 A9 单元格。

(5)单击相应的单元格,输入“电视”“显示器”等需要查询销售数量的项目。

(6)选择 C4 单元格,用 VLOOKUP 函数实现从“销售数据库”工作表中查找相应的数据填充。公式 C4 = VLOOKUP($ B4,销售数据库! $ A $ 2: $ H $ 24,COLUMN( ),0),其中参数$ B4,绝对引用列号,相对引用行号,方便复制公式;如图4－25中所示,Lookup_value 中的值为搜索条件;Table_array 中的数据是查询范围;Col_index_num 中为返回从条件开始水平第几列内容,COLUMN( )会得到 C4 单元格的列顺序(第 3 列);Range_lookup 值为查询结果是否要精确匹配,我们选择精确匹配。用拖拽智能填充柄的方式完成其他月份、其他项目数量的填充。

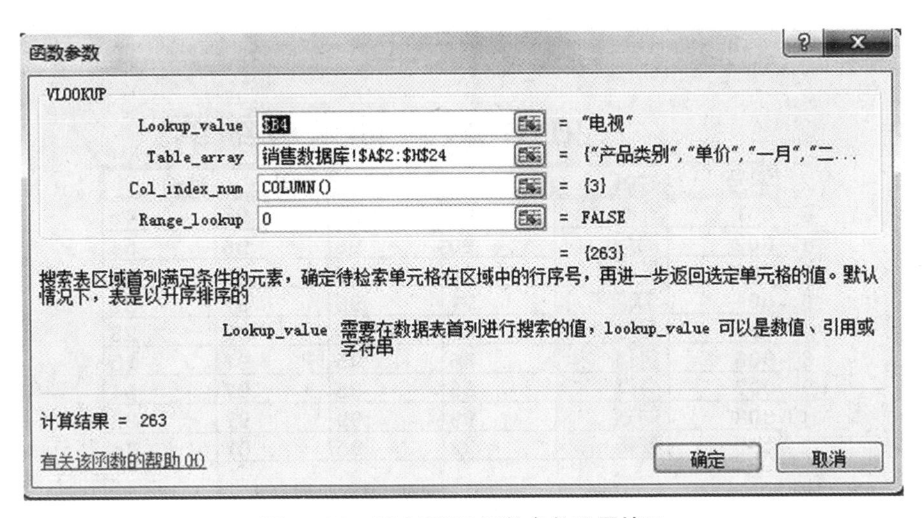

图 4－25　VLOOKUP 函数参数设置情况

4.2.4　实训拓展

用高级筛选功能，复制出成绩单中语文、数学、外语三门课程成绩均在 95 以上的学生，原始数据如图 4－26 所示。

	A	B	C	D	E	F
1	2016级1班期末成绩单					
2	学号	姓名	语文	数学	外语	政治
3	001	齐齐	89	85	95	45
4	002	周周	90	95	96	54
5	003	吴吴	96	96	85	66
6	004	李李	97	96	97	32
7	005	章章	85	95	97	23
8	006	包包	86	95	97	15
9	007	尚尚	66	95	97	64
10	008	刘刘	99	99	97	98
11	009	张张	22	95	97	74

图 4－26　成绩单原始数据

筛选结果如图 4－27 所示。

H29 f_x

	A	B	C	D	E	F
1	2016级1班期末成绩单					
2	学号	姓名	语文	数学	外语	政治
3	001	齐齐	89	85	95	45
4	002	周周	90	95	96	54
5	003	吴吴	96	96	85	66
6	004	李李	97	96	97	32
7	005	章章	85	95	97	23
8	006	包包	86	95	97	15
9	007	尚尚	66	95	97	64
10	008	刘刘	99	99	97	98
11	009	张张	22	95	97	74
12						
13						
14	语文	数学	外语			
15	>95	>95	>95			
16						
17	学号	姓名	语文	数学	外语	政治
18	004	李李	97	96	97	32
19	008	刘刘	99	99	97	98

图4-27 成绩单高级筛选结果

4.3 实训三:制作销售数据分类汇总表

4.3.1 实训背景

某商场为了查看销售行情,以便更新各项产品类别的占有比例,需要对近半年各种商品的销售数量进行统计。

4.3.2 实训目的

1. 练习数据的排序。
2. 练习分类汇总。
3. 练习制作柱状图。

4.3.3　实训过程

4.3.3.1　实训知识点归纳

(1)数据的排序

Excel 2010 是我们办公的时候必不可少的软件,可以让我们对数据进行快速的处理。有些时候数据比较多,我们需要对其进行排序,找到一些关键数据。排序之前要有一些原始数据,选择之后,在“数据”选项卡中点击“排序和筛选”,再点击“升序”按钮或“降序”按钮进行简单的排序;如果排序的条件比较复杂,单击下边的“自定义排序”按钮,再按提示操作。

(2)数据的分类汇总

分类汇总操作时,必须先将同一类别数据放在一起(一般采用排序的方法),之后按照设定好的字段分组,并按此分组计算需要的字段,将数据进行汇总统计,汇总包括求和、记数、最大值、最小值、乘积、方差等。

(3)图表功能

工作表中的数据用图表来表达,可让数据更具体、更易于理解。Excel 2010 提供了很多标准图表类型,而每一种图表类型又分为多个子类型,可以根据不同的需要,选择不同的图表类型来直观地表现数据。只要选择适合的样式,利用“插入”选项卡中“图表”选项组,就能制作出一张具有专业水平的图表。常用的图表类型有:柱形图、条形图、折线图、饼图、面积图、圆环图、股价图、曲面图。

4.3.3.2　具体操作步骤

(1)数据的排序

数据可以设置升序或降序排列,一般以行为单位,具体方法:首先选择要操作的所有单元格数据,在“数据”选项卡中,点击“排序”按钮,设置按照主要关键字(点选产品类别列号)进行排序,“排序依据”可以选择数值、单元格颜色、字体颜色等,“次序”可以选择“升序”“降序”“自定义序列”三种方式,具体如图 4－28 所示。

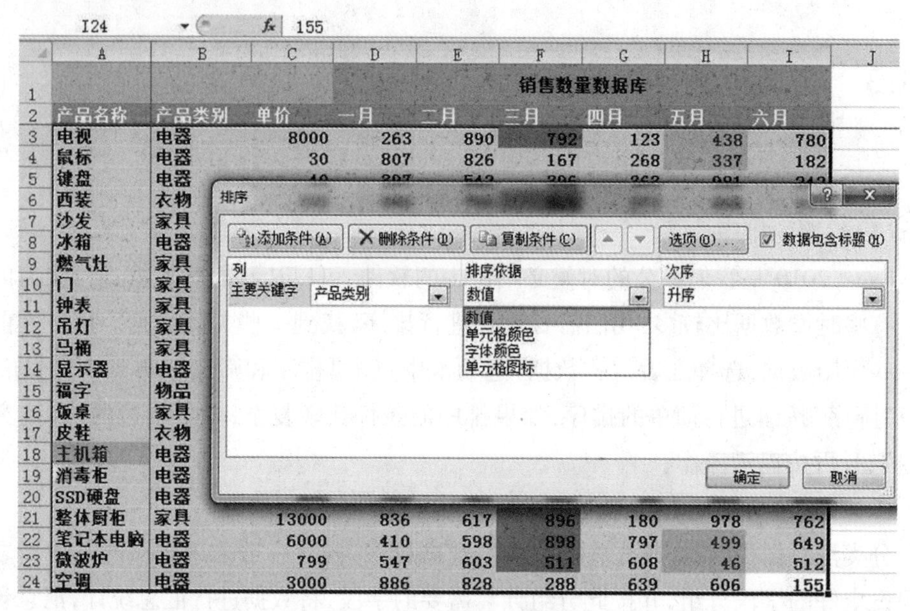

图 4－28　设置排序条件

如果排序条件更加复杂,可以点击窗口中的“添加条件”来添加多个次要关键字,还可以编辑自定义序列作为排序规则。

(2)分类汇总

按照上面方法排序后,可以按照“产品类别”进行分类汇总,在“数据”选项卡中选择“分类汇总”按钮,在弹出的窗口中,设置分类字段为产品类别;汇总方式有计数、求和、平均值、方差等,这里以计数为例;选定汇总项为产品名称、一月、六月,确定后分类汇总设置分类字段为“产品类别”,汇总方式为对“一月”“六月”项进行“计数”,得到结果图 4－29 所示,如果要删除已经创建完的分类汇总,可在“分类汇总”对话框中单击“全部删除”按钮。

M37

	A	B	C	D	E	F	G	H	I
1	产品名称	产品类别	单价	一月	二月	三月	四月	五月	六月
2	皮鞋	服装	500	467	806	185	794	101	936
3	西装	服装	500	546	755	815	272	604	935
4	2	服装 计数		2					2
12	7	家电 计数		7					7
13	整体厨柜	家具	13000	836	617	896	180	978	762
14	沙发	家具	9900	983	723	264	383	824	459
15	门	家具	2500	846	333	152	640	648	310
16	饭桌	家具	1600	511	253	173	79	842	621
17	马桶	家具	1500	982	492	64	737	789	829
18	钟表	家具	800	730	457	315	108	251	644
19	6	家具 计数		6					6
20	笔记本电	数码	6000	410	598	898	797	499	649
21	显示器	数码	1300	777	548	860	258	851	655
22	SSD硬盘	数码	800	349	341	392	49	801	878
23	主机箱	数码	200	74	301	884	212	239	843
24	键盘	数码	40	397	542	396	363	981	242
25	鼠标	数码	30	807	826	167	268	337	182
26	6	数码 计数		6					6
27	福字	小件	20	543	429	884	572	237	504
28	1	小件 计数		1					1
29	22	总计数		22					22

图 4－29　分类汇总结果图

图中，第 4 行、第 12 行、第 19 行自动实现了对产品名称、“一月”和“六月”的计数汇总。单击工作表左边列表树的“－”号可以隐藏产品类别的数据记录，只保留汇总信息，此时，“－”号变成“＋”号；单击“＋”号时，能把隐藏的数据记录信息显示出来。

(3) 使用图表

按 Ctrl 键单击 B4、D4、B12、D12、B19、D19 等相应单元格，选择“插入”选项卡，选择“饼图”“分离型三维饼图”，再选择饼块，右击，添加数据标签（默认为值），再次右击，“设置数据标签格式”，修改显示为百分比，如图 4－30 所示。

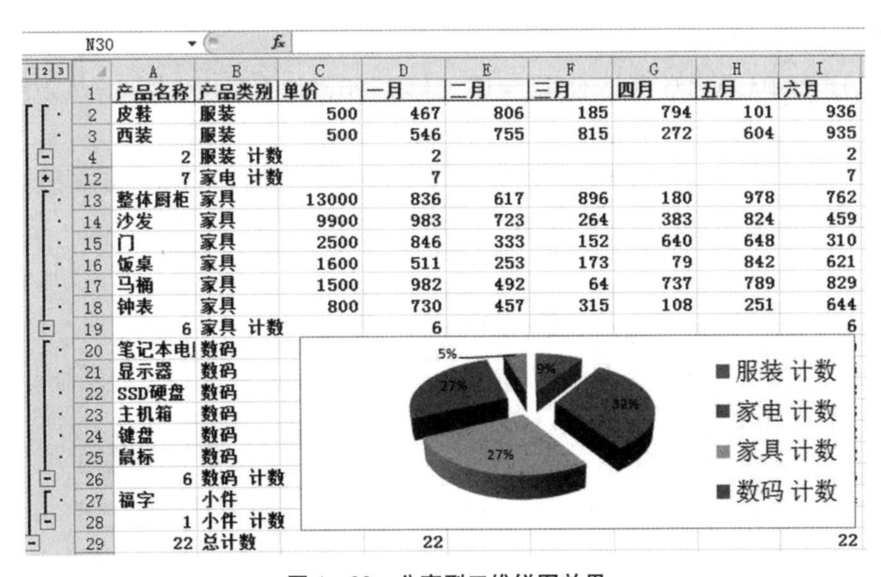

N30

	A	B	C	D	E	F	G	H	I
1	产品名称	产品类别	单价	一月	二月	三月	四月	五月	六月
2	皮鞋	服装	500	467	806	185	794	101	936
3	西装	服装	500	546	755	815	272	604	935
4	2	服装 计数		2					2
12	7	家电 计数		7					7
13	整体厨柜	家具	13000	836	617	896	180	978	762
14	沙发	家具	9900	983	723	264	383	824	459
15	门	家具	2500	846	333	152	640	648	310
16	饭桌	家具	1600	511	253	173	79	842	621
17	马桶	家具	1500	982	492	64	737	789	829
18	钟表	家具	800	730	457	315	108	251	644
19	6	家具 计数		6					6
20	笔记本电	数码							
21	显示器	数码							
22	SSD硬盘	数码							
23	主机箱	数码							
24	键盘	数码							
25	鼠标	数码							
26	6	数码 计数							
27	福字	小件							
28	1	小件 计数							
29	22	总计数		22					22

图 4－30　分离型三维饼图效果

4.3.4 实训拓展

4.3.4.1 原始数据

设有 2016 级学生的期末成绩单,要求对学生的成绩按照优(90 分及以上)、良(75 ~ 89分)、及格(60 ~ 74 分)、不及格(59 分及以下)4 个等级进行分类汇总,体现各个等级内学生的数量等。原始数据如图 4 - 31 所示。

	A	B	C	D
1	2016级1班成绩单			
2	学号	姓名	成绩	
3	001	齐齐	89	
4	002	周周	90	
5	003	吴吴	96	
6	004	李李	97	
7	005	章章	85	
8	006	包包	86	
9	007	尚尚	66	
10	008	刘刘	99	
11	009	张张	22	

图 4 - 31 成绩单原始数据

4.3.4.2 操作方法

(1)选择 D2 单元格,输入“等级”。

(2)选择 D3 单元格,输入公式“ = IF(C3 > = 90," 优秀",IF(C3 > = 75," 良好",IF(C3 > = 60," 及格"," 不及格")))”,拖拽智能填充柄复制公式到 D11。

(3)选择 A3:C11 单元格,在“数据”选项卡选择“排序”按钮,弹出窗口中,设置主要关键字为等级、排序依据为数值、次序为降序,结果如图 4 - 32 所示。

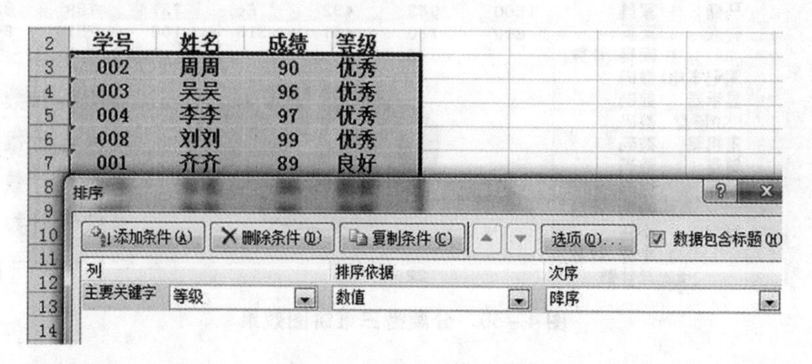

图 4 - 32 弹出窗口设置

(4)选择 A2:D11,在“数据”选项卡选择“分类汇总”按钮,设置分类字段为等级、汇总方式为计数、选定汇总项为学号和姓名,结果如图4-33所示。

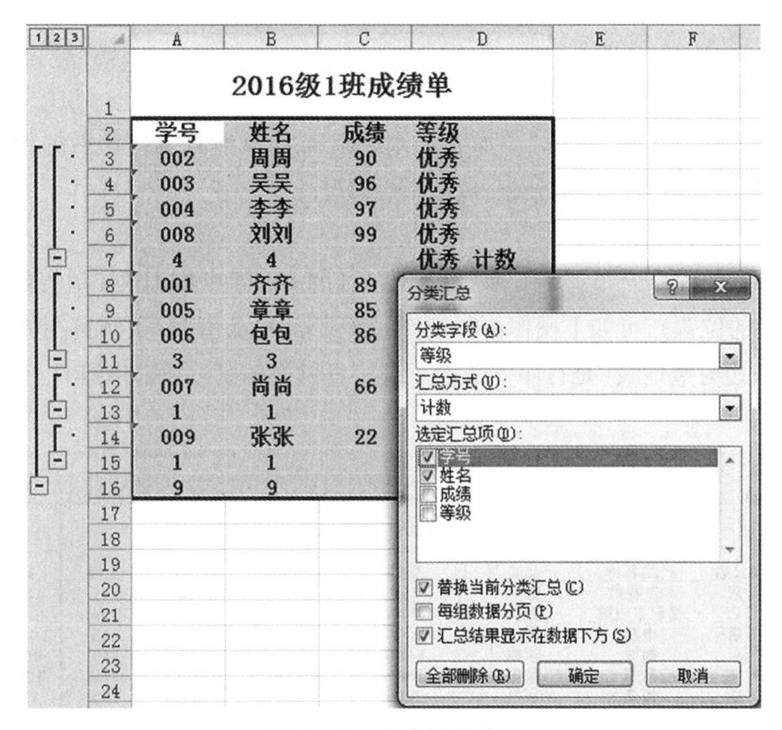

图4-33 分类汇总效果

如果想同时统计每个等级中成绩字段的方差,需要再次设置分类汇总,但是要取消“替换当前分类汇总”复选框中的勾选。

4.4 实训四:页面布局和打印

4.4.1 实训背景

Excel 2010 的制作结果是所见即所得的,即制作成什么样,打印出来就是什么样,为了在打印之前就设置好打印的纸张类型、页边距等,需要提前进行页面设置。

4.4.2 实训目的

(1)练习打印预览、分页预览。

(2)练习页面设置、插入页眉页脚。

4.4.3 实训过程

4.4.3.1 知识点归纳

(1)提前预览

在“视图”选项卡中,点击“页面布局”按钮,可以提前看到打印后的内容排版效果,可清楚地看到内容的位置分布、页边距等情况。

(2)调整打印内容

如果打印的内容分布到了不理想的位置,如图 4-34 中的 H 列(销售额应该在上一页中右边的位置),可如下操作:在“视图”选项卡中,点击“分页预览”按钮,在工作区的 G 列右边有竖虚线(是打印范围参考线),可以拖动鼠标把它拖到 H 列的右边。

J39 fx

	A	B	C	D	E	F	G	H
1	第一季度销售数量数据库							
2	经销分店	产品名称	产品类别	单价	一月	二月	三月	销售额
3	1号店	SSD硬盘	数码	799	547	603	511	1327139
4	2号店	笔记本电脑	数码	13000	836	617	896	30537000
5	1号店	电视	家电	5000	546	755	815	10580000
6	2号店	电视	家电	5000	200	755	815	8850000
7	1号店	吊灯	家电	800	730	457	315	1201600
8	1号店	饭桌	家具	500	467	806	185	729000
9	1号店	空调	家电	6600	612	964	897	16321800
10	2号店	空调	家电	6600	612	964	897	16321800
11	2号店	马桶	家具	200	74	301	884	251800
12	1号店	门	家具	1600	511	253	173	1499200
13	1号店	皮鞋	服装	8000	263	890	792	15560000
14	1号店	燃气灶	家电	2500	846	333	152	3327500
15	1号店	沙发	家具	20	543	429	884	37120
16	1号店	微波炉	家电	1500	982	492	64	2307000
17	2号店	西装	服装	40	397	542	396	53400
18	1号店	显示器	数码	6000	410	598	898	11436000
19	2号店	消毒柜	家电	2000	728	471	257	2912000
20	2号店	整体厨柜	家具	1300	777	548	860	2840500
21	1号店	钟表	家具	800	349	341	392	865600
22	1号店	主机箱	数码	3000	886	828	288	6006000

第 1 页

图 4-34 打印范围参考线

打印范围参考线有水平和垂直 2 种,均可拖拽调整。同时,还可以设置打印时是否显示“编辑栏”“网格线”“标题”,在某些程度上节省打印空间。

(3)页眉的设置

在“插入”选项卡中,单击“页眉和页脚”按钮,打开页眉和页脚的“设计”选项卡,单击左上角的“页眉”按钮,可以输入内置的页眉类型,如果想要去掉页眉内容,则单击“无”类型即可。

Excel 2010 的页眉分为左、中、右三种,可单击相应位置进行设置;另外,还可以文字录入的方式编辑页眉或页脚内容,再通过点击“页码”“页数”“当前日期”“当前时间”“文件路径”“文件名”“图片”等以“域代码”的形式来智能添加页眉内容,如图

4 - 35是编辑了页眉后的效果。

999　　第1页

第一季度销售数量数据库

经销分店	产品名称	产品类别	单价	一月	二月	三月
1号店	SSD硬盘	数码	799	547	603	511
2号店	笔记本电脑	数码	13000	836	617	896
1号店	电视	家电	5000	546	755	815
2号店	电视	家电	5000	200	755	815
1号店	吊灯	家电	800	730	457	315
1号店	饭桌	家具	500	467	806	185
1号店	空调	家电	6600	612	964	897
2号店	空调	家电	6600	612	964	897
2号店	马桶	家具	200	74	301	884
1号店	门	家具	1600	511	253	173
1号店	皮鞋	服装	8000	263	890	792
1号店	燃气灶	家电	2500	846	333	152
1号店	沙发	家具	20	543	429	884

图 4 - 35　编辑了页眉后的效果

(4)页脚的设置

页脚和页眉的设置方法一样,也分为左、中、右 3 类,不同的是页脚的位置在整个页面的下方。无论是页眉还是页脚,都可设置“首页不同”“奇偶页不同”“随文档一起缩放”“与页边距对齐”等,具体如图 4 - 36 所示。

图 4 - 36　页眉和页脚“奇偶页不同”等设置界面

(5)页边距设置

在“页面布局”选项卡中,选择“页面设置”选项组的“页边距”按钮,可选择上次设定好的页边距、默认的页边距等,也可以“自定义边距”选项,利用“页面设置”对话框,设置页面中正文与纸张边缘的距离,输入相应的页边距数值。根据打印范围长宽比例的不同,打印时纸张的方向也可以进行横向和纵向调整。

(6)打印尺寸的选择

纸张制成后,经过修整切边,裁成一定的尺寸。采用国际标准,规定以 A0、A1、A2、B0、B1、B2 等表示纸张的长宽规格,一般常用的是 A4 纸与 B5 纸。常用的纸张尺寸可以通过单击进行选择,如果没有合适的,可以点击“其他纸张大小”,自定义纸张尺寸和页边距。

(7)设置打印范围

如果一页中的内容不想全部打印,则可设置打印区域,指定区域内的内容打印,指定区域以外的内容不打印,指定了打印范围,则只有打印范围内的单元格内容和页眉页脚被打印。

4.4.3.2 实训过程

(1)打开原始数据工作簿

结果如图 4 - 37 所示。

L9 　fx =I9/0

	A	B	C	D	E	F	G	H	I	J	K	L
1	2017~2018 学年春、夏学期											
2	平面设计软件实践 课程 平时作品成绩表											MAGAZINE封面设计
3	计算机科学与技术（听障）专业 2015级											
4	实验编号	作品1	作品2	作品3	作品4	作品5	作品6	作品7	作品8	作品9	作品10	总分
5	分值分配	0~3分	0~3分	0~3分	0~3分	0~3分	0~3分	0~3分	0~3分	0~3分	0~3分	
6	作品名称 / 学生姓名	CG插画制作	家居报纸广告设计	皮鞋海报设计	手语社团户外广告	《西方童话选》书籍封面设计	"烟雨江南"光盘+CD封套设计	"非宠勿扰"手提袋设计	喜酒包装盒（平面+立体）设计	MAGAZINE封面设计	主题公园海报设计	
7	刘刘	2	2	2	3	2	3	2	2	2	3	23
8	张张	3	3	2	2	2	2	2	3	2	3	24
9	齐齐	0	1	0	0	0	0	0	0	0		#DIV/0!
10	周周	3	3	2	3	1	2	2	3	2	3	24
11	吴吴	2	3	3	2	2	3	2	3	2	2	24
12	李李	0	0	2	0	0	0	0	0	0	0	2
13	章章	3	3	3	3	2	3	2	1	1	2	23
14	包包											

图 4 - 37　要打印的内容

(2)查看打印效果

在"视图"选项卡中,单击"分页预览"按钮,在图中发现"总分"列是在打印纸张外面的,这意味着此表会以 2 页打印完成,而第 2 页只有"总分"内容,这样的打印效果并不理想,可以通过拖拽的方式调整打印边界线位置。

(3)调整打印方向

为了提高纸张的利用率,使表格看起来效果更好,本实训中调整纸张方向为横向。

(4)调整显示"计算错误的结果"

如图 4 - 37 所示,在表格的 L9 单元格,由于某种原因,结果是错误的,显示的结果为"#DIV/0!",这样的显示效果不美观,但又不能修改公式而影响整个表格的计算。此时,我们可以在打印时进行处理,即在"文件"选项卡找到"打印",再单击下边的"页面设置",单击后会弹出"页面设置"窗口,找到"工作表"选项卡,修改"错误单元格打印为"对应的值为"显示值""空白""〈 - - 〉"和"#N/A"中的一种,这里选择"〈 - - 〉"。

（5）打印“实验作品评分表”

最终效果如图 4 – 38 所示。

2017~2018 学年春、夏学期

平面设计软件实践课程　平时作品成绩表

计算机科学与技术（听障）专业 2015级

实验编号	作品1	作品2	作品3	作品4	作品5	作品6	作品7	作品8	作品9	作品10	总分
分值分配	0~3分	0~3分	0~3分	0~3分	0~3分	0~3分	0~3分	0~3分	0~3分	0~3分	
作品名称 / 学生姓名	CG插画制作	家居报纸广告设计	皮鞋海报设计	手语社团户外广告	《西方童话选》书籍封面设计	“烟雨江南”光盘+CD封套设计	“非宠勿扰”手提袋设计	喜酒包装盒（平面+立体）设计	MAGAZINE封面设计	主题公园海报设计	
刘刘	2	2	2	3	2	3	2	2	2	3	23
张张	3	3	2	2	2	2	2	3	2	3	24
齐齐	0	1	0	0	0	0	0	0	0	0	—
周周	3	3	2	3	1	2	2	3	2	3	24
吴吴	2	3	3	2	2	3	2	3	2	2	24
李李	0	0	2	0	0	0	0	0	0	0	2
章章	3	3	3	3	2	3	2	1	1	2	23
包包											

图 4 – 38　最终打印效果

4.4.4　实训拓展

设计个人所得税工作表：我国对纳税人在 2018 年 10 月 1 日（含）后实际取得的工资、薪金所得，减除费用统一按照 5 000 元/月执行，按照表 4 – 3 计算应纳税额。

表 4 – 3　个人所得税税率表（工资、薪金所得适用）

级数	全月应纳税所得额	税率	速算扣除数
1	不超过 3 000 元的部分	3%	0
2	3 000 元至 12 000 元的部分	10%	210
3	12 000 元至 25 000 元的部分	20%	1 410
4	25 000 元至 35 000 元的部分	25%	2 660
5	35 000 元至 55 000 元的部分	30%	4 410
6	55 000 元至 80 000 元的部分	35%	7 160
7	超过 80 000 元的部分	45%	15 160

速算扣除数是指为解决超额累进税率分级计算税额的复杂技术问题而预先计算出的一个数据。个人所得税的计算公式是：

☞ 应纳税所得额 = 月总工资 - 五险一金 - 起征点

☞ 应纳税额 = 应纳税所得额 × 税率 - 速算扣除数。

例如:全月收入 10 000 元时,扣除起征点 5 000,再减去五险一金(假设为 500 元),之后乘以对应的税率 10%,减去速算扣除数,即 210 元,最后应交税款是 240 元,实发是 9 760 元。

程序运行结果如图 4 - 39 所示。

个人所得税计算公式	应税收入		税率	
	0~3000		3%	0
	3000~12000		10%	210
	12000~25000		20%	1410
	25000~35000		25%	2660
	35000~55000		30%	4410
	55000~80000		35%	7160
	80000~以上		45%	15160
	免税基数:	5000	应税收入:	4500
	月总收入:	10000	应交税款:	240
	五险一金:	500	实发:	9760

图 4 - 39　个人所得税计算结果图

提示:应交税款的计算公式是: = ROUND(MAX((D12 - D11 - D13) × {0.03,0.1,0.2,0.25,0.3,0.35,0.45} - {0,210,1 410,2 660,4 410,7 160,15 160},0),2)

或者:

= IF(F11 < = 3 000,F11 × E3 - F3,IF(F11 < = 12 000,F11 × E4 - F4,IF(F11 < = 25 000,F11 × E5 - F5,IF(F11 < = 35 000,F11 × E6 - F6,IF(F11 < = 55 000,F11 × E7 - F7,IF(F11 < = 80 000,F11 × E8 - F8,F11 × E9 - F9))))))。

第 5 章 演示文稿制作软件——PowerPoint 2010 实训

PowerPoint 2010 是 Office 2010 中的一个重要组件,是一种用来表达观点、演示成果、传达信息的工具,主要用于演示文稿的创建等。演示文稿是用一张张的幻灯片组成的,简称 PPT。PowerPoint 2010 可制作、编辑和播放一张或一系列幻灯片,能够制作出集文字、图形、图像、声音以及视频剪辑等多种元素于一体的演示文稿,并配有动态效果,把自己所要表达的信息组织在一起。

5.1 实训一:制作主题电子相册

5.1.1 实训背景

本实训利用自己积累的生活、学习等方面的照片,利用 PowerPoint 2010 提供的样本模板和主题制作一个电子相册。

5.1.2 实训目的

1. 掌握创建演示文稿的方法。
2. 掌握编辑演示文稿内容的方法。
3. 掌握给演示文稿对象增加动画效果的方法。
4. 掌握给演示文稿增加声音效果并控制的方法。

5.1.3 实训过程

5.1.3.1 知识点简介

(1)文件扩展名

PowerPoint 2010 保存的文件默认扩展名是 pptx。

(2)启动 PowerPoint 2010

通过“开始”菜单启动:开始→所有程序→Microsoft Office→Microsoft Office PowerPoint 2010。

通过桌面快捷图标启动:如果在桌面上创建了 PowerPoint 2010 快捷图标,双击图标即可快速启动。

双击打开某个演示文稿,也可以启动关联的 PowerPoint 2010 软件。

(3)退出 PowerPoint 2010

在 PowerPoint 2010 工作界面标题栏右侧单击“关闭”按钮。

选择“文件”中的“退出”命令退出。

(4)PowerPoint 2010 工作界面

PowerPoint 2010 的工作界面如图 5 - 1 所示,由选项卡、快速访问工具栏、功能区、幻灯片/大纲窗格、编辑区、备注窗格和状态栏等部分组成。

快速访问工具栏:常用命令位于此处,如“保存”和“撤销”。用户可根据使用习惯来添加、删除快速访问工具栏提供的常用按钮。单击快速访问工具栏右侧的下三角按钮,在下拉菜单中即可添加、删除所需的命令,也可以通过下拉菜单中的“其他命令”,在弹出的窗口中点击“添加”或“删除”按钮来完成快速访问工具栏命令按钮数量和顺序的修改。

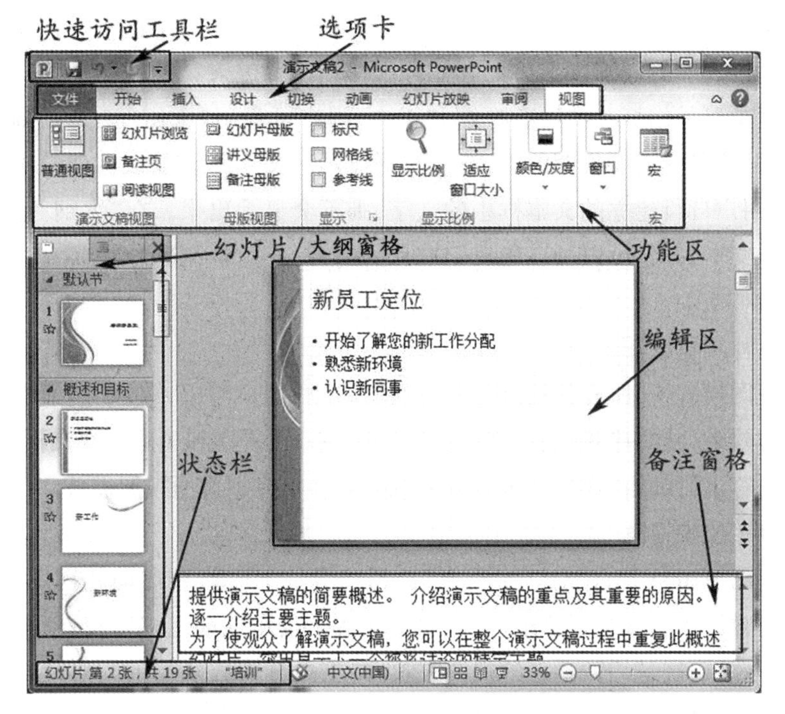

图 5－1　工作界面

①选项卡：在默认情况下，选项卡（也叫功能页次）中包含了几乎所有的命令，分为“开始”“插入”“设计”“动画”“幻灯片放映”“审阅”“视图”等，但这并不是全部的，有些选项卡是隐藏的，比如选中一张图片后，会出现“格式”选项卡。

②幻灯片/大纲窗格：单击可切换到幻灯片视图或大纲视图。

③备注窗格：备注的主要作用是辅助演讲，对幻灯片中的内容做补充注释。不管是老师讲课还是普通的演讲，由于幻灯片中要简洁，要体现关键信息，因此有些专业的解释性文字就不能显示在幻灯片中，此时，可以把这些内容放在备注窗格中，在幻灯片放映时，选择“使用演讲者视图”，此功能需要多屏幕来支持，即可以在放映的同时显示备注。

（5）PowerPoint 2010 的视图模式

①普通视图

当打开演示文稿时，系统默认的视图是普通视图。演示文稿大都是在此视图下建立和编辑的。在普通视图下又可分为大纲模式和幻灯片模式。

②幻灯片视图

单击幻灯片左侧列表区上方的“幻灯片”选项卡，可打开幻灯片视图模式。在左侧幻灯片列表区中显示幻灯片的缩略图，单击需要编辑的幻灯片的缩略图，即可在右侧工作区中进行编辑修改。

③大纲视图

单击幻灯片左侧列表区上方的“大纲”选项卡,可进入大纲视图模式。在左侧幻灯片列表区中显示幻灯片中所有标题和正文,用户可利用“大纲”工具栏调整幻灯片标题、正文的布局。需要说明的是,该模式下显示的文字是在默认占位符中输入的文字,如果是用户自行建立的文本框中的文字,则不会显示出来。在“大纲”窗口中也可以直接输入文本,并且可以浏览所有幻灯片的内容,直接输入新文本,原文本占位符处的文字将被替换。

④幻灯片浏览视图

在此视图模式下,所有的幻灯片缩小在窗口中,用户可以一目了然地看到多张幻灯片的整体效果,并对单张或者多张幻灯片进行移动、复制和删除。在该模式中,不能对幻灯片内容进行编辑,双击某张幻灯片后会自动切换到普通视图模式。

⑤幻灯片放映视图

单击视图按钮条中的“幻灯片放映”按钮或者按 F5 键,会启动此视图模式,整张幻灯片的内容会占满整个屏幕来显示,如果连接了投影仪或更多监视器,会同步显示放映出来的效果,这是一种动态的视图方式,单击鼠标可以从当前幻灯片切换到下一张幻灯片,或开启下一个动画效果,按 Esc 键可立即结束放映。

提示:在幻灯片放映视图中:按 Ctrl 键并单击鼠标可产生“激光笔”效果,如图 5 - 2中的“猴子”文本内容后面的小红圈;按“Ctrl + P”键可使鼠标变为“笔”,如在图 5 - 2中的“熊猫”文本上拖拽可实现类似用笔写字的功能;右击放映时的屏幕,选择“指针选项”中的“荧光笔”,可以使鼠标变为半透明的“荧光笔”效果,如图 5 - 2 中的“孔雀”文本上显示的颜色,所有笔类的颜色均可调整。此三项功能可以帮助演讲者达到更好的演讲效果。

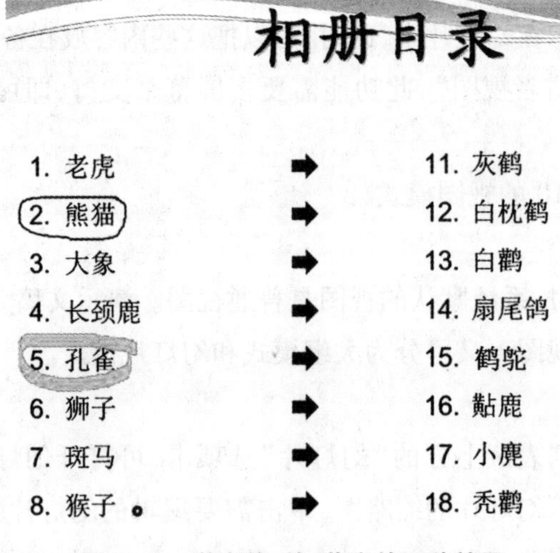

图 5 - 2　激光笔、笔、荧光笔三种效果

(6)新建演示文稿

为了满足工作、学习中的各种需要,PowerPoint 2010 提供了多种创建演示文稿的方法,如创建空白演示文稿,利用模板、主题、现有内容创建演示文稿,使用 Office. com 上的模板创建演示文稿等。在选择“样本模板”之后,系统会给出一些准备好的样本,如“都市相册”“古典型相册”“宣传手册”等。

(7)保存演示文稿

在“文件”中选择“保存”选项,可以将建立的演示文稿保存在指定的文件夹中;若选择“另存为”选项,可将当前文稿保存为不同的文件类型,以达到兼容的目的,PowerPoint 2010 支持保存的文件类型有很多,如选择“PowerPoint 97 - 2003 演示文稿”为向下兼容,可以在较低版本的 PowerPoint 中运行。

(8)幻灯片的版式

在新建空白演示文稿后,会出现一张空白幻灯片,版式为“标题幻灯片”,里面规定了标题和副标题的位置文本框,此时,单击相应位置可以录入文稿的标题。

在“开始”选项卡中,可以选择“版式”按钮来修改当前选中幻灯片的版式,有 11 种版式来帮助我们安排幻灯片的内容,如果都不合适,可以选择其中的“空白”版式,之后以插入文本框的方式自行设计内容版式。

(9)插入图片

在“插入”选项卡中,有“图片”“剪贴画”“形状”“相册”“SmartArt”等插图功能。

①图片:可以把由相机、U 盘等途径获取的文件加入演示文稿中(相当于复制进来),图片种类有很多,最常见的有 jpeg、jpg、gif、bmp 等。

②剪贴画:是软件自带的,是一些 wmf 格式(或者是 emf 格式)的矢量图,把它们插入演示文稿中时,背景是透明的,不会影响后面的内容,而普通图片的背景不是透明的。

③自选图形:是利用软件的绘图工具栏里的绘图工具绘制出来的各种几何图形,自选图形是指一组现成的形状,包括矩形和圆形这样的基本形状,以及各种线条、箭头、流程图、星与旗帜、标注等。

④相册:可以帮助我们快速地把多张图片文件一次性生成一张张的幻灯片,并进行简单的编辑,如图 5 - 3 所示,单击“相册”,在弹出窗口中,通过“插入图片来自文件/磁盘”按钮可以一次性选择多张图片;在“相册中的图片”列表中对每一张图片进行简单的“旋转”“对比度”“亮度”3 个方面的调整;在“图片版式”中进行简单的排版,如是否带标题、一张幻灯片中排列几张图片等;在“相框形状”中对图片外形进行简单的修饰,如“圆角矩形”“柔化边缘矩形”等。

图 5-3　相册功能

⑤SmartArt 图形:是信息和观点的视觉表示形式。可以从多种不同布局中进行选择来创建 SmartArt 图形,从而快速、轻松、有效地传达信息。SmartArt 图形分为"列表""流程""循环""层次结构""关系""矩阵""棱锥图"等几大类,每个类别又包含若干个布局,如图 5-4 所示,选择一个布局后,单击确定,会在上方出现专门针对 SmartArt 图形的"设计"和"格式"2 个选项卡,只需要在图形相应的提示位置输入文字内容,在"设计"和"格式"2 个选项卡中简单修改一下 SmartArt 样式和颜色就可以制作出具有设计师水平的插图了。

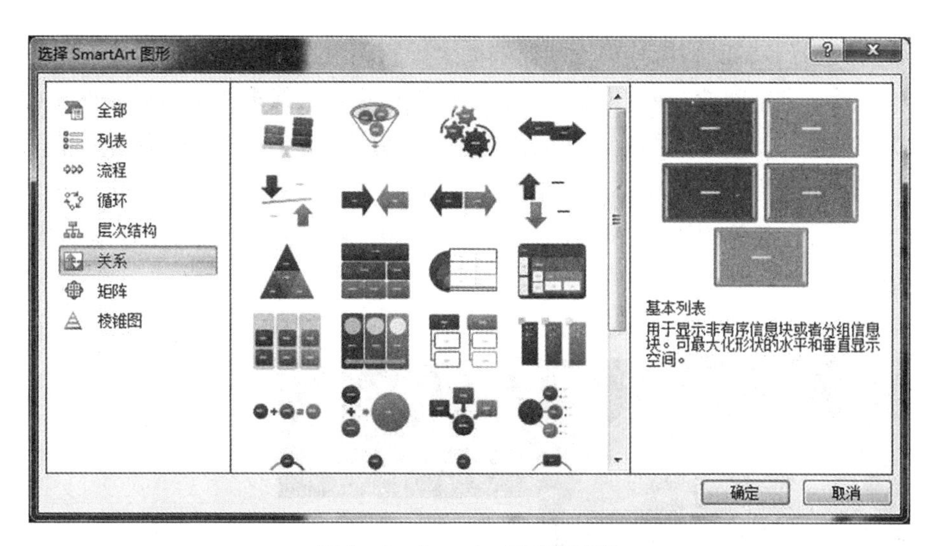

图 5－4　SmartArt 图形的种类

5.1.3.2　实训操作

(1)新建演示文稿

启动 PowerPoint 2010，在“文件”中选择“新建”，在窗口中间位置选择“样本模板”中的“古典型相册”，会得到一个新相册。

(2)保存相册并命名

按“Ctrl + S”键或按快速访问工具栏中的保存按钮，可弹出“另存为窗口”，选择保存的位置、文件名和保存类型。

(3)编辑首页幻灯片

此模板中，幻灯片有 7 张，均已设置好内容布局，可在幻灯片浏览视图中观察。

选择第 1 张幻灯片并双击，会打开第一张幻灯片的编辑状态，第 1 张一般是相册的标题，点击编辑区中“古典型相册”占位符文本框，修改内容为“首都北京一日游”，此时发现，录入的文字格式(字体、大小等)均继承了原位置文本的样式。

右击编辑区中的图片，选择“更改图片”，并在弹出的“插入图片”窗口中，选择“北京天安门”图片，单击打开，即可完成图片内容的替换，同样，新替换的图片大小和位置等均继承了原始图片占位符的样式。

(4)编辑第 2 张幻灯片

单击第 2 张幻灯片，发现它是左右 2 栏的版式，右击左边图片占位符，选择“更改图片”，修改为“故宫”的图片，并用关于故宫的文字简介，替换掉编辑区右栏中文本内容。

如果照片的边界有些多余内容，PowerPoint 2010 自带图片编辑工具栏，可以对照片进行修剪、旋转等操作。我们单击图片，发现上方出现平时隐藏的“格式”选项卡，在“大小”选项组中，选择“裁剪”功能可以剪掉图片多余内容。

启动“裁剪”功能后,图片周围原始的8个控制点附近会出现新的8个“裁剪控制点”,单击最下方中间的“裁剪控制点”并向上拖拽,去掉边缘多余内容后并回车(或者单击其他对象),此时完成图片内容的修剪,并自动拉伸图片到相应的原始尺寸。

为了增加图片的美观性和艺术性气息,可同时把图片裁剪为一些特定的形状,如图5-5所示,在裁剪功能组中包含有“裁剪为形状”功能,本实训选择基本形状中的12边形。

图5-5 裁剪图片

(5)编辑其他幻灯片

选择第3张幻灯片,此张为水平等距三张小图,如上一步方法,分别替换为3张颐和园的图片,并在下方输入颐和园的相关简介,此时,图片尺寸略小,可以按住Shift键,同时选择3张图片,在“格式”选项卡中,选择“高度”对应的微调按钮,单击即可统一调整尺寸。

采用同样的方法,编辑第4~6张幻灯片内容为“长城”“圆明园”“天坛”等。在编辑第5张幻灯片时,把中间的图片占位符留下,两边的选中并按Delete键删除,之后把中间的图片切换为圆明园的一张横版照片。

(6)应用设计主题

在“设计”选项卡,为演示文稿设置主题为“跋涉”,会为所有幻灯片增加相应的主题效果,结果如图5-6所示。

图5－6　设置主题为跋涉

（7）为幻灯片增加切换、动画效果

选择第2张幻灯片，在“切换”选项卡，为当前幻灯片添加“淡出”效果，并设置同时播放声音为“照相机”，设置“持续时间”为2.50秒，换片方式为单击鼠标时，具体操作如图5－7所示。

采用同样方法为其他幻灯片增加“切换”效果，幻灯片切换效果的操作对象是整张幻灯片，不是幻灯片里的“图片”“文本框”“按钮”等。

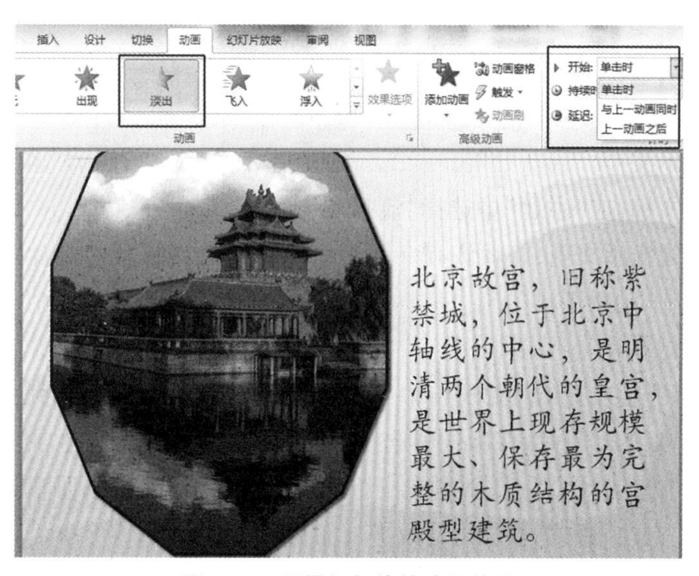

图5－7　设置幻灯片的动画效果

（8）幻灯片放映

在“幻灯片放映”选项卡中，可以播放制作的幻灯片相册效果，可以选择“从头开始”（按F5键也可完成此功能）或者“从当前幻灯片开始”播放。

5.1.4 实训拓展

以动物为主题制作一个电子相册，起到科普宣传的效果，同时，也帮助没时间去动物园的人们了解动物种类和动物习性。

(1)相册成品

相册成品展示如图5-8所示。

图5-8 相册成品展示图

(2)制作过程

①新建演示文稿。

新建演示文稿，在“主题”中选择“流畅”。

②自动创建演示文稿，并默认有一张幻灯片，版式为“标题幻灯片”，在提示的位置输入文字“××动物图谱”。

③增加新幻灯片。

按“Ctrl + M”键或在幻灯片窗格中单击回车键，会增加版式为“标题和内容”的幻灯片，选择新增加的幻灯片，在版式中选择“两栏内容”，单击回车键，再选择新增加的幻灯片，在版式中选择“空白”，创建空白版式的幻灯片，此时单击回车键或按“Ctrl + M”键，默认为“空白”版式，根据内容数量增加几张幻灯片。

④建立目录。

在上方水平居中的位置，输入“相册目录”，在“开始”选项卡中设置字体为“楷体_GB2312”，46号，加粗；选择左侧图文框，拖拽其右侧控制点调窄，并输入文字“1. 老虎”“2. 熊猫”“3. 大象”等，同理，调整右侧图文框并输入文字内容。

⑤选择“插入”→“形状”→“箭头总汇”→“右箭头”，调整填充颜色和大小，并按

Ctrl 键拖拽，复制出9个同样的箭头，调整所有箭头位置，把最上边箭头调整为和“1. 老虎”高度相同，把最下边箭头调整为和“10. 丹顶鹤”高度相同，把所有箭头选中，在上边“格式”选项卡中，选择“排列”“对齐”中的“左对齐”和“纵向分布”，再整体水平调整位置，结果如图5－9所示。

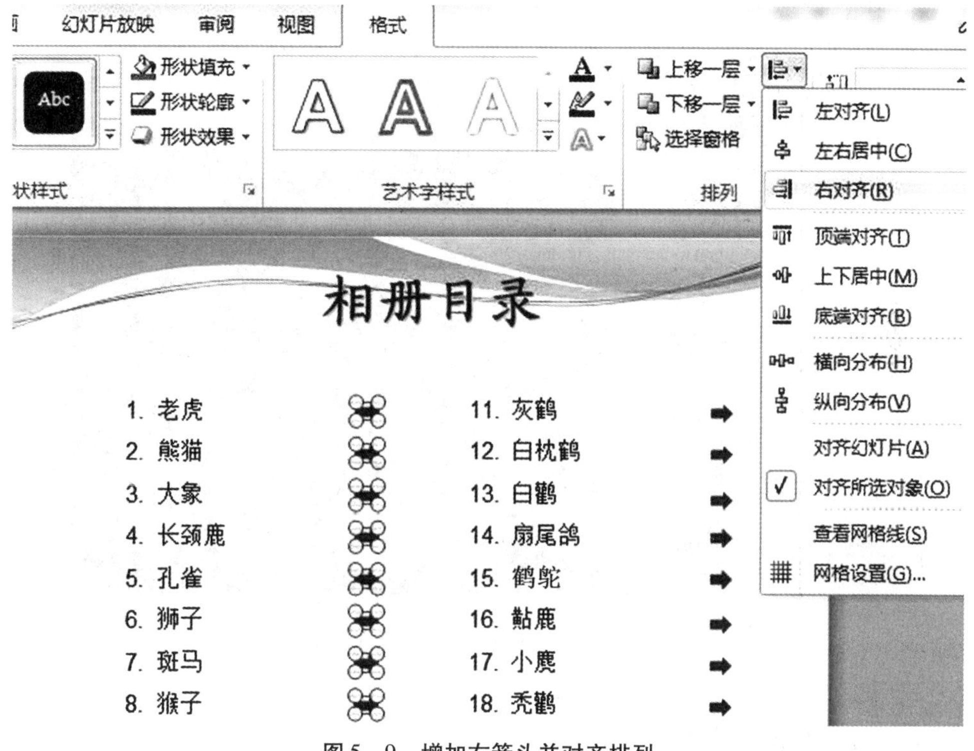

图5－9 增加右箭头并对齐排列

⑥插入 SmartArt 图形制作按钮。

选择“插入”→“SmartArt”，选择弹出窗口中“流程”类别里的“垂直流程”布局图。

在填入文本处输入“虎”字，并删除其他方块图形，在“设计”选项卡中，设置 SmartArt 样式为“卡通”，在“格式”选项卡中，设置一个对比明显、显示清晰的艺术字样式。

复制此 SmartArt 图形并适当缩小，右击，选择“编辑文字”，输入“图片”“简介”和“声音”，选中这3个 SmartArt 图形，在“格式”选项卡中，选择“大小”功能组，一起调整“高度”和“宽度”并设置水平对齐，垂直“纵向分布”。

⑦插入“虎”图片。

于“插入”选项卡中选择“图片”，在弹出的窗口中选择事先准备好图片，插入后，按 Shift 键，拖拽右上角的控制点，适当缩小图片并调整位置。选中图片，在“格式”选项卡中，设置“图片样式”为“圆形对角，白色”，对图片进行包边修饰，如图5－10所示。

图 5-10　对图片进行"图片样式"修饰

⑧设置"虎"图片的动画触发效果。

选择"虎"图片,在"动画"选项卡中,选择"随机线条"动画效果,可以马上看到图片的动画效果,可以在"计时"选项组中修改动画的持续时间,再单击"高级动画"选项组中"动画窗格"按钮,会出现"动画窗格"面板,如图 5-11 所示。

图 5－11　添加随机线条动画效果与“动画窗格”窗口

右击“动画窗格”面板中出现的“图片 13”(即“虎”的图片),在弹出的快捷菜单中选择 “计时”,会弹出“计时”选项卡,展开“触发器”,选择“图片 13”对应的“图示 11”(图 5－12 中“图片”按钮)则在单击“图示 11”时,会触发图片(即“虎”的图片)的“随机线条”动画效果,操作界面如图 5－12 所示。

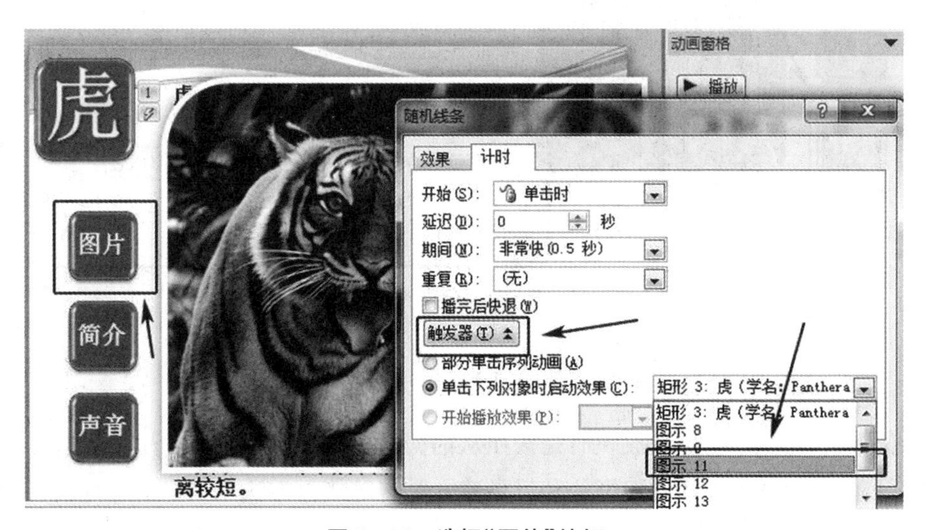

图 5－12　选择“图片”按钮

同样,再一次为“虎”图片增加动画效果(“退出”类别中的“轮子”),设置触发器为上图中的“图片”按钮。这样就可以实现反复单击“图片”按钮而控制“老虎”图片的动画显示与退出。

⑨增加文字简介内容

查找与“虎”的相关文本资料并复制,先把“虎”图片挪走,以“插入”→“文本框”→“横排文本框”的方式,拖拽出适当大小的文本框,粘贴文本,调整大小和文本,调整后为文本框对象增加进入动画“飞入”和退出动画“飞出”效果,设置文本框的2个动画效果的触发器均为“简介”按钮,完成后,把“虎”图片拖回原位置。

⑩插入虎叫声

准备虎叫声音文件,选择“插入”→“音频”,选择“老虎叫声”,插入后,会出现声音控制器界面,在此界面中单击可实现播放控制、进度控制和音量大小控制。把声音控制器挪到播放窗口外面,设置触发器,用“声音”按钮来控制播放声音,具体操作方法是在图5-13所示的“动画窗格”面板中找到相应的声音文件,选择“计时”选项卡,设置触发器为“声音”按钮,本实训中,为“图示13”。

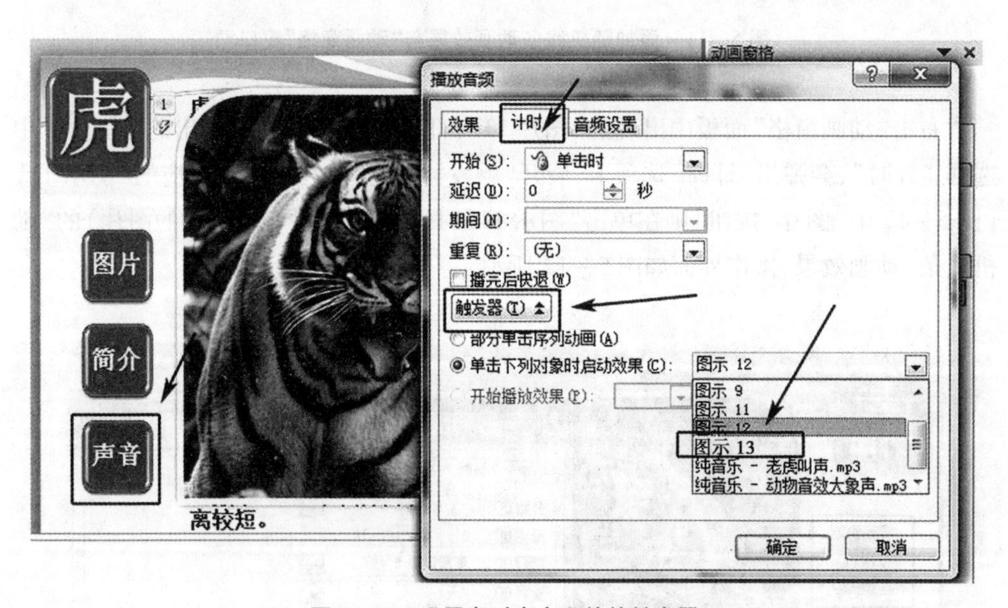

图5-13 设置虎叫声音文件的触发器

⑪建立超链接

在一般情况下,幻灯片放映时是按照从前向后的顺序播放的,但为了发挥“目录”的作用,就要为每种动物的幻灯片和目录建立跳转链接。方法是单击幻灯片窗格中目录幻灯片,则工作区中显示为此幻灯片的编辑状态,右击“1. 老虎”右边对应的右箭头,选择“超链接”,弹出“编辑超链接”窗口,如图5-14所示。在窗口中,左侧有“现有文件或网页"等 4 个选项，本实训中选择"本文档中的位置"，并单击选择"虎"对应的幻灯片，本实训中为幻灯片 3，确定。

同样，单击幻灯片窗格中幻灯片 3，为左上角按钮"虎"右击添加"超链接"，使它链接到本文档中的"目录"幻灯片，这样在播放到"虎"对应的幻灯片时，单击具有超链接的按钮"虎"可以随时返回"目录"幻灯片。

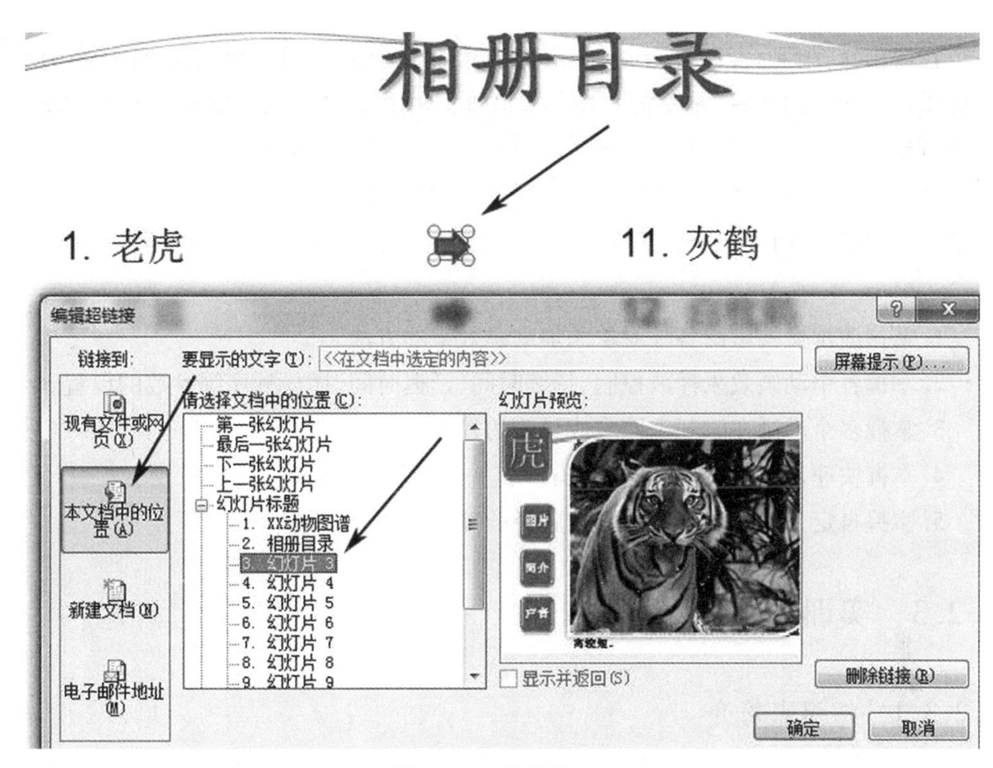

图 5－14　超链接窗口

⑫复制幻灯片

在幻灯片窗格中选择有"虎"内容的幻灯片，复制并粘贴多次，按顺序修改幻灯片左上角按钮内容为"熊猫""大象"等，并修改相应的图片、简介和声音等。

经过复制、粘贴，我们发现有一些功能(如"熊猫"文字按钮上的超链接功能)不用重新设置，这样节省了一些制作幻灯片的时间。

同时，右击窗口中的"虎"图片，选择弹出快捷菜单中的"更改图片"，可以快速地把图片替换为"熊猫"等图片，而图片对象相应的动画效果和触发器等均不会发生改变或消失。

5.2 实训二:制作描红写字动画效果

5.2.1 实训背景

众所周知,用 Flash 软件可以制作出漂亮的动画效果,其实,用 PowerPoint 2010 也可以完成一些动画效果,本实训利用 PowerPoint 2010 的动画功能制作一个毛笔描红写字效果。

5.2.2 实训目的

1. 掌握演示文稿中给各种对象添加动画效果的方法。
2. 掌握各个动画效果播放控制、持续时间、延迟时间、播放顺序等参数的设置。
3. 掌握多个动画在时间上同步或异步的控制。
4. 掌握快速复制动画效果的方法。
5. 掌握自定义路径动画的设置及路径的编辑方法。

5.2.3 实训过程

5.2.3.1 知识点简介

动画效果是 PowerPoint 2010 的重要功能之一,它可以为每张幻灯片中的内容对象设置动画效果,让制作出的演示文稿更生动、更美观,如果演讲者控制得好,还可以和观众进行互动。

选择一个操作对象,在“动画”选项卡中找到“添加动画”按钮,可以添加 PowerPoint 2010 系统定义好的几类动画效果,有“进入”“强调”“退出”“动作路径”4 类,每类中包含若干动画效果,单击选择即可增加到选中的对象上。

选择动画效果后,可以控制每个动画持续的时间,就是用多长时间来完成这个动画,设置的时间范围为 0.01 秒到 599 秒之间,可以直接录入时间,也可单击向上、向下微调按钮来设置。

如图 5 - 15 所示,在选择开始方式后,还可以再设置延迟时间,图中所示为与上一动画同时计时并延迟 5 秒后开始本动画。

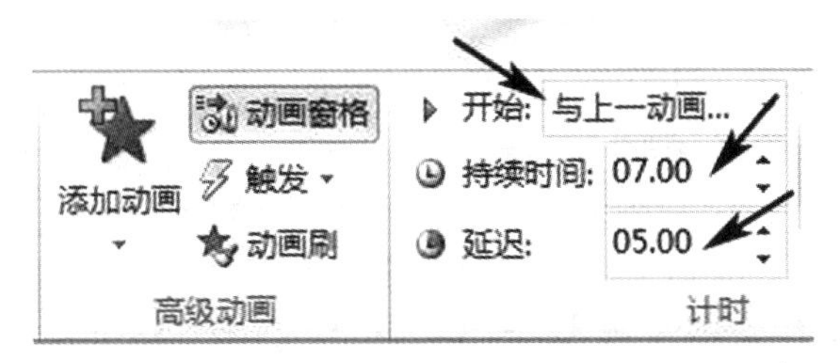

图 5－15　延迟时间的设置

如果有多个添加了动画效果的对象,将会按照添加的顺序进行播放,通过“对动画重新排序”,可以调整当前选中的动画在播放序列中的次序。

在“动画”选项卡中的“效果选项”中,可以对当前选中的动画进行细节设置,但不同的动画效果所包含的“效果选项”不同。

5.2.3.2　操作过程

(1)效果展示

图 5－16 为制作描红动画结束后,播放时的效果。

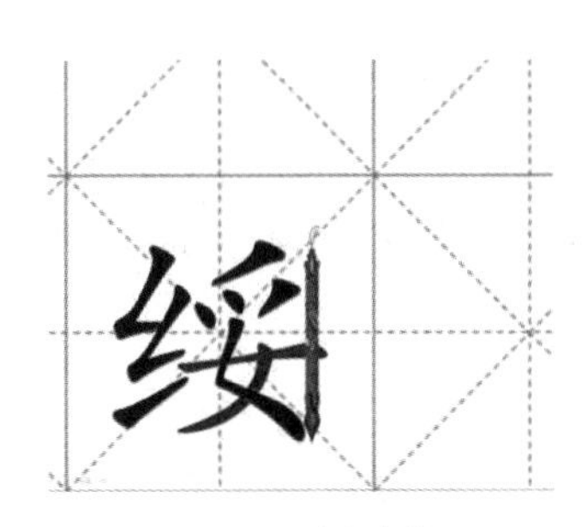

图 5－16　播放效果

(2)加入文字素材

新建演示文稿,设置版式为空白,插入事先准备好的“绥”字素材图片,本实训中,为逼真地制作出写字效果,在 Photoshop 中把“绥”字分解为若干笔画,并分别制作成背景透明的 gif 图片,如图 5－17 为添加图片素材界面。

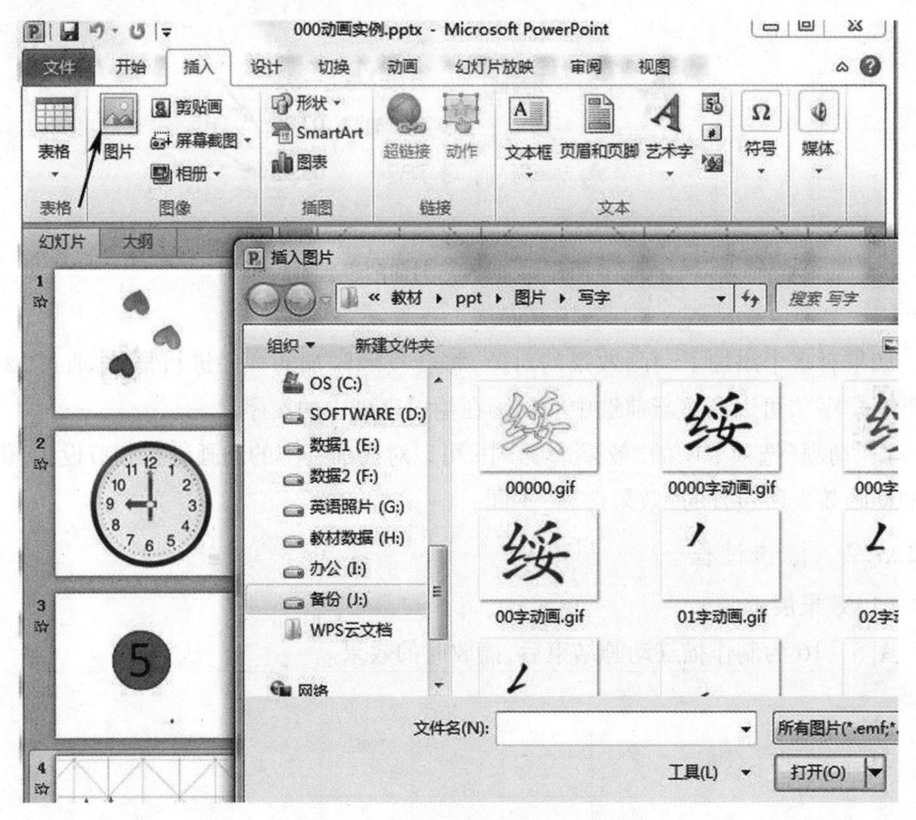

图 5－17　添加“绥”字的素材图片

(3)为笔画添加动画效果

单击“动画窗格”按钮,会打开动画窗格面板,在此面板中,可以修改和调整已经添加的动画效果。首先为“绥”字的第 1 个笔画设置动画“擦除”效果,并设置擦除方向为“自顶部”。

为很多对象设置相同的动画效果时,可以使用“动画刷”功能:选择第 1 个笔画的擦除效果后,双击“动画刷”功能按钮,再按照书写的顺序,单击每个“绥”字的笔画快速添加同样的动画效果“擦除”,再次单击“动画刷”功能按钮,可以撤销此“动画刷”功能。再为每个笔画设置不同的持续时间,长笔画设置为 1 秒,短笔画设置为 0.5 秒。为使动画效果逼真,要按照书写的方向分别设置“擦除”动画的“效果选项”为向上、向下、向左或向右。

(4)设置不同的播放控制时间

起始第 1 个笔画设置为“单击时播放”,余下的动画,按 Shift 键在动画窗格中一起选择,并单击下拉列表框,设置为“从上一项开始”,即设置为所有笔画同时播放动画效果。

同样,单击“动画窗格”中的各个动画效果,在下拉菜单中单击“计时”,弹出窗口中,设置其中“延迟”为 1 秒,即在开始后 1 秒再播放动画效果,因为图片 10 对应的笔画较短,故设置“期间”(也就是执行时间)为 0.5 秒,同样方法,计算各笔画的持续时间和延迟时间,以使各笔画按顺序播放。

(5)把“绥”字重新组合

插入完整的蓝色“绥”字素材图片,右击,在弹出的快捷菜单中,设置其叠放次序为“置于底层”。

再依照“绥”字的笔画顺序,拖拽文字的各个部分使它们和底层的蓝色文字重合,这样就组成了完整的“绥”字,调整过程如图 5 - 18 所示。提示:按住 Ctrl 键并单击键盘中的上下左右方向键即可实现一次一个像素位置的小距离位置调整。

图 5 - 18　组合为完整的绥字并和底层文字重合的过程

(6)制作第 1 个笔画的写字动画效果

准备笔的素材图片并制作成背景透明的 gif 图片,插入到幻灯片中,并插入和“笔”同样宽、高的细长矩形,放置到“笔”的正下方,同时选择笔和矩形,按“Ctrl + G”键,把选中的 2 个图形成为一个小组,以后会保持相同位置和比例作为一个对象处理。调整好位置后,再把矩形的填充和连线颜色都设置为无,则只显示“笔”效果。

选择“笔”对象,把笔尖移动到“绥”字的起始笔画处,在“动画”选项卡中,找到“添加动画”按钮,点击“出现”,并设置“与上一动画同时”,在计时中设置延迟为 0 秒,再添加动画“自定义路径”。

如图 5 - 19 所示,在“绥”字的第 1 个笔画上,按住鼠标左键并沿着笔画绘制移动路线,完成时,双击鼠标,即可看到笔尖动画播放结果。

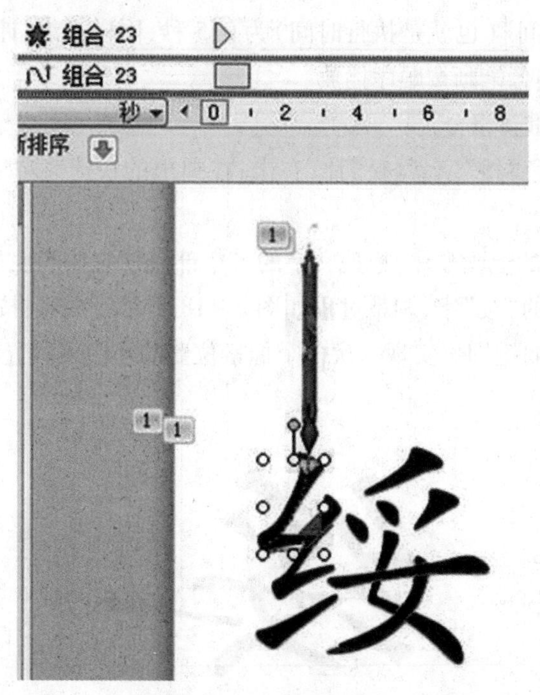

图 5－19　绘制移动路径

“自定义路径”动画,在缺省状态有“平滑开始”和“平滑结束”时间,如图 5－20 所示,在效果窗口中设置路径为“锁定”,可以控制对象严格按照绘制的路径移动,把平滑开始时间和平滑结束时间设置为 0 秒,注意设置动画播放后效果为“播放动画后隐藏”。

图 5-20　效果窗口设置

计算相应笔画的持续时间,将"延迟"和"期间"设置为总长相同的播放时间。"自定义路径"动画播放结束后,"笔"会自动消失隐藏。

(7)制作其他笔画的写字动画效果

复制(7)中的"笔",此时发现同时也复制了其动画效果,在"动画窗格"中,删除"自定义路径"动画,把笔尖调整到第 2 个笔画起始处,再添加"自定义路径",重新绘制路径,计算好时间,重复同样的操作。最后完成整个字体动画。

(8)制作"书法字帖"背景

在 Word 2010 中,新建"书法字帖",截图粘贴到演示文稿中,并调整好位置,设置叠放次序为"置于底层",制作书法字帖背景。

(9)本实训的最后编辑界面

如图 5-21 所示。

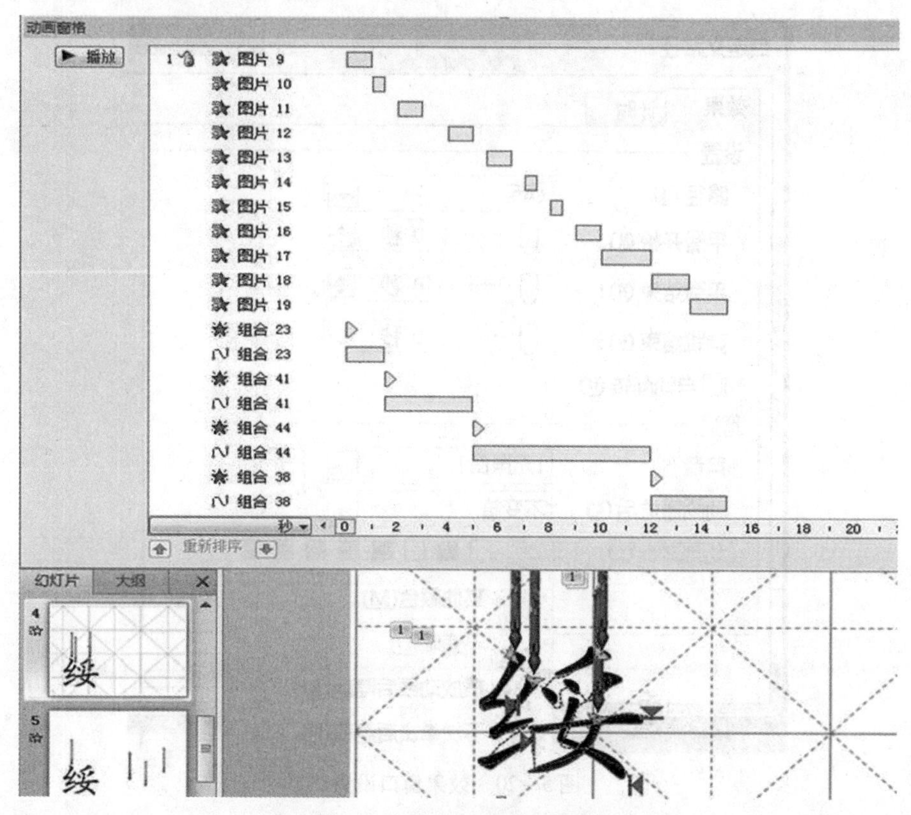

图 5－21　最后的动画编辑效果

5.2.4　实训拓展

制作倒计时 5 秒钟动画,在数字的背景圆消失的同时数字消失,同时数字减 1,最后显示到“go”为止,编辑各数字效果如图 5－22 左所示,播放效果如图 5－22 右所示。

图 5－22　编辑数字效果及播放效果

5.4.2.1　制作圆形背景

在"插入"选项卡中找到"形状"里的"椭圆",按住 Shift 键拖拽鼠标画出正圆(即横纵轴比例为 1∶1 的椭圆)。选择此圆形,在出现的"格式"选项卡中找到"形状填充"和"形状轮廓"进行设置。

5.4.2.2　为圆形背景增加动画效果

选择绘制的圆形,在"动画"选项卡中找到"轮子",并设置单击时触发,持续时间为 1 秒,延迟为 0 秒,如图 5 - 23 所示。

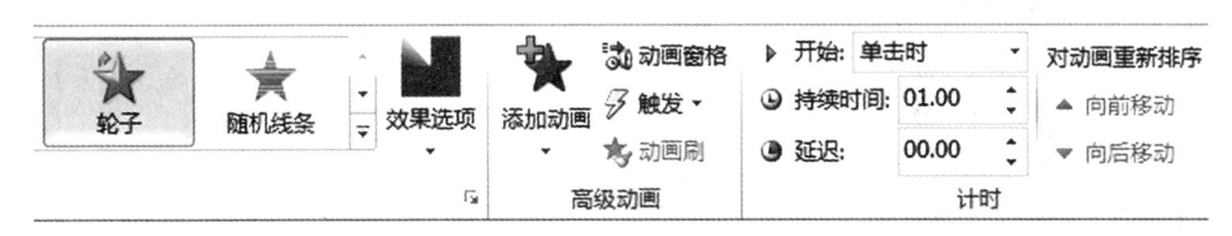

图 5 - 23　增加动画效果

5.4.2.3　复制轮子对象

按住 Ctrl 键,同时拖拽圆形,可完成复制功能,复制 5 个圆形,如图 5 - 22 所示摆放,此时发现每个圆形都带有相同的"轮子"动画效果,打开动画窗格,在动画窗格中选择最下边的圆形对应的动画效果,右击并删除。本实训中删除的是椭圆"5"的动画效果,除了最上边的圆形的播放效果为单击时播放以外,其他圆形播放效果都设置为"上一动画之后"。

5.4.2.4　设置数字 5 的动画效果

在演示文稿中,所有文本都要用文本框来帮助显示,在"插入"选项卡中,找到文本框按钮,单击可以选择横排和垂直 2 种文本框,选择横排文本框,在幻灯片编辑区中单击,之后输入数字 5。在"动画"选项卡中找到"消失"动画,并设置计时开始为"上一动画之后"。

在动画窗格中,将数字"5"的动画效果调整到椭圆 1 动画的下边、椭圆 2 动画的上边。

5.4.2.5　设置数字 4 的动画效果

采用同样的方法,用横排文本框输入数字 4,为了不让数字 4 与数字 5 同时出现在播放窗口中,需要给数字 4 添加动画"出现"并设置播放时间为"与上一动画同时",即在数字 5 动画"消失"的同时,播放数字 4 的"出现"效果;同时,在椭圆 2 动画效果结束的同时,添加并播放数字 4 的动画"消失"效果,调整和设置各效果顺序。

5.4.2.6　设置其他数字的动画效果

复制上一步的数字 4 对象为数字 3、数字 2、数字 1 和文本"go",同时,复制出的数字都带有和数字4相同的动画效果,在“动画窗格”中调整它们的位置分别在相应的椭圆下边,只有文本“go”放在最后,且删除它的“消失”动画效果,各对象的动画效果排列最终如图5-24所示。

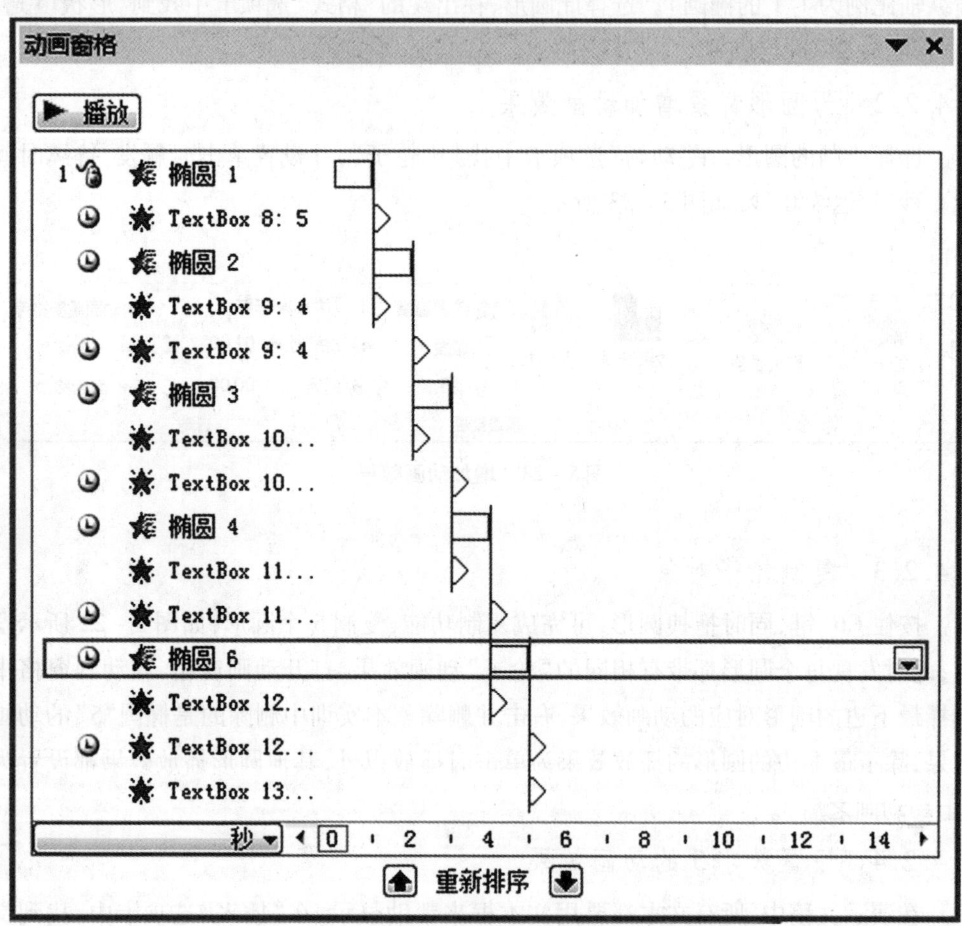

图5-24 设置各对象的动画播放效果和顺序

最后,如图5-25所示,把所有文字和对象一起选中,在出现的“格式”选项卡中,选择“对齐”中的“左右居中”和“上下居中”,即可把所有对象位置调整好,单击F5键,再单击鼠标即可实现最终效果的演示。

图 5 - 25　最终所有对象位置重合效果

5.3　实训三:母版制作及打包

简单来说,幻灯片母版是存储有关应用的设计模板信息的幻灯片,也可以说是设计模板,它包括字形、占位符大小、位置、背景设计和配色方案等。其中占位符是一种带有虚线或阴影线边缘的框,绝大部分幻灯片版式中都有这种框。在这些框内可以放置标题及正文,或者是表格和图片等对象。

我们常用幻灯片母版来设置幻灯片的样式,供用户设定各种标题文字、背景、属性等,只需更改一项内容就可更改所有幻灯片的设计。在 PowerPoint 2010 中有 3 种母版:幻灯片母版、讲义母版、备注母版。幻灯片母版包含标题样式和文本样式。

如图 5 - 26 所示,在"视图"选项卡中,单击"幻灯片母版"功能按钮,可以打开当前设计模板的母版编辑界面,其中文本内容和其格式(如字体、字形、字号、艺术字、日期、页码等)均是设置好的占位符。

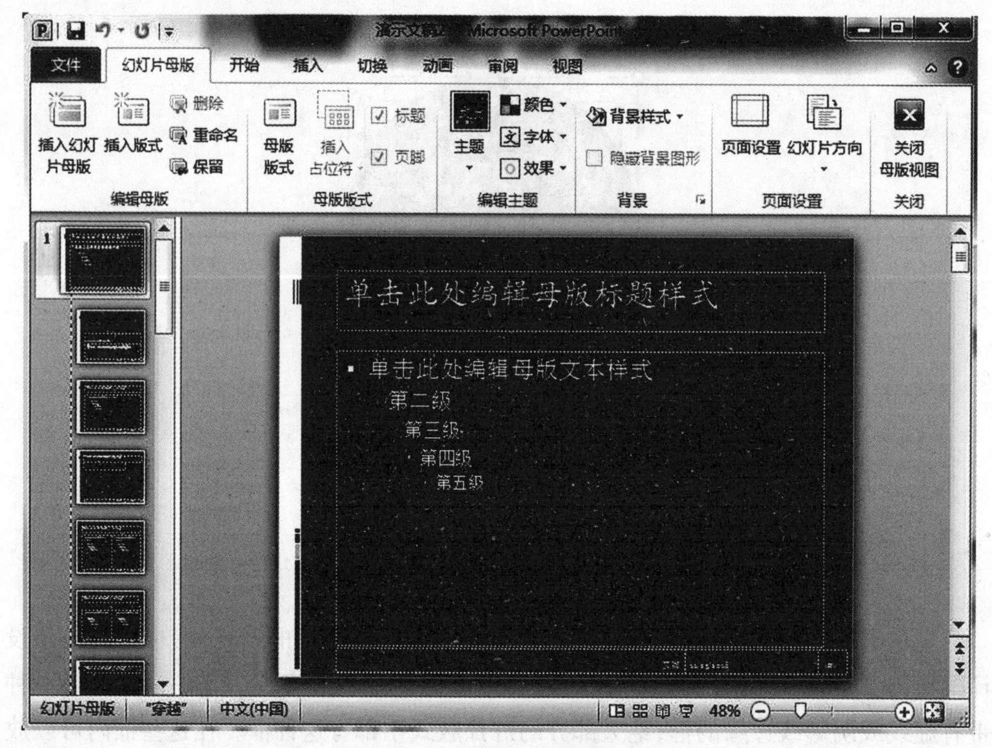

图 5-26　幻灯片母版编辑界面

有时复制了别人制作的幻灯片,但却修改不了背景等对象,可以在幻灯片母版编辑界面中进行修改。

5.3.1　实训背景

有时利用软件自带的主题模板达不到预期的效果,此时,我们可以选择一个最接近的模板,之后在幻灯片母版视图中对模板进行编辑。当然也可以在幻灯片母版视图中,自己设计一种模板。

5.3.2　实训目的

1. 掌握母版的制作和使用方法。
2. 掌握在母版中修改背景和插入日期、页脚、幻灯片编号等方法。
3. 掌握幻灯片放映方式设置、打包和打印的方法。

5.3.3 实训过程

5.3.3.1 知识点简介

(1)修改幻灯片主题模板背景

选择文件,新建主题为“跋涉”的演示文稿。

①在“视图”选项卡中,找到“幻灯片母版”功能按钮,单击打开相应的编辑状态。

②左侧最上边为“首页幻灯片”,对此幻灯片进行修改会同时改变下面正常状态下所有的幻灯片。选择“首页幻灯片”,在编辑区中右击它的空白处,选择“设置背景格式”,在弹出的窗口中可以设置为纯色填充、渐变填充、图片或纹理填充、图案填充等。

③本实训中,单击选择渐变填充,在此填充模式下,可以选择演示文稿预设好的颜色方案如“彩虹出岫Ⅱ”,所有的幻灯片母版均同步此背景变化,如图5-27所示。

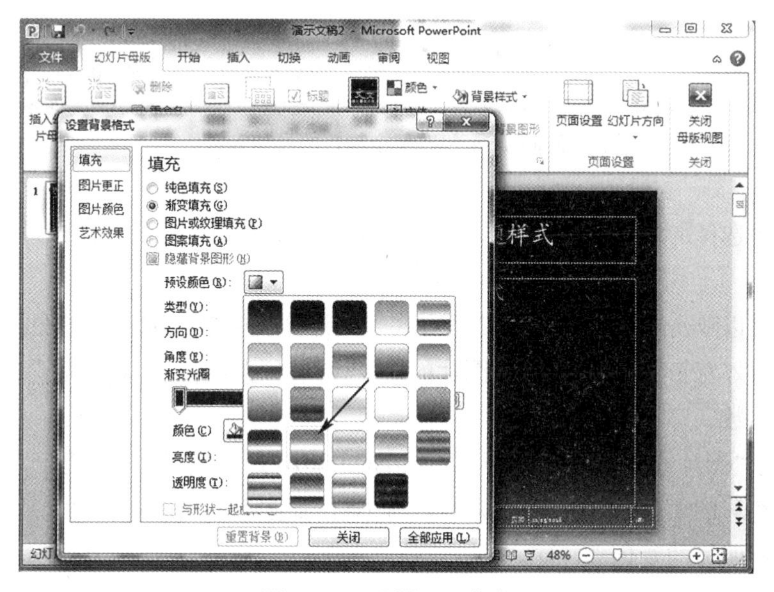

图5-27 设置预设方案

④也可以在当前的预设颜色方案下进行具体颜色的调整,如修改此方案中颜色的组成方案和每个单独颜色及其位置、亮度、透明度等参数,具体如图5-28所示。

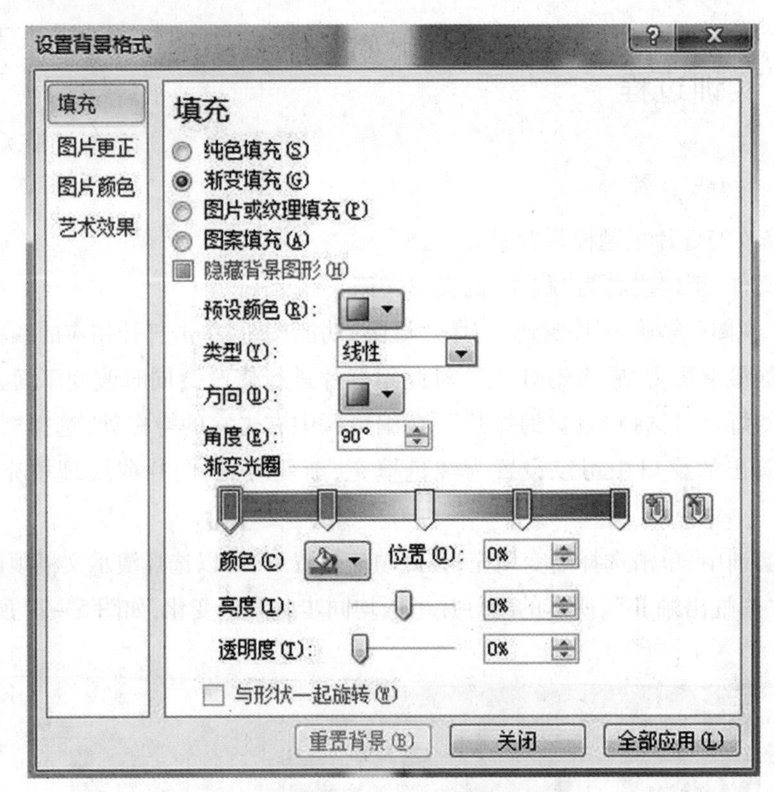

图5-28　修改每个颜色的具体参数

⑤如果选择的填充方式是"图片或纹理填充",也有预设好的图片或纹理方案,如"花束"等。

⑥还可以单击"文件"后以浏览的方式寻找计算机中事先准备好的图片素材当作背景。设置好背景后,还可以调整图片的缩放比例、位置偏移量、对齐方式、镜像类型、透明度等参数。

⑦对于"图片或纹理填充"效果,PowerPoint 2010 还提供了"图片更正"调整,主要修改图片色彩的柔化、锐化、亮度、对比度等,具体如图5-29所示。锐化后,图片中的白云效果有明显的变化。

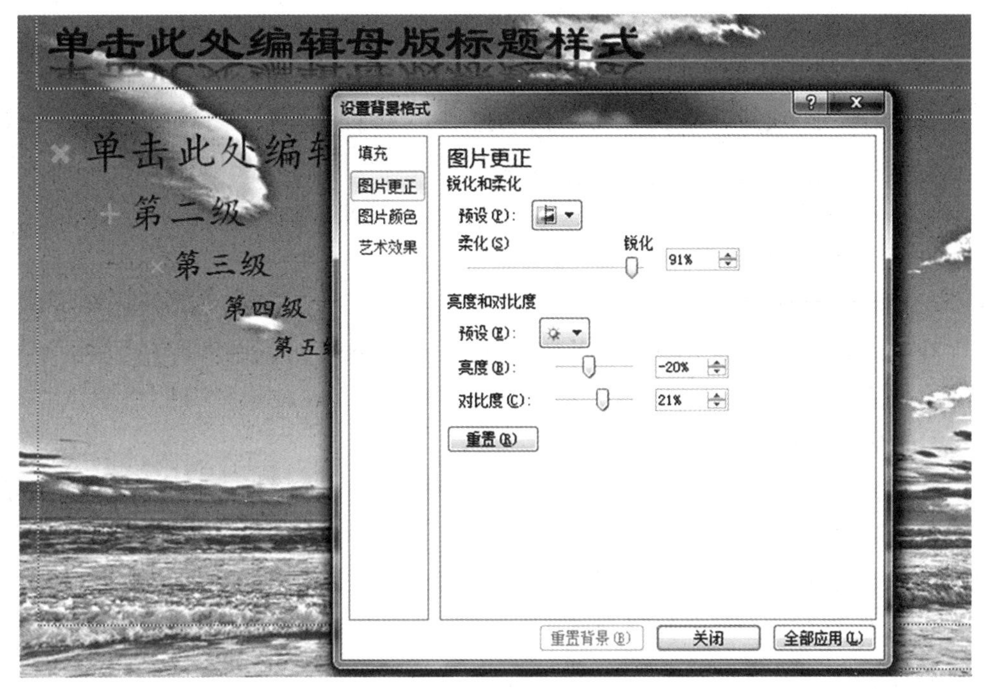

图 5－29　图片更正效果设置

⑧对于“图片或纹理填充”效果，PowerPoint 2010 还提供了“图片颜色”调整，主要调整图片的温度等，同时还有一些预设方案供选择。

⑨对于“图片或纹理填充”效果，PowerPoint 2010 还提供了“艺术效果”调整，主要调整图片的艺术处理效果，有多种预设方案供选择，如“玻璃”等。

⑩除了图片填充背景以外，还有图案填充的方式，选择相应图案后，还可以修改前景色和背景色来使背景更美观。

(2)为幻灯片母版增加占位符

新建演示文稿后，默认版式为标题幻灯片，有主标题和副标题 2 个文本框，并有提示“单击此处添加标题”，这 2 个文本框就是占位符，不同的版式包含了不同种类的占位符，有的可以插入图片，有的可以插入表格，也有的可以插入音频、视频等。

在母版中使用占位符，可以很方便地在所有幻灯片中添加共性的内容或格式。如在母版中添加幻灯片的页脚，并插入系统的日期和时间。

如在母版中添加幻灯片编号或日期等，可以为所有幻灯片添加幻灯片编号或日期；或插入对象，在 PowerPoint 2010 中，可以插入其他软件的嵌入对象，如 AutoCAD 图形、Excel 等，插入之后，双击即可以打开相对应的软件进行编辑。

如果要删除占位符，必须选择占位符边界的文本框，再按 Delete 键。

(3)编辑母版中文字格式

在“幻灯片母版”选项卡中，可以点击“颜色”按钮来设置母版中预设的颜色方案，如“风舞九天”“穿越”“华丽”“市镇”等。设置字体样式为“方正姚体”、标题样式和正文样式为“宋体”。

(4)插入艺术字

在幻灯片中,或是母版中,均可以插入艺术字,在插入艺术字之后,还可以在“格式”选项卡中选择“文本效果”来修改文本效果,包括“阴影”“映像”“发光”“棱台”“三维旋转”“转换”,在转换中,会实现文字的变形、拉伸、排列等效果,这是和演示文稿早期版本相似的特效。

(5)退出母版视图

在“幻灯片母版”选项卡中,点击“关闭母版视图”按钮可以退出当前母版的编辑状态。

(6)设置放映方式

编辑完幻灯片后,需要放映幻灯片以查看最终的效果。根据不同的使用目的,可以设置不同的放映方式,在“幻灯片放映”选项卡“设置”选项组中,找到“设置幻灯片放映”按钮,会打开“设置放映方式”对话框,如图 5-30 所示,共有 3 种放映方式:

①演讲者放映(全屏幕):以全屏幕形式显示,演讲者可以控制放映的进程,可用绘图笔等勾画,适合大屏幕投影的会议等。

②观众自行浏览(窗口):以窗口形式显示,可编辑浏览幻灯片,适合人少的场合。

③在展台浏览(全屏幕):以全屏幕形式在展台上做演示用,按事先预定的或排练计时功能设置的时间和次序放映,此时不允许现场控制放映的过程。

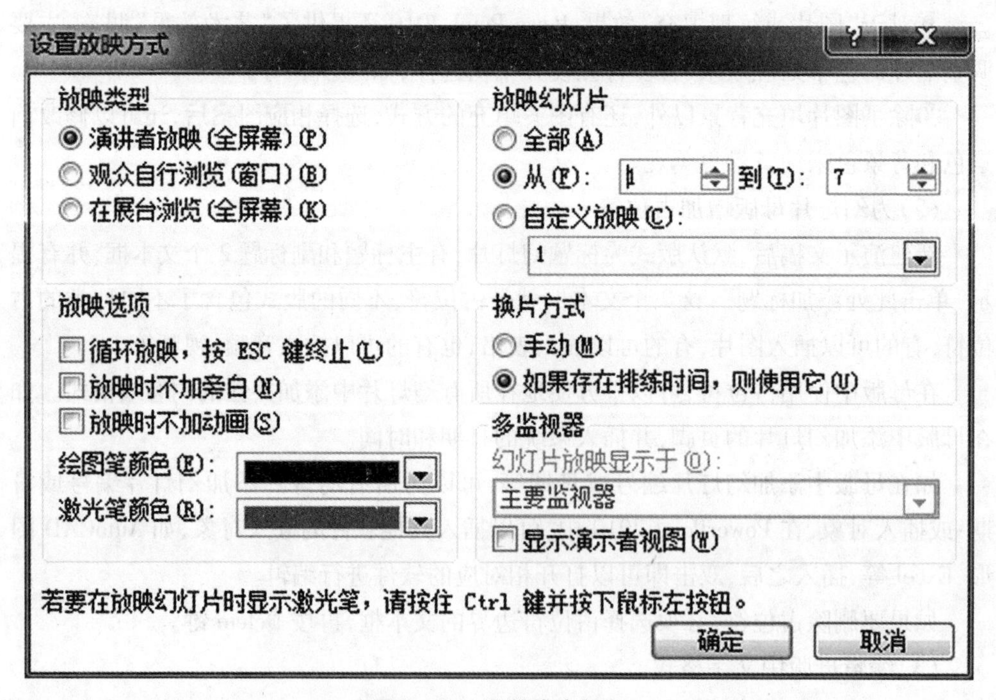

图 5-30　设置放映方式

此 3 种方式可以设置放映内容为从第 X 张幻灯片到第 Y 张幻灯片，可以设置绘图笔和激光笔的颜色。

（7）使用演讲者视图

此功能需要有多个显示器支持，通过这种放映方式，可以把全屏幕幻灯片投影到一个显示器或是投影仪上，而在另一个显示器上查看特殊的“演讲者视图”，此视图包括设计界面和演讲者备注。

（8）排练计时功能

演讲前的排练十分必要，影响演讲效果好坏很重要的一点就是演讲时间：时间过长，会让观众失去耐心；时间过短，显得内容贫乏而空洞。为了记录下演讲时每张幻灯片所用时长，可以使用排练计时功能。具体操作方法为：“幻灯片放映”选项卡→“设置”选项组→“排练计时”按钮→进入全屏放映模式→在屏幕左上角显示“录制”工具栏，可以准确记录演示当前幻灯片播放时间→演讲完成后显示提示对话框，可以保留排练时间。切换到浏览视图，可清晰地看到每张幻灯片播放的时间。以后放映时，可按照设定好的时间自动播放，不用人为控制。

（9）自定义放映方案

若不希望演示文稿的所有部分展现给观众，而是根据场合和听众的不同选择不同的放映部分，则可以在同一个演示文稿中定义多个“自定义放映”。具体操作方法为：在“幻灯片放映”选项卡中，选择“自定义幻灯片放映”按钮，弹出“自定义放映”对话框，单击“新建”按钮，会弹出“定义自定义放映”对话框。

输入方案名称为“我的实验 3”，将需要在此方案中放映的幻灯片选中，添加到右侧即可，此方案中添加了 3 张幻灯片，如图 5－31 所示。放映时，在“自定义幻灯片放映”按钮的下拉列表中选择需要的放映方案单击即可开始播放。单击“我的实验 3”方案后，只有此方案中添加的 3 张幻灯片可以放映。另外，选择某个幻灯片后，设置为“隐藏幻灯片”，隐藏的幻灯片不会放映。

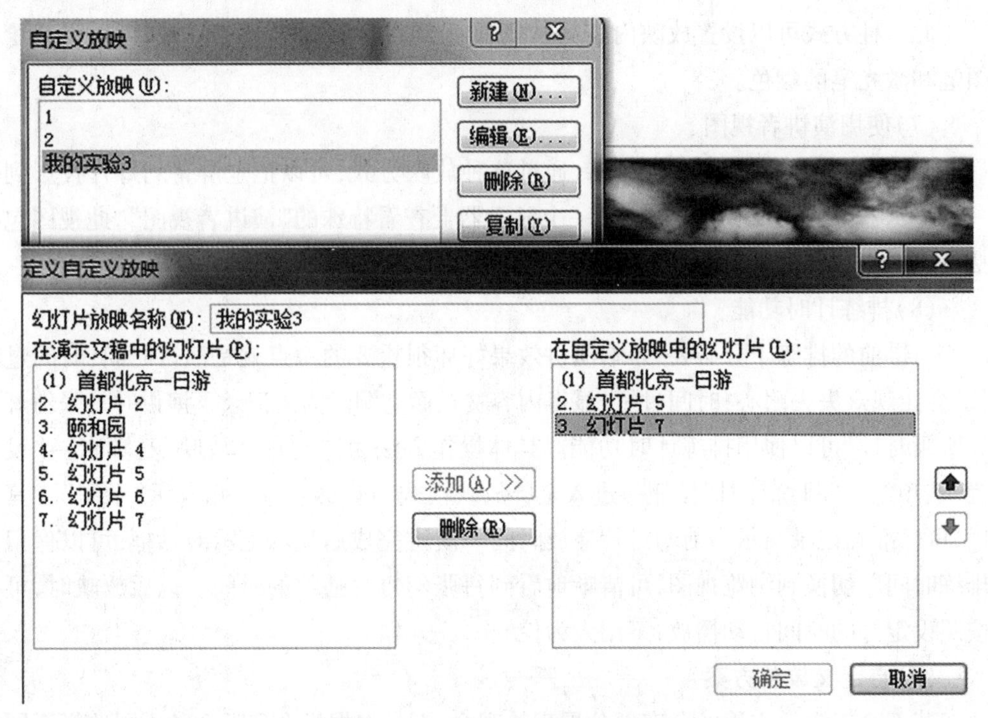

图 5-31　新建自定义放映方案

(10)打包演示文稿

打包就是将独立的单个或多个文件,集成在一起,生成一种可以独立于运行环境的文件。将演示文稿打包能解决运行环境限制、文件损坏等不可预料的问题,打包好的文档可以在没有安装 PowerPoint 2010 的计算机或者版本不兼容的硬件设备上播放。具体的操作方法为:打开演示文稿,“文件”→“保存并发送”→“将演示文稿打包成 CD”→“打包成 CD”→弹出“打包成 CD”对话框→单击“复制到文件夹”按钮→选择存放的位置→单击“确定”按钮,系统自动运行打包复制到文件夹程序→自动弹出打包好的演示文稿文件夹,我们可以看到一个 AUTORUN. INF 自动运行文件,如图5-32、图 5-33 所示,如果打包到可擦写的 CD 光盘上,将具备自动播放功能。

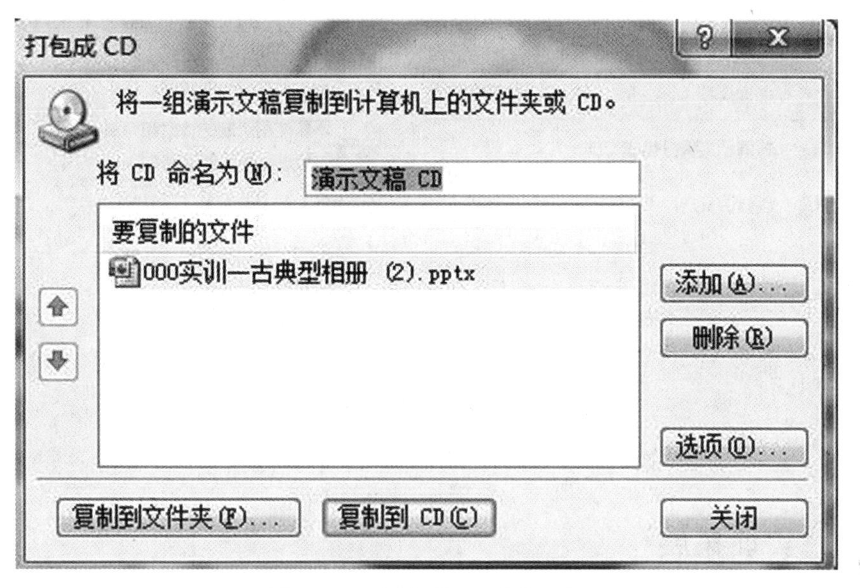

图 5－32　打包成 CD 功能设置

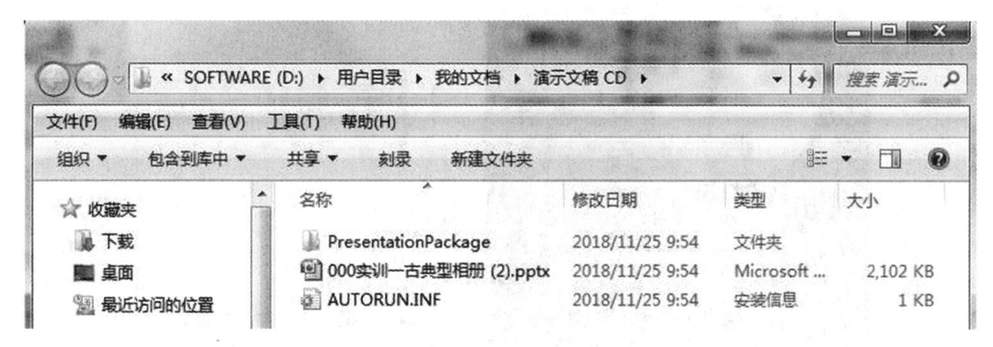

图 5－33　打包成 CD 结果

(11)创建视频文件

在低版本的 PowerPoint 中是不能直接创建视频的,需要借助第三方软件。在 PowerPoint 2010 中可以直接创建视频,具体操作方法为:“文件”→“保存并发送”→“创建视频”,如图 5－34 所示。设置好放映每张幻灯片的秒数后,单击“创建视频”按钮,选择保存的位置和文件名称,即会创建一个 wmv 格式的视频文件,在演示文稿底部就会显示正在转换视频的进度。完成后,会生成一个可以直接播放的视频文件,用解码器就可以实现幻灯片的播放了。这种方法适用于在网络上传播自己制作的演示文稿,或者在没有安装 PowerPoint 软件的设备上观看幻灯片内容,缺点是生成的视频文件很大。

原演示文稿中的动画效果、插入的视频、录制的旁白均可以在创建的视频文件中播放,但是宏以及 OLE/ActiveX 控件等不能播放。

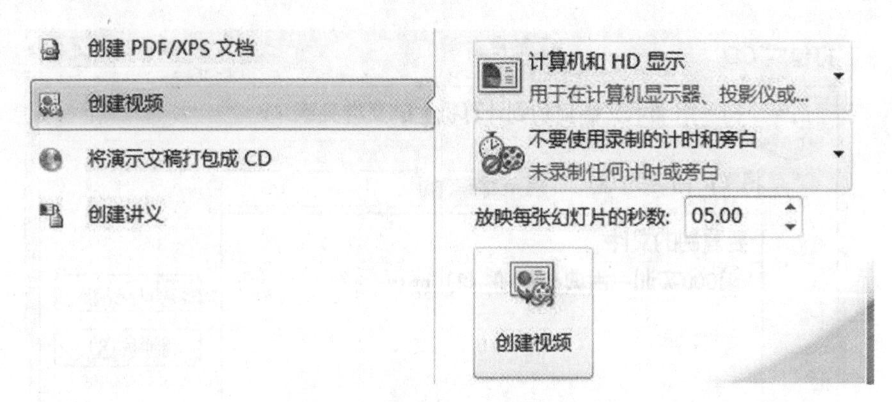

图 5-34 创建为 wmv 视频文件

5.3.4 实训拓展

制作中秋贺卡,结果如图 5-35 所示。

图 5-35 中秋节贺卡效果图

1. 新建版式为空白的幻灯片。

2. 选择"插入"选项卡"形状"选项组中的"椭圆",按住 Shift 键拖拽出正圆。填充为金黄色渐变,如图 5-36 所示。

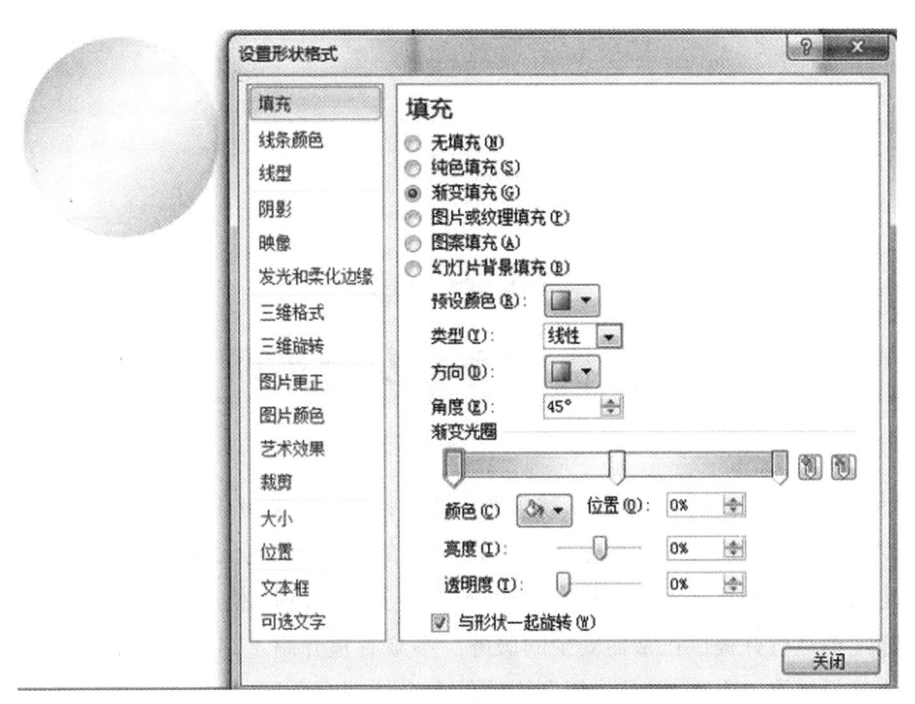

图 5－36 绘制中秋节月亮

3. 插入“矩形”形状,大小为幻灯片的一半,填充纹理为“紫色网格”。

4. 按 Ctrl 键拖拽刚创建的矩形,到幻灯片的右边一半,作为贺卡的另一半。

5. 右击 2 个矩形,设置叠放次序为底层。

6. 将嫦娥、月饼素材加入幻灯片。

7. 打开浏览器,在地址栏中输入 http://www. akuziti. com/,在线生成“中秋节”艺术字,截图放入幻灯片。

8. 插入水平文本框,输入文字“尊敬的:”,字体设置为“华文琥珀”。

9. 输入其他文字,并调整为合适的字体与字号。

第6章
计算机网络及安全实训

计算机网络在经济、军事及文教等诸多领域得到广泛的应用。计算机网络在为人们提供便利、带来效益的同时,也使人类面临着信息安全的巨大挑战。初学者应该掌握一定的计算机网络技术、网络应用技术和网络安全防范技术,以使自己的操作系统安全稳定地运行并提供正常而安全的服务。本章着重介绍了组建网络的基础知识和组建小型局域网的方法,以及如何利用软件安全访问互联网、选用主流的免费网络安全软件进行系统安全优化。

6.1 实训一:组建小型局域网

6.1.1 实训背景

局域网是一个较小地理范围内的计算机网络,如单位的局域网就是由各种相关的通信设备相连接来实现数据通信和资源共享的。局域网一般由不同级别的服务器、工作站,相应数量的网卡,各类网络连接设备等硬件以及对应的网络操作系统和网络通信协议等软件组成。常见的局域网有校园网络、企业网络、办公室局域网等。

Windows 系统提供了一种很方便的局域网连接方式,即工作组联网方式。利用 Windows 系统的这一功能,我们可以把家庭或办公室的计算机连成一个小局域网,不仅可以做到软硬件资源共享,而且可以通过运行 NetMeeting 或其他多屏幕共享工具轻松实现简单的网上会议功能。

6.1.2 实训目的

本实训将 2 至 3 台计算机(Windows 系统)组成一个局域网,实现文件共享、打印机共享等功能。通过本实训,可以熟悉局域网中常用的网络设备,掌握具体的安装、互连和使用方法,从而达到自己组建小型局域网的目的。

6.1.3 实训过程

相关硬件主要包括计算机(带网卡)、双绞线、RJ45 水晶头(接头)、测线仪、网线钳、路由器或交换机。用户可根据需求和局域网的规模大小来选择硬件的数量。

6.1.3.1 网卡

普遍使用 PCI 总线类型的以太网卡,系统自动识别并驱动,无须用户自行设置加载程序。基于目前的网络带宽,普遍选择传输速率为百兆或者千兆网卡。

6.1.3.2 双绞线和 RJ45 水晶头

基于传输的速率和稳定性,普遍采用 5 类或超 5 类甚至更高规格双绞线和 RJ45 水晶头。

(1)双绞线和制作工具

①双绞线

双绞线是一种通信网络传输介质,由 2 根包裹着绝缘材料的铜线按照一定比例互相缠绞组成。其于互相缠绕中自身产生的电信号相互抵消,降低自身串扰的同时,还可以降低其他线缆上的信号对本条线缆上信号的干扰。双绞线如图 6－1 所示。

图 6－1 双绞线

②RJ45 水晶头

水晶头是连接网卡端口、交换机、路由器等网络设备的接口设备。水晶头如图6 - 2 所示。

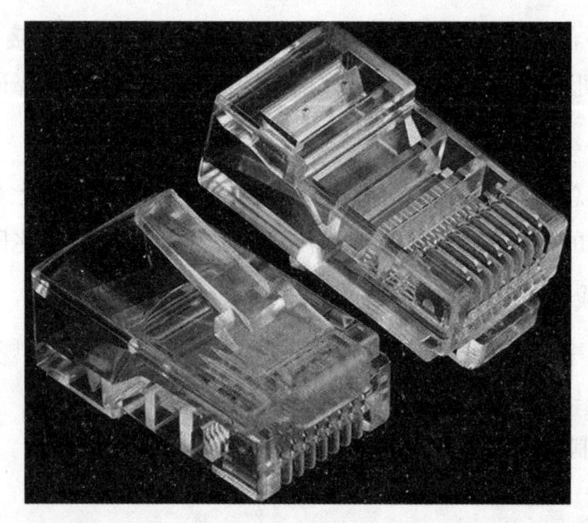

图 6 - 2　水晶头

③网线钳

网线钳的功能是剪断双绞线、剥离双绞线外皮、压制水晶头。网线钳如图 6 - 3 所示。

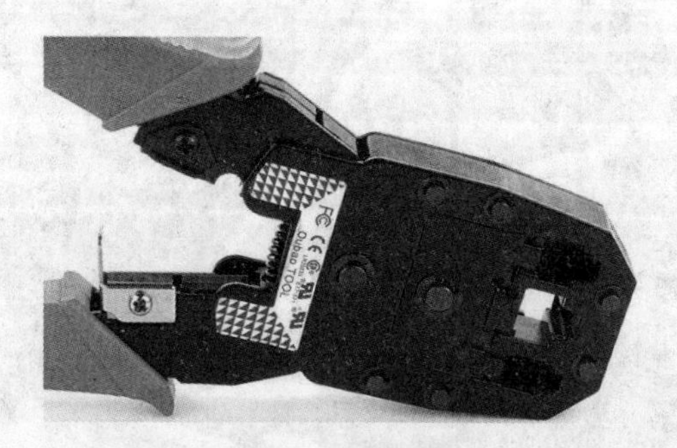

图 6 - 3　网线钳

④测线仪

测线仪是用来测试网线连通性的实用性工具。测线仪如图 6 - 4 所示。

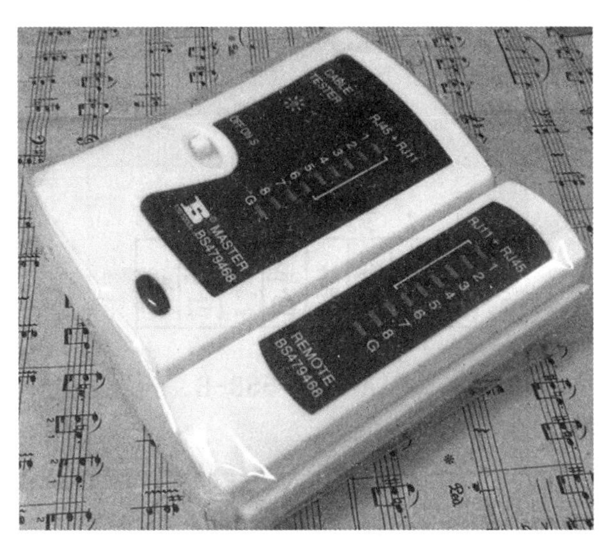

图6－4　测线仪

(2)双绞线制作过程

①EIA/TIA－568制定了EIA/TIA－568－A和EIA/TIA－568－B两种线序标准，EIA/TIA－568－A线序是绿白|绿|橙白|蓝|蓝白|橙|棕白|棕，EIA/TIA－568－B线序是橙白|橙|绿白|蓝|蓝白|绿|棕白|棕。在综合布线施工中，通常采用EIA/TIA－568－B线序，本实训中双绞线制作也是以EIA/TIA－568－B线序为例。

②在网线箱中抽出一段线，利用网线钳或者专用剥线钳把双绞线外皮剥除一段，长度在1.5 cm至2 cm。具体操作中，把双绞线放置网线钳的半圆缺口中，旋转双绞线或者网线钳，利用半圆内固定的刀片将外皮剥除。如图6－5所示。

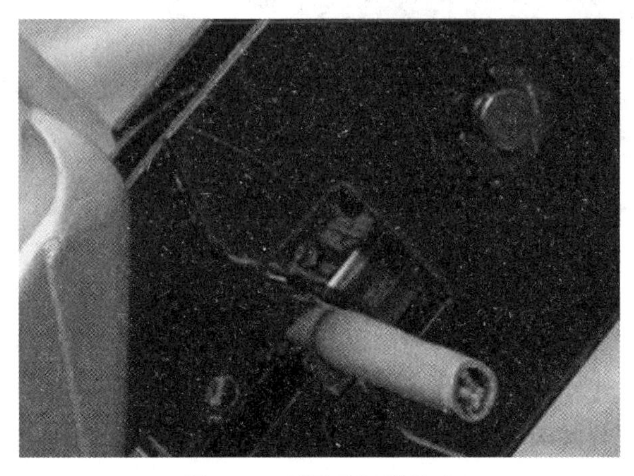

图6－5　剥除双绞线外皮

③将互绕的4对导线分离并捋直，按照EIA/TIA－568－B线序排列整齐。如图6－6所示。

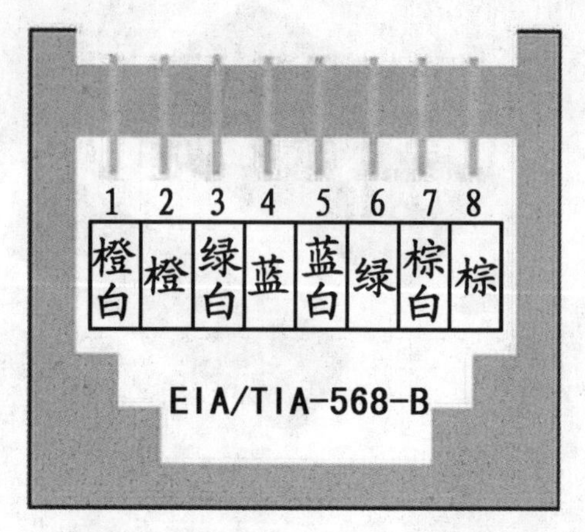

图 6-6 EIA/TIA-568-B 线序排列

④利用网线钳的剪切刀片,剪齐 8 根导线后,水平将其插入水晶头中,插入过程中导线会自动沿着沟槽导入对应槽位中。需要注意的是,一定要确保导线全部插到水晶头的底部。

⑤将带有导线的水晶头插入网线钳的压制槽中,用力压下网线钳,当听到"咔"的声音后,松开网线钳。至此,双绞线的一侧水晶头制作完毕。如图 6-7 所示。

图 6-7 压制水晶头

⑥重复上述步骤,将双绞线另一侧水晶头压制好。直通线另一侧水晶头同样采用 EIA/TIA-568-B 线序,交叉线另一侧需要 1 与 3、2 与 6 位置调换。

⑦使用测线仪测试网线的连通性,将制作好的网线两端水晶头分别插入测线仪的两个空槽中,打开仪器开关,如果两端闪烁的指示灯从 1 到 8 号依次闪烁,则该网线连通性正常。如果身边没有测线仪,也可以利用两台交换机简单测试,如果两台交换机对应的连接端口指示灯绿色亮起,则网线为正常工作。

6.1.3.3 交换机和路由器

若仅将两台机器联网,可以不用交换机或者路由器(采用上述的交叉连线方式)。将办公室内的多台机器联网时可以选择交换机或路由器。常见的设备有4口、8口、16口和24口,可根据局域网的规模和计算机的数量来选择相应端口的设备。使用时将网线两端的水晶头分别插入网卡和交换机或路由器的插孔中,硬件连接完成。

6.1.3.4 系统设置的操作步骤

硬件连接好后,需要对计算机的系统进行相关设置。下面以 Windows 7 系统为例,说明系统设置的操作步骤。

(1)设置网卡参数

网卡一般都为免驱动,或者系统自动识别并加载网卡。如果无法自动加载,可以打开“控制面板”,选择“添加硬件”,利用系统引导添加网卡,也可以下载网卡万能驱动来加载网卡。若网卡正常,则可以在计算机右下角区域看到网卡正常的工作状态(即图标不会有“×”或者“!”标识),否则可能是网卡被禁用或网卡出现软、硬件故障,需要重新启用网卡或者修复。

(2)设置 IP 地址

鼠标右键点击桌面“网络”图标,单击“属性”,跳转到“网络和共享中心”界面,在“查看活动网络”栏双击“本地连接”选项,或直接单击“更改适配器设置”,找到“本地连接”并双击,弹出“本地连接属性”窗口。如图6-8所示。

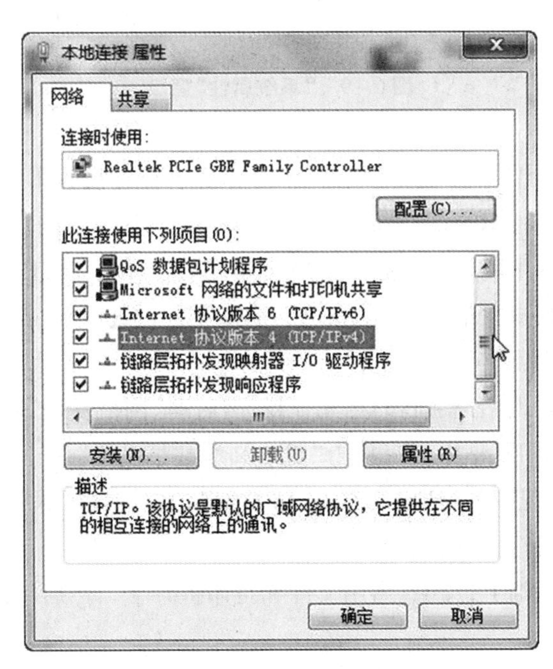

图6-8 “本地连接属性”窗口

找到“Internet 协议版本 4(TCP/IPv4)”选项并双击,弹出“属性”窗口。选择手动设置常规参数,输入 IP 地址和子网掩码。IP 地址一般会根据当前局域网的 IP 段来添加,但同一个局域网中,IP 地址不能相同。或者使用 C 类地址来设置 IP 地址,如 200.200.200. × ×。单击“子网掩码”,一般使用系统默认添加的“255.255.255.0”即可。如果连接外网,输入相应的本地 DNS 即可。确定后启动相关设置参数。当局域网连通时,任务栏上右下角会有连接图标,有数据变化时图标会发生相应的变化。

(3)设置网络标识

鼠标右键单击桌面“计算机”图标,单击“属性”,在“系统”窗口左侧点击“高级系统设置”,在“系统属性”窗口中单击“计算机名”进行相关设置。如图 6-9 所示。

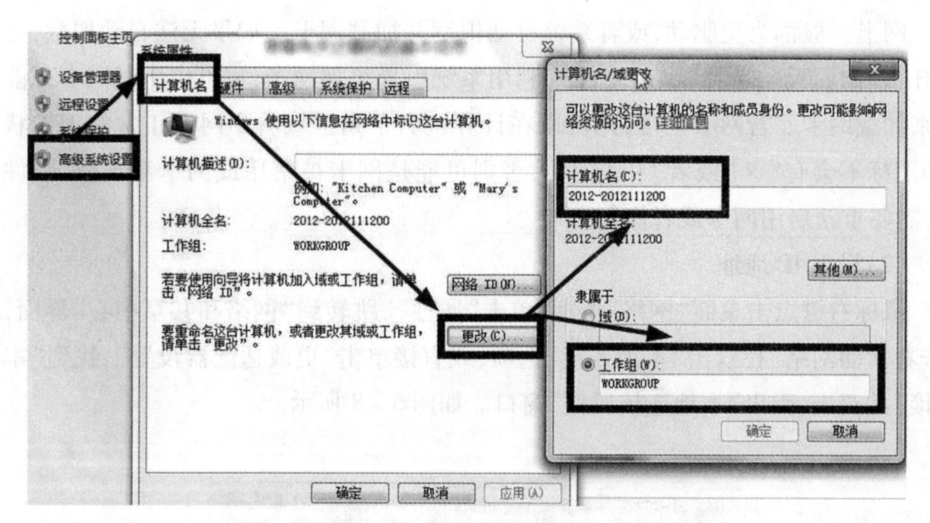

图 6-9 “系统属性”窗口

单击“更改”,弹出“计算机名/域更改”对话框。首先设置本计算机名(不能和其他计算机名相同),方便共享时查找。然后在“隶属于”选项下的“工作组”中输入对应的工作组名。局域网中的计算机必须隶属于相同的工作组,故工作组名一定要一致,否则无法实现资源共享。最后单击“确定”,启动相关设置参数。

(4)设置共享资源

①局域网中要实现用户之间的相互查找,需启动“网络发现”功能。

首先打开“网络和共享中心”,单击“更改高级共享设置”。

然后在“网络发现”栏下选中“启用网络发现”,然后单击“保存更改”按钮。

②启用文件夹与打印机共享。

在上述操作的基础上,选中“启用文件和打印机共享”,然后单击“保存更改”。

③设置共享安全。

为了增强资源共享的安全性,系统还提供了相关的传输加密和密码保护功能,可以设置不同强度的密码来保护数据传输和共享资源。经过上述的硬件安装和系统相关参数设置后,可以实现局域网中用户之间的资源共享。

6.1.3.5　实现资源共享

(1)访问共享资源

双击桌面“网络”图标后,可看到列出的局域网中其他的计算机名称。双击选中访问的计算机名,在弹出的窗口中就会显示该用户所设置的共享文件夹,正常双击访问即可。

(2)发送控制台消息

右键点击桌面“计算机”,单击“管理”,在“计算机管理”窗口中单击“操作”菜单项,选择“连接到另一台计算机”,输入接收消息的计算机名,单击“确定”完成网络连接。

6.1.4　实训拓展

1. 制作一根双绞线并利用测线器测试。
2. 利用路由器组建寝室局域网,要求设置中等强度以上的管理员密码,保证局域网内的主机能够自动获取 IP 并顺利访问互联网。
3. 思考网络打印机的优点及如何设置网络打印机。
4. 局域网中,设置相邻两个主机互访对方的计算机,实现远程登录。

6.2　实训二:浏览器的应用

6.2.1　实训背景

互联网在 20 世纪 60 年代就已出现,随着信息技术的迅速发展, 互联网成为全球重要的信息传播工具之一,为人们的生活、工作和学习提供了各种各样的服务。熟练地使用各类浏览器并利用搜索引擎获取相关资料,是学生必备的操作技能。

6.2.2　实训目的

1. 掌握 Windows 自带 Internet Explorer 浏览器(IE 浏览器)的基本设置方法。
2. 掌握双核浏览器的基本设置方法——以 360 安全浏览器为例。

6.2.3 实训过程

6.2.3.1 IE浏览器

①运行IE浏览器,右上角点击“工具”或按“Alt + X”组合键可设置相关参数。

②点击“帮助”菜单下的“关于 Internet Explorer”,可以查看当前IE浏览器的版本、ID号等信息。

③点击“工具”菜单下的“Internet 选项”,可详细设置IE浏览器的各项参数。“常规”选项卡中,可以设置打开浏览器默认的主页。同时,还可以设置退出浏览器时是否清除相关浏览记录,提高个人隐私的安全性。如图6-10所示。

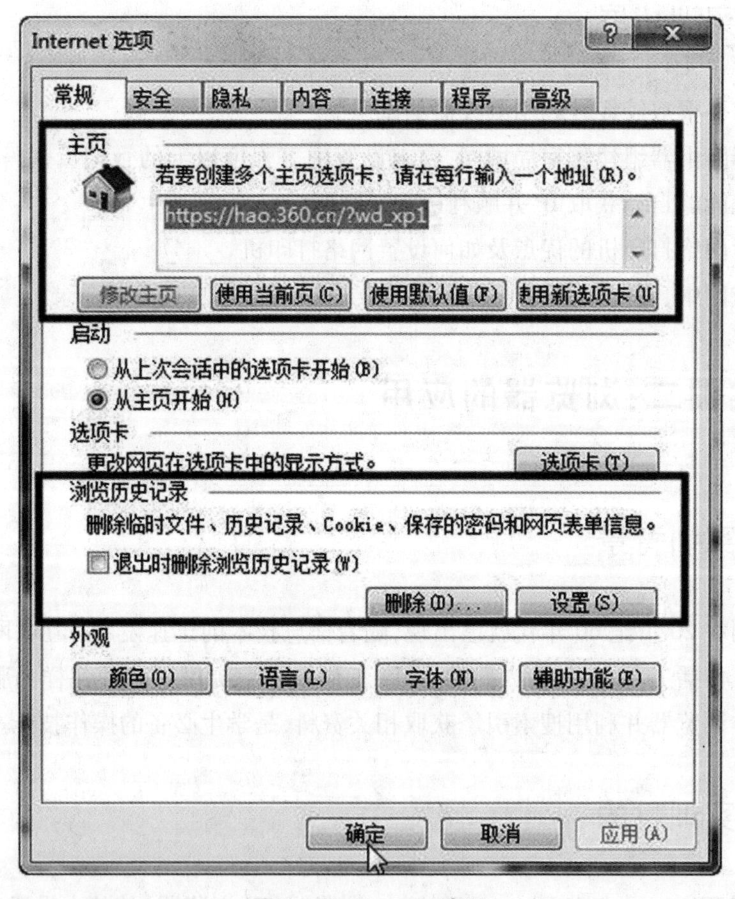

图6-10 Internet 选项

④“安全”选项卡中,可以设置浏览网站的安全等级,添加受信任或受限制的网址,提高系统的安全性。一般默认“中-高”即可,级别过高可能会影响正常网页的浏览。

⑤“内容”选项卡中,可以对“家庭安全”和“证书”进行设置。“家庭安全”主要是为有孩子的家庭设立的功能,用来控制孩子访问网络的权限和使用时间。“证书”的主要功能是验证访问服务器证书的真实性,提升安全性和网页浏览平滑顺畅度。点击“证书”,可以批量导入或导出IE浏览器中的证书,也可以对其进行编辑或删除。

当浏览具体网页时,可以通过地址栏右侧的“小锁头”来查看当前网站证书的相关信息,如图6-11所示。如果客户端的证书采用了双向认证就必须按照网站提示手动导入证书,如网上银行业务,一般会要求用户下载证书,并导入浏览器。

图6-11　查看当前网页“证书”

⑥“程序”选项卡中,可以设置IE浏览器为默认浏览器,即如计算机中有多个浏览器,程序调用浏览器时就会自动运行IE浏览器。

⑦点击“工具”菜单下的查看下载,可以查看程序下载进度和保存位置等信息。

⑧在主页面的右上角,点击“五角星”或按“Alt + C”键可查看、设置、编辑网页收藏夹。其中,“导入和导出”功能可批量导出当前IE浏览器的网页收藏,导出文件可以再次导入其他IE浏览器。

6.2.3.2　双核浏览器之360安全浏览器

浏览器内核主要分为两大类:IE内核和非IE内核。IE浏览器采用的是Trident内核,除此之外即是非IE内核。非IE内核常见的有:Gecko内核,代表为火狐浏览器(Firefox);Webkit内核,即chromium内核,代表为谷歌浏览器;Blink内核,代表为Chrome浏览器、Opera浏览器。目前国内知名浏览器基本上都采用了双核甚至多核模式,如360安全浏览器、傲游浏览器、QQ浏览器等。以双核浏览器为例,当允许非IE内核快速访问网站时,浏览器采用chromium内核等,即极速模式,否则,会自动切换到IE内核,即以兼容模式来访问特定依赖IE内核的网页。

①运行360安全浏览器,点击主页面左上角“e”图标,登录360账号,如果没有可以免费注册。注册账号后可以将网址收藏夹的数据实时地自动上传到云备份,无须像IE浏览器那样进行手动备份,因此不受机器和地点限制。另外,搭配手机360安全浏览器,可以实现计算机和手机两个终端浏览器收藏夹的数据共享,以及手机和计算机

图文资料互传。

②在主页面的右上角,点击"打开菜单"按钮,可对浏览器进行详细的参数设置。

③点击"设置",会跳转到浏览器设置页面,可以对浏览器的基本参数、外观界面、优化、快捷键、安全、广告过滤等进行详细设置,如图 6－12 所示。

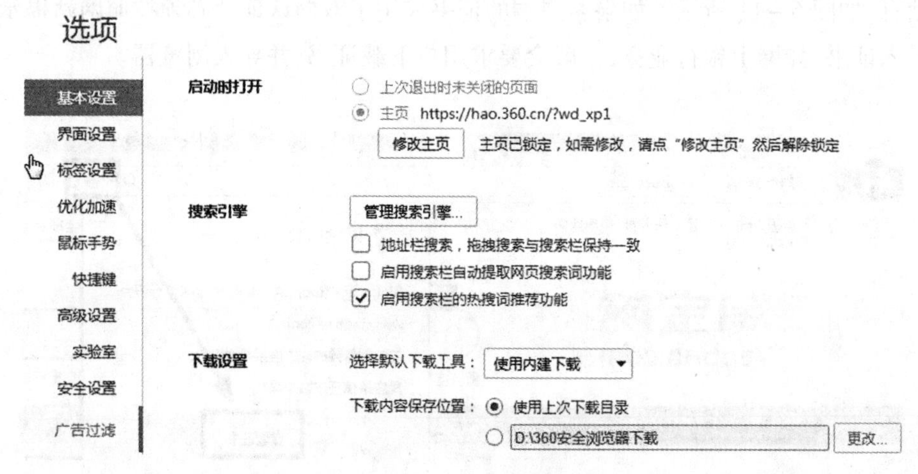

图 6－12　浏览器参数设置

④点击"菜单"下的"保存网页"中的"图片"或"文件"选项,可以把当前浏览网站的内容以图片或者文件的形式保存到指定路径。

⑤鼠标定位到"菜单"下的"收藏",点击"导入/导出",可以将其他浏览器导出的收藏夹数据整体导入 360 安全浏览器中。

⑥相比 IE 浏览器,360 安全浏览器有着比较丰富的插件资源,使用户获得更好的使用体验。通过点击主页面右上角的"管理"按钮,可以管理或添加相应功能的插件。添加功能中,可以通过应用市场来选择不同功能的插件,安装时直接点击即可自动安装。

⑦浏览器的右下角区域为浏览器常用功能快捷键区,分别是"快速修复浏览器""优化、加速浏览器""下载查看""无痕模式上网""用 IE 打开当前相同页面""点击其他网页链接是否跳转到新页面""网页声音开关"和"观看页面比例"等功能。

⑧360 安全浏览器"菜单"下的其他功能与 IE 浏览器类似,不再赘述。

6.2.4　实训拓展

1. 设置浏览器主页为百度。

2. 将搜狐添加至网址收藏夹中。

3. 利用互联网资源搜索所在地的未来天气情况。

4. 信息工程学院学生撰写网络安全方面的毕业论文，需要对互联网国内外现状和网络安全技术进行调查，现要求利用浏览器访问学术网站并下载相关的学术论文。如果计算机没有 PDF 阅读器，请搜索 PDF 阅读器，下载并安装。

6.3　实训三：申请与使用电子邮箱

6.3.1　实训背景

如今人们习惯收发电子邮件（E－mail），电子邮件的特点是传递信息量大，文字、图片、影音文件都可以传递，收发电子邮件用时很短，并且几乎可以在任何时间、任何地点收发电子邮件，给人们的工作和生活带来了极大的便利。常见的有 Web 方式收发邮件和 POP 方式（Outlook）收发电子邮件。

6.3.2　实训目的

1. 掌握电子邮箱的申请方法。
2. 熟练使用 Web 方式和 POP 方式收发电子邮件。

6.3.3　实训过程

6.3.3.1　申请个人电子邮箱

常见电子邮箱有网易邮箱、搜狐邮箱、QQ 邮箱、雅虎邮箱、新浪邮箱、Gmail、Hotmail、Tom 邮箱、Outlook 等。电子邮箱的地址具有唯一性，因此想要收发电子邮件，就需要申请一个电子邮箱账号，即电子邮箱的名称（地址）。电子邮箱账号如图 6－13 所示。

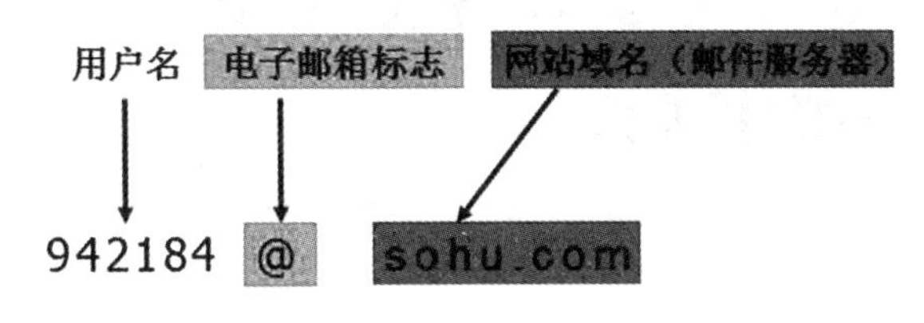

图 6－13　电子邮箱账号

不同邮件服务商的电子邮箱申请流程基本一致,本实训以申请网易邮箱为例。

①浏览器地址栏输入 https://email.163.com/,进入网易邮箱首页。

②首页中,已注册用户可直接输入账号和密码登录,未注册的新用户,点“登录”右下侧的“去注册”,跳转到注册页面。注册时可以通过字母、数字、下划线组合来注册电子邮箱,也可以通过手机号来注册电子邮箱,如果想拥有更高服务规格的电子邮箱,可以注册收费的 VIP 邮箱。注册电子邮箱时,需要填写个人账号等信息,填写时应注意以下几点:

☞ 红色 * 为必填项,内容不能为空。

☞ 电子邮箱账号必须为字母(不区分大小写)开头,可使用字母、数字、下划线,不可以使用运算符号或者汉字,长度 6 至 18 个字符。

☞ 系统自动检测账号是否被其他人注册,如果已经有人注册该账号,需重新填写其他账号。如果用手机号注册邮箱,则不会出现此问题。

填写完毕后,同意“服务条款”和“隐私权相关政策”,方可完成注册。

6.3.3.2 使用 Web 方式收发邮件

①点击电子邮箱首页的“写信”,跳转到发送电子邮件界面。

②在当前页面依次填写收件人电子邮箱账号、电子邮件主题(信件标题)、电子邮件内容(内容可以利用编辑工具对版式进行编辑,工具栏与 Word 类似),添加附件(可上传影音、图片、压缩包文件等)。如图 6-14 所示。

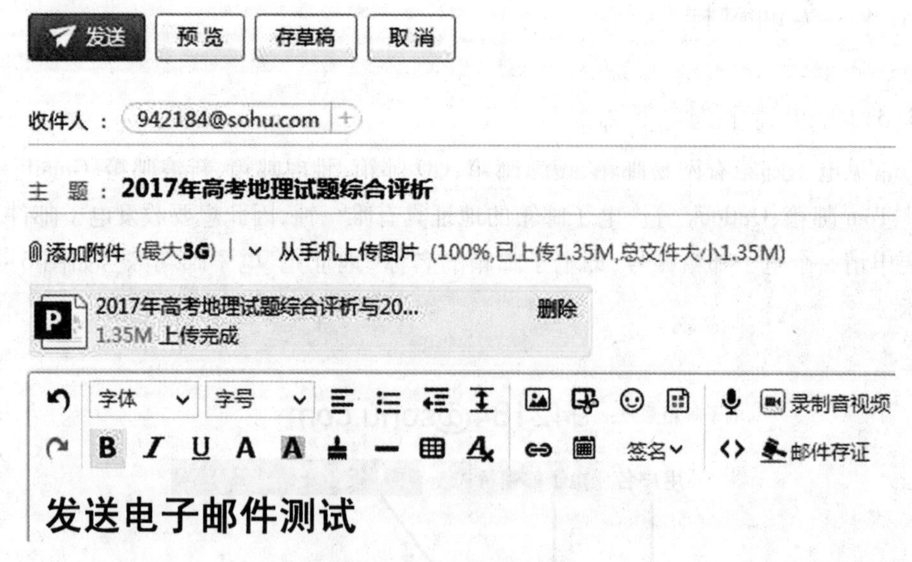

图 6-14 发送电子邮件

③发送电子邮件前，可以对发送条件进行更多设置，如"紧急""已读回执""定时发送""邮件加密"等。最后，点击"发送"即可完成。

6.3.3.3　使用 POP 方式收发邮件

Outlook 是 Microsoft Office 集成的收、发、管理电子邮件的工具软件，同时还具有自动登录后桌面联机收发电子邮件、脱机查看最后一次联网后收到的邮件、管理多账号、管理联系人信息、记日记、安排日程、分配任务等功能。

①运行 Outlook，首次启动出现 Outlook 向导，点击"下一步"，在"账户配置"中选择"是"，后以"电子邮件账户"服务方式添加新账户。

②"添加账户设置"对话框中，"电子邮件账户"选项中输入个人信息和已有的电子邮箱账号和密码。本步骤中，如果对服务器类型熟悉，可以直接勾选"手动配置服务器"选项，并输入相关信息。

③如果配置正确，Outlook 会提示测试成功，新账户添加完毕。如图 6－15 所示。

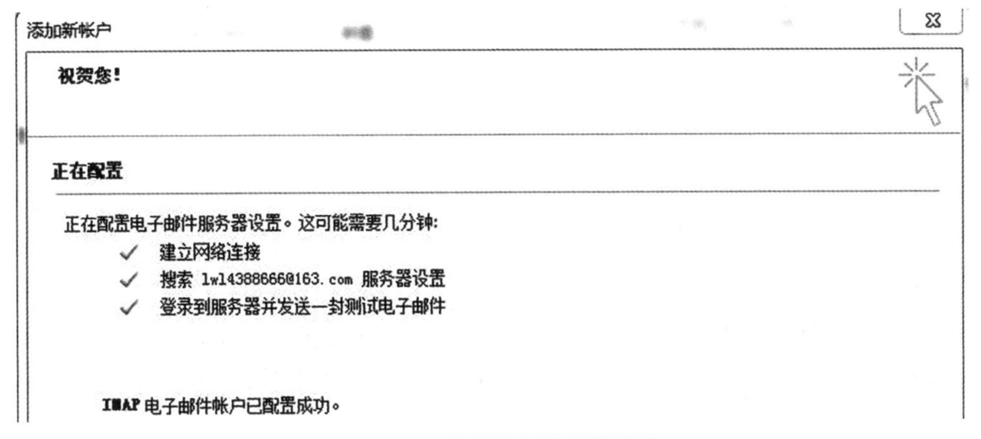

图 6－15　成功添加新账户页面

④点击"完成"，Outlook 跳转到首页，界面会接管 lwl4388666 邮箱账号，负责接收/发送该账号的邮件。按如上操作，可以继续添加其他邮箱账号，实现 Outlook 管理多个账号的功能。

6.3.4　实训拓展

1. 申请一个电子邮箱。

2. 利用新申请的电子邮箱，添加 Outlook 账户，将写好的论文以电子邮件的形式发送到教师指定的电子邮箱中。

6.4 实训四:安全软件的应用

6.4.1 实训背景

当今互联网快速发展,网络安全问题受到广泛的关注。病毒种类繁多、层出不穷,系统、程序、软件的安全漏洞也越来越多。人们在享受信息化带来的众多好处的同时,也面临着信息资料被泄露的风险。因此,网络安全问题越来越被人们所重视。

6.4.2 实训目的

防火墙技术是网络安全的基石,本实训重点介绍单机安全工具的实际应用,以达到保护计算机系统的目的。

6.4.3 实训过程

6.4.3.1 安全软件介绍

国内外有很多知名的安全软件厂商,不同厂商的产品在操作上基本相同。本实训以360安全卫士为例进行介绍,该类防火墙是将软件安装在计算机上,利用网络协议,在不妨碍用户正常使用网络的同时,通过对单机的访问控制进行配置来阻止信息泄露或非法用户入侵。

360安全卫士(11.4正式版)全面兼容Windows 10及Windows 8、Windows 7等操作系统,是一款免费的安全软件。360安全卫士采用5层入口防护,监测传输文件安全性、网址安全性欺诈号码,确保文件及上网安全;7层浏览器防护,自动拦截网页中欺诈信息,定期清理cookies,保护上网安全及隐私安全;1层隔离防护,下载到风险文件和未知文件时,提示在沙箱中运行,极大减少文件风险;7层系统防护,实施拦截恶意程序、盗号木马,提升防御能力,保护系统安全。

6.4.3.2 实现方法

①输入https://www.360.cn/,进入360官网的安全卫士板块,下载360安全卫士。

②安装后运行360安全卫士。其主要功能模块有“电脑体检”“木马查杀”“电脑清理”“系统修复”“优化加速”“功能大全”和“软件管家”等,如图6-16所示。

图 6－16　360 安全卫士主界面

③单击“立即体检”，可对计算机进行全面检测，完毕后单击“一键修复”，即完成对计算机的修复。

④单击“木马查杀”，可以全盘或者定点查杀木马。可以开启五大引擎（360 云查杀引擎、360 启发式引擎、QEX 脚本查杀引擎、QVM 人工智能引擎、小红伞本地引擎）和强力模式，查杀更彻底。

⑤单击“电脑清理”，可以清理计算机运行的垃圾文件、无用的插件和使用痕迹，释放更多磁盘空间和提升隐私安全。

⑥单击“系统修复”，可以修复计算机系统异常，对相关硬件进行驱动安装，及时更新系统补丁，保护系统安全。

⑦单击“优化加速”，可以优化运行速度和网络配置，提高计算机运行速度。通过优化“启动项”可以设置软件是否跟随系统启动。

⑧单击“功能大全”，可以下载更多具有针对性功能的系统工具，全面维护系统。

⑨单击“软件管家”，可以管理（升级和卸载）已装软件，也可以下载其他软件，不必担心软件被第三方捆绑其他非法软件，提升安全性。新版 360 软件管家，还有“净化”软件功能，去除已装软件的捆绑问题。

6.4.4　实训拓展

1. 运行 360 安全卫士，进行一次完整的计算机体检。

2. 利用“优化加速”功能，对操作系统无用的启动项进行禁止处理，加快系统启动速度。

3. 运行“软件管家”功能,下载并安装 WinRAR 压缩工具软件。

4. 运行“功能大全”功能,找到“断网急救箱”功能模块,对当前计算机进行全面的网络检测。

5. 运行“加速球”功能,找到“网速”模块,对当前系统和软件实时使用网络资源(下载/上传)进行限速管理。

第 7 章
常用办公辅助软件实训

前文已经介绍了一些常用的系统软件和应用软件，但在实际的计算机应用中，为了更好地满足工作、学习和生活的需要，往往还需要其他的相关软件，如系统优化类软件等。本章以一些比较经典的功能强大的软件为例进行了较为详细的图文操作讲解，轻松解决日常使用计算机时遇到的常见问题。

7.1　实训一：系统安装和软件优化

7.1.1　实训背景

随着网络和计算机的普及，信息化渗透到各行各业，单纯使用计算机已无法满足人们工作、学习和生活的需要。通过本次实训的学习，初学者能够对计算机进行简单的日常维护和优化，提升实际解决问题的能力，提高学习、工作效率和生活质量。

7.1.2　实训目的

1. 掌握优启通制作装机启动 U 盘和安装操作系统的方法。
2. 掌握一键 GHOST 硬盘版的方法。
3. 掌握驱动精灵驱动计算机硬件的方法。

7.1.3 实训过程

7.1.3.1 优启通软件

PE 系统是具有有限服务的最小 Win32 子系统,可以理解为 Windows Server 或者 Windows 的精简版,拥有以保护模式运行的 XP 系统及更高级别的内核,其功能相当于安装了一个带命令行的图形化界面系统。

第 2 章介绍了常见的制作装机启动 U 盘的第三方软件,本实训以优启通为例来说明具体功能和使用方法。优启通是由国内著名的系统封装和驱动包制作的 IT 天空论坛所发布的一款功能强大的 PE 系统维护工具,集成了服务器版的 Windows Server 2003 和 Windows 8,同时加载傲梅分区助手、GHOST 备份恢复工具、硬盘/内存检测工具、密码破解工具、DiskGenius、MaxDos 工具箱、系统引导修复、数据恢复等功能强大的实用工具。

(1)一键式制作启动 U 盘

①关闭安全软件,以管理员模式运行优启通,插入 U 盘。当系统有多个 U 盘或移动硬盘时,需要注意正确选择 U 盘,可通过 U 盘的盘符和详细信息来判断,确定 U 盘无误,点击优启通主界面的"全新制作"。如图 7-1 所示。

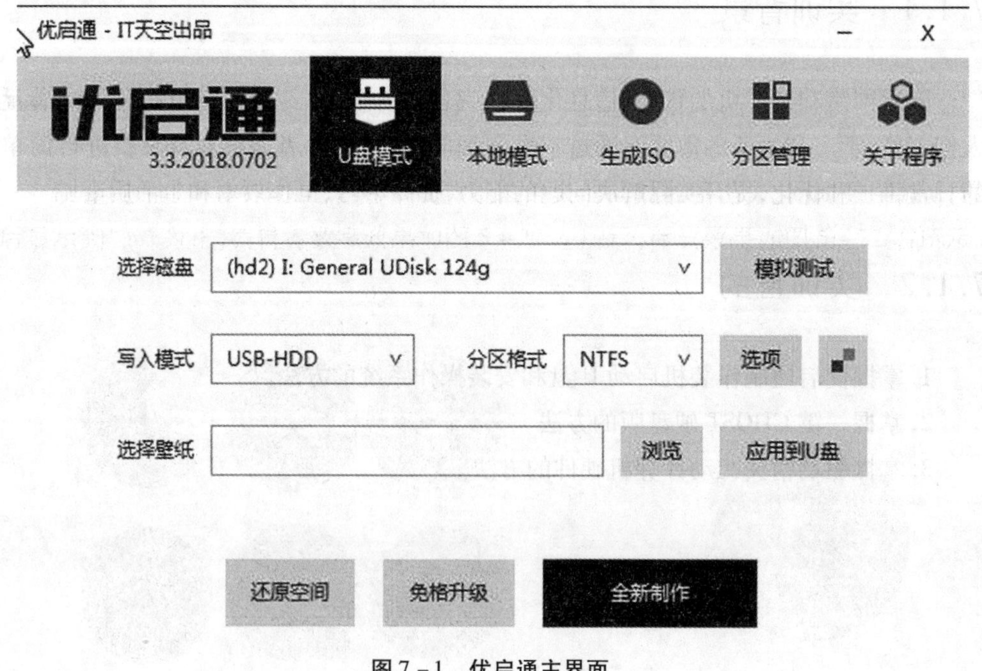

图 7-1 优启通主界面

②接下来软件会弹出"警示"对话框,防止误操作。点击"确定"。

③制作进度界面，有完成进度的百分比和预计完成时间。

④提示装机启动U盘制作完成。

⑤返回主界面，点击“分区管理”，可查看U盘制作后的信息参数。

⑥点击“模拟测试”，选择“BIOS”，可以模拟测试真实环境下U盘的PE启动情况和加载的常用系统维护工具是否正常。制作过程中无异常提示，并且U盘无质量问题，装机启动U盘一般情况下均可正常工作。也可跳过测试环节。

⑦“全新制作”是通过格式化U盘，将系统内核启动和引导文件等DOS系统工具写入U盘。制作后的PE系统默认支持UD隐藏分区（传统BIOS启动区）和UEFI隐藏分区（UEFI启动区）。正常情况下2个隐藏分区不会被病毒感染，普通格式化对隐藏分区的数据也不会造成影响。因此，这种“全新制作”模式既简单方便又比较安全。但是，即便数据存放在隐藏分区，仍然可以通过系统自带的磁盘管理软件或专业软件（DiskGenius）对数据进行查看、编辑甚至格式化，所以要注意装机启动U盘的安全使用。

⑧制作启动U盘时，如果想保存U盘已有数据，可在优启通主页面点击“免格升级”，即在保留现有U盘数据的基础上，一键制作启动U盘。但“免格升级”相比“全新制作”，出现启动异常或其他功能异常的可能性较高。

⑨优启通其他选项功能

☞ 还原空间：将制作启动U盘时所占用的数据空间退还至制作前的空间状态。

☞ 本地模式：与一键GHOST硬盘版相类似，将PE系统安装在当前计算机硬盘上。优点是不用启动U盘即可安装或修复系统；缺点是一旦系统引导文件遭到破坏，程序无法进行加载，无法通过硬盘进行系统安装或修复。

☞ 生成ISO：类似系统安装光盘，U盘之中生成PE系统的ISO镜像，打开U盘能够看到数据，可用于量产、虚拟机等。

（2）安装操作系统

①插入启动U盘，建议将U盘插入机箱后置USB接口（保障有充足的供电量），重启计算机，通过主板快捷键设置USB为第一启动项（设置方法参见第2章）。进入优启通启动页面。

②根据机器的情况，选择第1选项（启动Windows 2003 PE旧机型）或者第2项（Windows 10 PE x64新机型）启动PE。目前，市场主流机器均为新机型，本例选择第1项进入PE系统，启动界面中的其他系统工具的使用方法，限于篇幅原因，这里不做介绍。为避免PE系统桌面凌乱，优启通加载的PE仅仅把常用的系统工具放置在桌面，更多的系统工具可以通过“开始”菜单运行。如图7－2所示。

图 7－2　PE 系统界面

③系统装机软件可以通过 PE 系统内的 GHOST、Easy Image X 或者 WinNTSetup 来加载镜像进行操作系统安装。本文以 Easy Image X 为例进行介绍,GHOST 的使用会在一键 GHOST 硬盘版部分进行介绍。

④在"映像"框中添加安装文件路径,即找到之前解压出来的 WIN7. GHO 的文件路径,进行映像加载。在"硬盘分区"下选择分区 1(C:),即默认系统安装盘符 C 盘。确认无误后,点击"执行映像恢复"。如图 7－3 所示。

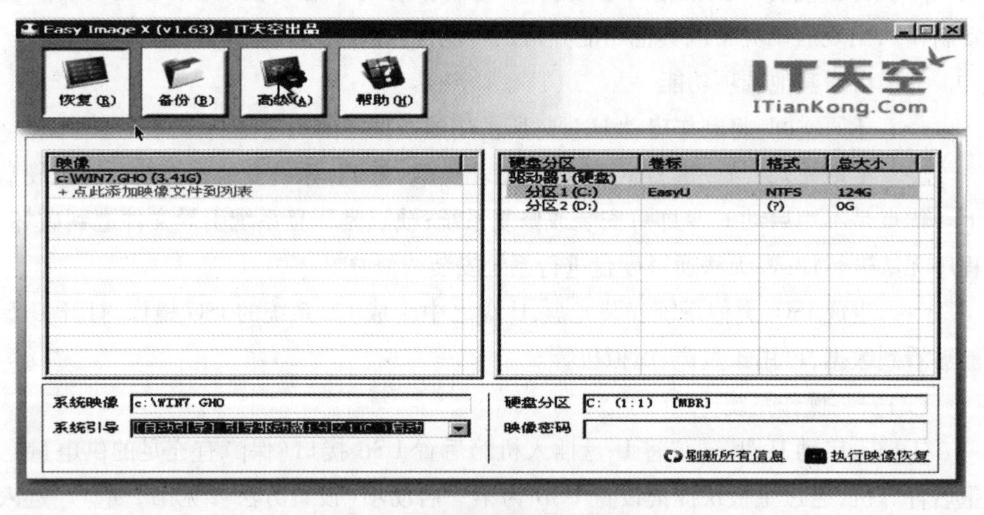

图 7－3　设置映像参数并执行

⑤为避免误操作,Easy Image X 会再次提示相关参数是否正确,确定后才真正开始执行 WIN7. GHO 映像恢复,Easy Image X 将 WIN7. GHO 文件释放至指定的磁盘分区。

⑥映像恢复完成后,关闭 Easy Image X,取出启动 U 盘,重启计算机,系统将全程自动安装,直至 Windows 7 操作系统安装完毕,安装时间一般为 5 至 10 分钟。

7.1.3.2　一键 GHOST 硬盘版

一键 GHOST 是 DOS 之家网站发布的启动盘，目前有硬盘版、光盘版、U 盘版和软盘版，主要功能包括一键备份系统、一键恢复系统、中文向导、GHOST、DOS 工具箱、个人文件转移工具等。可以利用一键备份系统的功能，备份当前系统并生成 GHO 文件，方便系统崩溃后快速恢复至备份时的系统状态。如果系统无法引导加载该程序，还可通过启动 U 盘恢复备份的 GHO 文件。因此，硬盘版适合做启动 U 盘的补充工具。

(1) 运行一键 GHOST 硬盘版，主界面如图 7 - 4 所示。

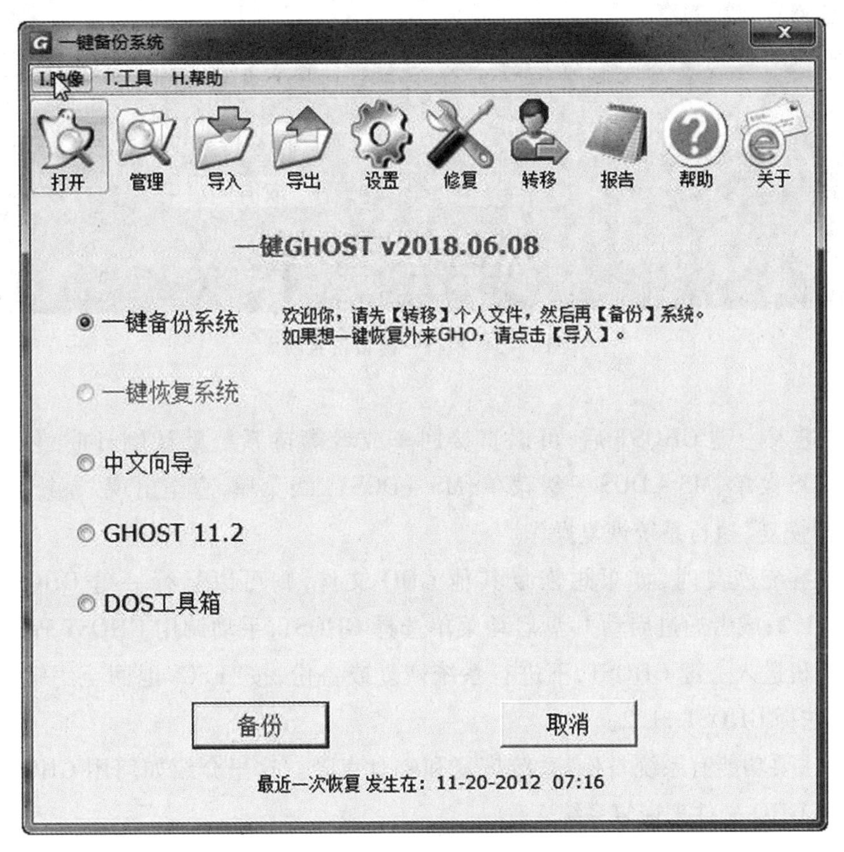

图 7 - 4　一键 GHOST 主界面

(2) 首次运行一键 GHOST，软件会提示运行"一键备份系统"，备份当前系统状态。点击"转移"选项，将 C 盘和桌面相关资料备份至其他盘符（制作或恢复系统时，会造成 C 盘和桌面资料丢失）。

(3) 点击"备份"执行系统备份，弹出系统重启对话框。系统备份文件保存位置在第一块硬盘最后一个分区"\~1"，系统备份的默认文件名为"C_PAN. GHO"。当分区是 FAT 格式时，通过资源管理器无法查看到文件夹内容；如果分区是 NTFS 格式则可防止删除该文件夹，以防止病毒的恶意行为或用户误操作，充分保证备份文件的数据安全。

(4)系统重启会自动进入备份窗口,按照提示进行一键系统备份。

(5)系统恢复时,如果想恢复之前通过一键 GHOST 备份的 C_PAN. GHO 文件,则可以运行一键 GHOST 硬盘版,运行“一键恢复系统”实现,如图 7-5 所示。或者重启计算机,在 Windows 启动菜单选择“一键 GHOST”。

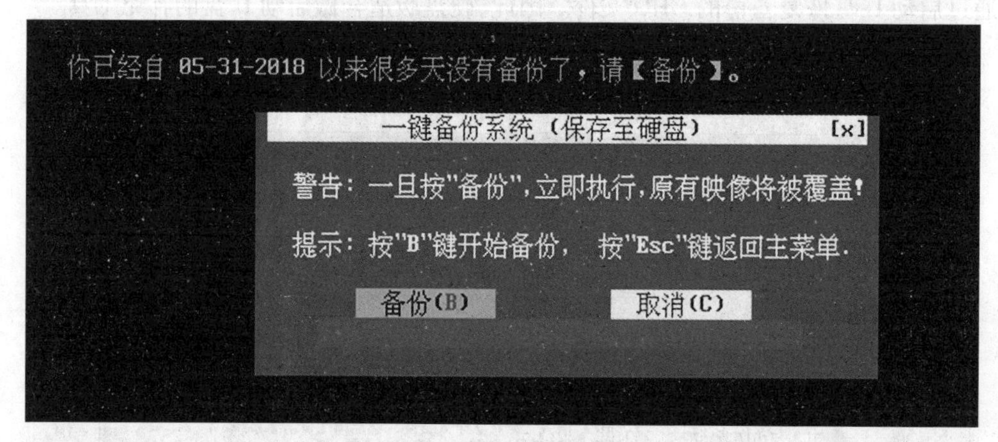

图 7-5　执行一键备份系统

(6)进入一键 GHOST 后,可以直接回车或者等待系统默认倒计时,依次进入 GRUB4DOS 菜单、MS-DOS 一级菜单、MS-DOS 二级菜单,直至出现“系统恢复”窗口,点击“恢复”执行系统恢复操作。

(7)系统恢复时,如果想恢复其他 GHO 文件,则可以运行一键 GHOST 选择 GHOST 11.2;或者通过启动 U 盘启动菜单选择 GHOST,手动调用 GHOST 程序;或者重启计算机进入一键 GHOST,不进行系统恢复或备份,按“ESC”退回至一键 GHOST 主界面,选择 GHOST 11.2。

(8)主要功能有系统备份、系统恢复和磁盘克隆。这里介绍如何用 GHOST 手动选取其他 GHO 文件来恢复系统。

(9)依次选择“local”进入二级菜单分区选择“partition”,再从三级菜单选择“From Image”,从镜像文件中恢复分区(将备份的分区还原)。

(10)在弹出窗口中,找到当前计算机中准备用到的 GHO 文件的存放路径。

(11)由于选取的 GHO 文件中可能含有多个分区,因此需要再次确认。

(12)选择系统恢复目标硬盘,防止系统挂有多个硬盘而误操作。

(13)选择系统恢复目标分区,一般情况下选择“primary”主分区,即默认的 C 盘。

(14)为防止误操作,会再次确认将要执行的参数信息是否正确,点击“YES”。

(15)开始执行系统恢复,完成后选择“Reset Computer”重启计算机即可进入新恢复的操作系统。

7.1.3.3　驱动精灵

目前安装系统主要有两种方法，一种是采用原版安装光盘按步骤安装，一种是采用一键 GHOST 安装。但这两种方式或多或少存在硬件缺少驱动或驱动版本陈旧而影响计算机性能的问题，特别是当新安装的操作系统出现无网卡驱动或网卡驱动错误时，无法下载网络软件资源并进行相关配置，直接影响计算机的正常使用。

驱动精灵是针对计算机硬件驱动升级及系统修复的一款软件，有标准版（充分利用在线网络，文件体积小）和万能网卡版（几乎包含所有网卡驱动，文件体积大）等。万能网卡版可以很好地解决前文所描述的系统硬件驱动问题，故本实训以此版本为例进行介绍。

（1）运行驱动精灵万能网卡版，对硬件不是熟悉的用户可以直接点击“立即检测”进行全面体检。主界面中下部是全面检测所包含的6个功能板块，分别是诊断修复、软件管理、垃圾清理、硬件检测、系统助手和百宝箱，方便用户进行快速操作。在主界面左下角有当前机器型号和操作系统版本，可有针对性地进行硬件驱动和修复，如图7-6所示。

图7-6　驱动精灵主界面

（2）检测完成后，会根据当前系统和硬件驱动情况，将检测结果逐项列举出来供用户进行相关操作。当出现网卡驱动导致计算机无法联网的情况，通过本次检测会自动安装适合当前网卡型号的驱动，轻松解决计算机离线状态下的联网问题，进而更新其他相关硬件驱动。

(3)在“驱动管理”页面,用户可以自主选择硬件进行驱动升级,所有硬件驱动升级时都是全自动安装,升级完毕可能需要重启计算机才能生效。同时,默认的升级版本为稳定版,如果想升级至最新版,可以在左下角进行勾选。

(4)如果是游戏玩家,可以在“驱动管理”页面,点击右下角的“安装游戏组件”,自动检测并安装游戏必备组件,保障游戏正常运行。

(5)“硬件检测”页面,可以显示当前计算机的型号以及硬件的详细信息,并提供导出功能,方便导出硬件信息。

7.1.4 实训拓展

1. 利用优启通制作系统启动 U 盘。

2. 下载并安装一键 GHOST 硬盘版,备份当前系统镜像,复制存放到新制作的系统启动 U 盘指定的 GHO 文件夹中。

7.2 实训二:影音媒体处理软件

7.2.1 实训背景

多媒体技术是计算机必不可缺的主要功能之一,用户无论是工作、学习还是娱乐都要用到文字、图形、图像和音视频等。多媒体已经在不知不觉中深深影响着人们生活的方方面面,特别是借助日益成熟的高速通信技术和人工智能技术,在大数据资源共享和云数据的基础上,多媒体技术正潜移默化地改变人们的工作方式和生活习惯。因此,使用多媒体处理软件,也是计算机用户要具备的技能之一。

7.2.2 实训目的

掌握格式工厂(format factory)的使用方法。

7.2.3 实训过程

格式工厂是一款免费的多媒体文件转换工具,具有专业、丰富的转换功能,主要功能如下:

☞ 支持并转换几乎所有主流类型的视频、音频、图片等格式

☞ 支持电子设备指定格式

☞ 支持转换过程中修复损坏的视频文件

☞ 支持转换图片过程中加入缩放、旋转、水印等

☞ 支持压缩多媒体文件，节省磁盘空间，方便移动设备携带存储

☞ 支持 DVD 视频抓取功能

7.2.3.1　视频转换

①运行格式工厂，点击“视频”进入视频功能区。如图 7－7 所示。

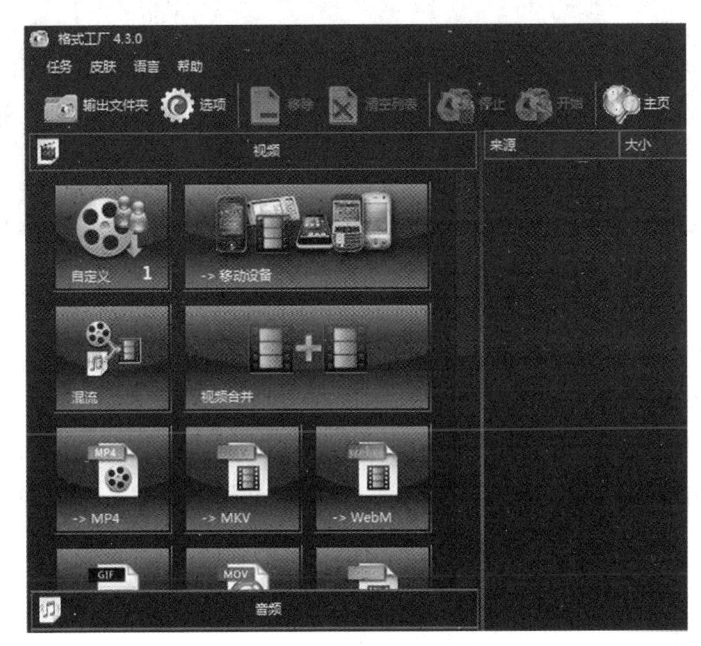

图 7－7　格式工厂主界面

②点击“自定义”或者点击将要转换格式文件对应的模块图标。本例以转换 FLV 格式文件为例，在弹出的 FLV 转换对话框中，添加原文件后按默认参数进行快速转换，也可以点击“输出配置”，设置转换的具体参数。同时，还可以对输出文件夹和名称进行设置，并可以在转换后的视频中添加水印。如图 7－8 所示。

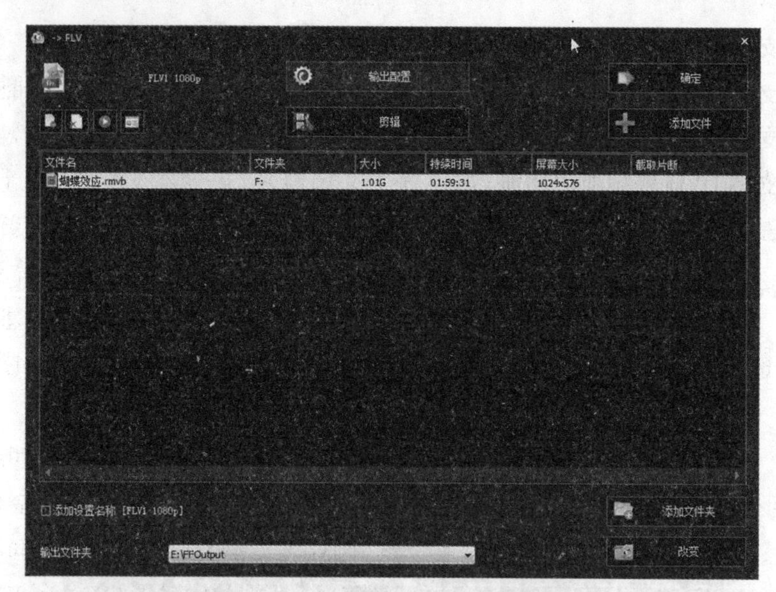

图7-8 设置转换FLV格式参数

③参数设置后,返回到②的操作界面。如果只想对原文件的某一段进行剪切并转换,则点击"剪辑"功能。

④最后返回至主界面,点击"开始",格式工厂开始转换。

⑤混流功能:可以自定义,对视频流进行编辑,并添加其他音频流,实现视频和音频的后期制作。单击"视频"主界面功能区的"混流"模块,即可调用混流编辑界面。

⑥视频合并功能,即对2个或多个视频进行合并,同时可进行格式转换。

7.2.3.2 转换

格式工厂还支持音频转换、图片转换、文档转换和光驱设备DVD/CD/ISO转换,这些转换的操作方式和步骤与视频转换基本一致,本处不再赘述。

7.2.4 实训拓展

1. 利用格式工厂,将任意2段音频合并成1段音频。

2. 利用格式工厂,将1个FLV格式的视频转换成MP4格式的视频,并提取出MP3格式的音频。

3. 使用手机拍摄1段15秒的视频,后期利用格式工厂的混流功能,加入背景音乐。

7.3　实训三:图片处理软件

7.3.1　实训背景

人们对记录生命中精彩时刻的需求从来都没有停止过。19世纪,照相机的出现改变了人们的认知,随着摄影工具的变革,从胶片相机到卡片相机再到智能手机和航拍,人们获取图片的方式越来越便捷。一图胜千言,图片已然成为人们工作和学习生活中的重要组成部分,借助强有力的视觉传播特性和认知优势效应,图片在各个领域起着重要作用。能够对图片进行简单的优化,无疑会对今后的工作和社交起到不可替代的作用。

7.3.2　实训目的

1. 了解美图秀秀之基本功能。
2. 掌握美图秀秀之图片美化、人像美容的使用方法。
3. 掌握美图秀秀之拼图功能的使用方法。

7.3.3　实训过程

美图秀秀是一款免费的图片处理工具,相比专业的Photoshop软件,美图秀秀操作更加简便。美图秀秀拥有的美容、拼图、场景、边框和饰品等功能,可以轻松地解决图片的各种问题,使图片更加完美。

7.3.3.1　基本功能

①运行美图秀秀,主界面如图7-9所示。

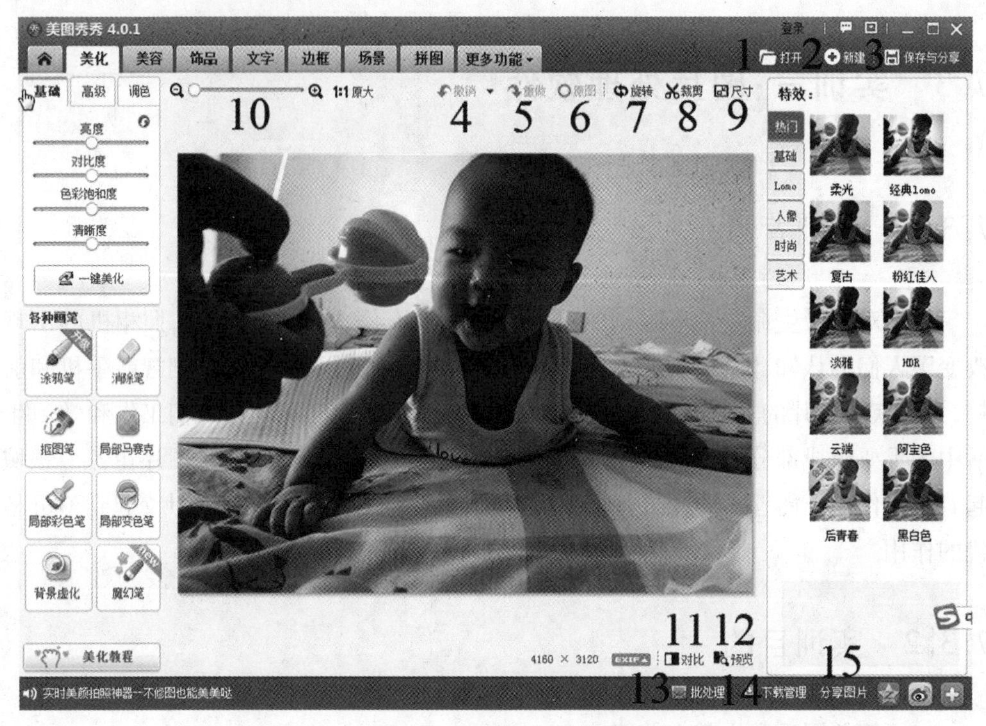

图 7-9 美图秀秀主界面

图 7-9 中,数字代表的功能如下:

1 为打开本地图片,2 为新建背景画布样式和设置像素,3 为保存和分享图片,4 为撤销至上一步,5 为重复上一步,6 为图片恢复至初始状态,7 为调整角度,8 为裁剪尺寸,9 为调整大小,10 为缩放图片,11 为美图前后对比,12 为预览动态图片,13 为启动批处理工具,14 为下载管理,15 为快速分享。

②主界面功能模块,如图 7-10 所示。

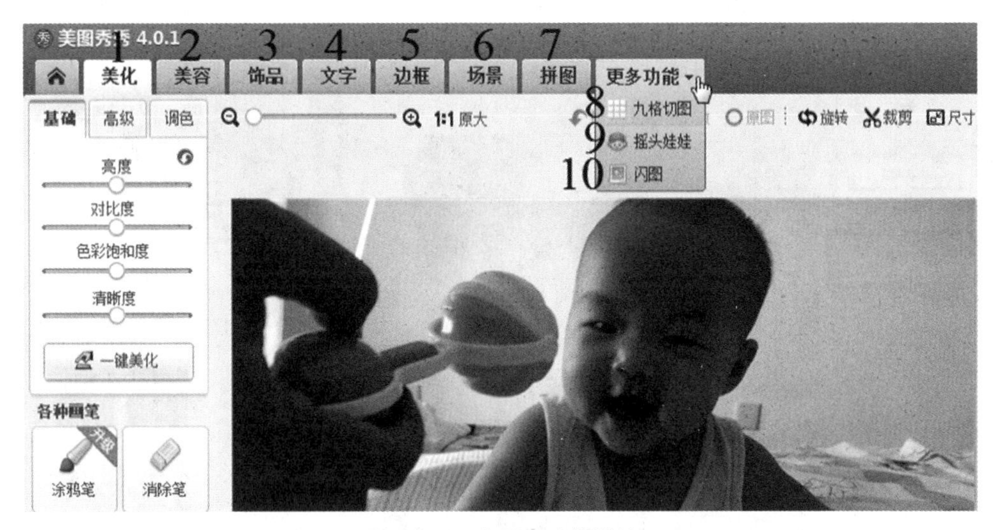

图 7－10　主界面功能模块

图 7－10 中,数字代表的功能如下:

1 为设置基础色调,2 为人物脸部美容,3 为添加饰品,4 为添加文字等,5 为添加各样边框,6 为添加场景,7 为组合图片,8 为九宫格排版,9 为制作摇头娃娃,10 为制作动感闪图。

7.3.3.2　图片美化、人像美容

①点击“美化”功能模块,打开需要编辑的图片。

②点击“一键美化”,可以自动对图片进行基础画质提升,也可以手动对图片进行调色。在右侧“特效”区域,可以选择图片效果,本实训为“时尚”中的“亮红”。另外,还可以利用“画笔”功能,对图片进行背景虚化、马赛克、抠图等处理。如图 7－11 所示。

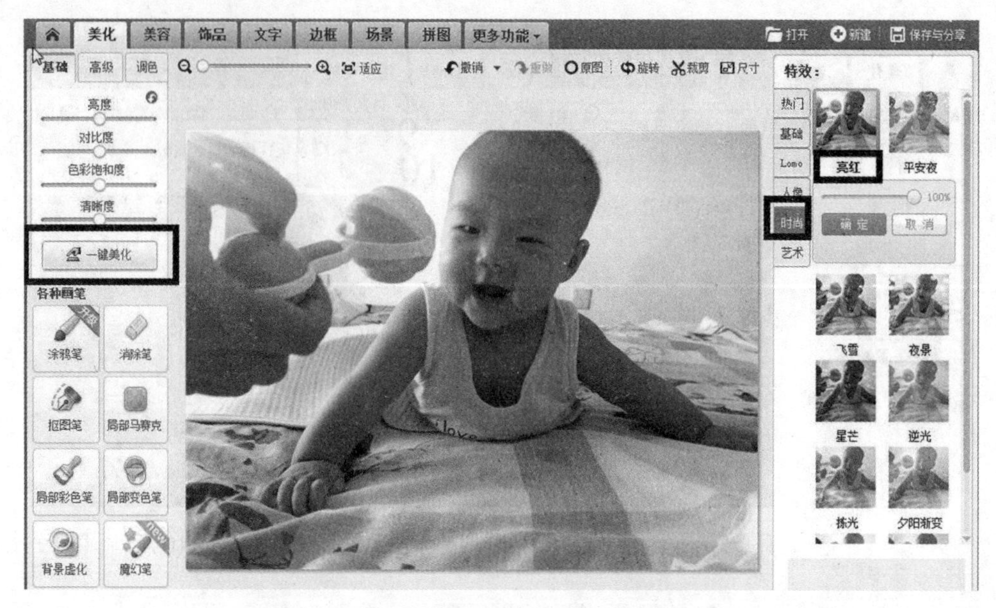

图 7 – 11　“一键美化”和“时尚”特效功能示例

③点击“美容”功能模块,继续对图片进行加工。点击“智能美容”,根据需要选择“自然”或其他效果可实现对人物画质的自动提升。同时,还可以在“美形”“美肤”“眼部”等细节上处理或者添加饰品,如“眼睛放大或变色”“添加眼睫毛或眉毛”“去除黑眼圈或红眼”“染发和唇彩”等。

④最后,还可以为图片添加“饰品”“文字”“边框”等。

⑤美图前后对比,如图 7 – 12 所示。

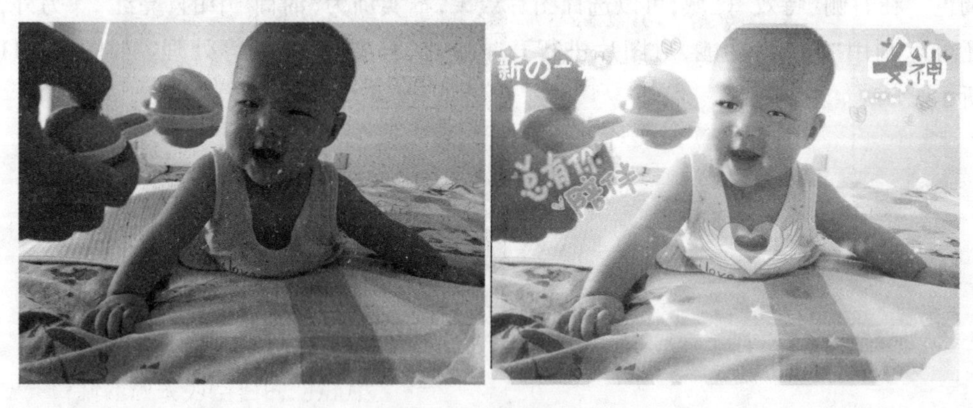

图 7 – 12　前后对比图

7.3.3.3　拼图功能

①点击“拼图”功能模块,添加多张本地图片。

②拼图功能中可以自由拼图,也可以根据美图秀秀提供的模板或者海报进行拼图,还可以进行图片横竖版拼接,以满足不同的拼图要求。

7.3.4　实训拓展

1. 使用手机任意拍摄4张风景照，利用美图秀秀进行相关的效果处理，并对4张图片进行拼图。

2. 选取1张未经过处理的个人半身照，利用美图秀秀进行美颜等处理，并将原图与之对比。

3. 利用美图秀秀的快速生成证件照功能，对上一步生成的半身照进行适当截取，制作电子版的1寸和2寸证件照。

7.4　实训四：专业图像处理软件

7.4.1　实训背景

一寸照片一般作为证件照片。为确保照片质量和人像的尺寸、角度、姿态、色彩等统一，公安部制定并公布了身份证制证用数字相片技术标准(GA 461—2004)，所有照片必须是近期彩色正面免冠头像，头部占照片尺寸的2/3，白色背景无边框，人像清晰、层次丰富、神态自然、无明显畸变。本实训将以最常用的Photoshop软件修改图片，制作成各种底色的一寸照片并排版处理。

7.4.2　实训目的

1. 学会使用Photoshop CS6软件进行简单的照片处理。

2. 学会简单的使用图层和选区的方法。

7.4.3　实训过程

7.4.3.1　实训知识点

(1)Photoshop简介

Photoshop简称"PS"，是专业的图像设计与制作软件，主要处理像素构成的数字图像，使用其众多的编修与绘图工具，可以有效地进行图片编辑工作。

(2)Photoshop操作对象简介

Photoshop的操作对象有2种类型：位图和矢量图。

位图的基本单位是一个小小的正方形，我们称这个小方格为像素，每个像素都有明确的颜色,一张位图就是由许许多多像素组成的。位图的特点是:可以表现出色彩丰富的图像,可逼真表现自然界各类景物,不能任意放大缩小,图像数据量大。

矢量图是由数学方式描述的点、线、面构成的图形。它的特点是:可任意放大缩小,图像数据量小,色彩不丰富,无法表现逼真的景物。

(3)工作界面简介

Photoshop 的界面由菜单栏、工具选项栏、工具箱、图像窗口、浮动面板、状态栏等组成,本实训以 Photoshop CS6 为例,如图 7 - 13 所示。

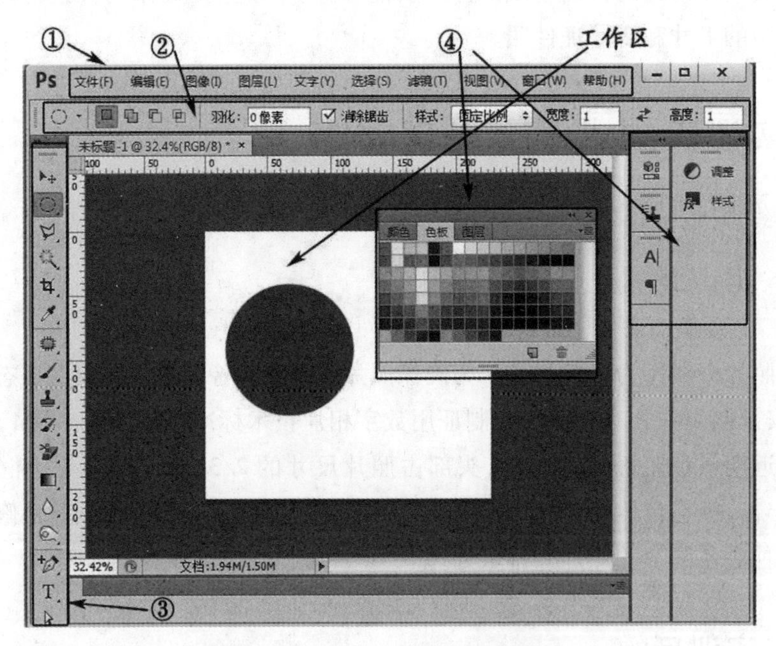

图 7 - 13　Photoshop CS6 工作界面

①菜单栏:有文件、编辑、图像、图层、滤镜等。

②工具选项栏:使用的工具不同,工具选项栏上的设置项也不同。

③工具箱:工具下有三角标记,表示该工具下还有其他类似的命令。当选择使用某工具,工具选项栏则列出该工具的选项;按工具上提示的快捷键使用该工具,按 Shift + 工具上提示的快捷键切换使用这些工具,按 Tab 显示或隐藏工具箱、工具选项栏和调板,按 F 切换屏幕模式(标准屏幕模式、带有菜单栏的全屏模式、全屏模式)。

④浮动面板:可在窗口菜单中显示各种面板。双击面板标题最小化或还原面板、拖动面板标签分离和置入面板,选中合适的操作对象,浮动面板中的内容变为可操作状态。

(4)Photoshop 基本功能简介

①文件的新建、打开、保存、关闭等基本操作

新建:文件→新建(Ctrl + N)。

打开:文件→打开(Ctrl+O),或在文件编辑区域内双击。

保存:文件→保存(Ctrl+S)。

关闭:文件→关闭。

②图像和画布尺寸的调整

图像大小:图像→图像大小(Ctrl+Alt+I)。图像大小是指画布上有多少个像素。

画布大小:图像→画布大小(Ctrl+Alt+C)。画布大小是指整张画布的长和宽。

③图层的基本含义及图层的基本操作

“图层功能”被誉为Photoshop的灵魂。图层在我们使用Photoshop进行图像处理时是最常用到的功能之一。在Photoshop中,一幅图像通常是由多个不同类型的图层,通过一定的组合方式自下而上叠放在一起组成的,它们的叠放顺序以及混合方式直接影响着图像的显示效果。

④选区的作用及使用

选区实际就是选择要处理的部分,绘制选区的工具有:选框工具组(包括矩形选框工具、椭圆选框工具、单行选框工具、单列选框工具)、套索工具组(包括套索工具、多边形套索工具、磁性套索工具)、魔棒工具、快速选择工具。

除了使用选区工具以外,还可以用选择菜单来选择,如在色彩范围窗口中通过吸管点击来选择。

⑤图像颜色的调整

Photoshop提供了多种强大的图像颜色调整方法。

如可以用颜色替换的方法把照片的蓝色背景替换成红色背景。操作方法是:打开图像→调整→替换颜色→选择颜色为原背景色→选择替换结果为红色。

如还可以用调整色相、饱和度的方法把照片的蓝色背景替换成红色背景。操作方法是:打开图像→用魔棒工具选择图像背景选区→图像→调整→色相/饱合度→勾选“着色”→调整色相和饱合度使结果为红色,如图7-14所示。

图 7－14　用调整色相、饱和度的方法调整背景色

曲线调节图像是调整图像的明暗度、曝光度、色阶等最实用、最快速的方法,操作方法是:图像→调整→曲线(快捷键是 Ctrl + M)。

7.4.3.2　实训操作过程

一寸照片是彩色正面免冠头像,头部约占照片尺寸的 2/3,白色(根据实际需要还可以是红色和蓝色)背景无边框,图像清晰、层次丰富、神态自然、无明显畸变,照片尺寸为 25 mm×35 mm。

(1)准备好照片素材

打开 Photoshop 软件,在中间空白处双击,弹出"打开"对话框,选择一张准备好的人物照片素材打开。

(2)设置宽高比

选择矩形选区工具,设置选项栏为独立选区,羽化值为 0(这个很重要),在样式中选择"固定比例"(宽度 25,高度 35),如图 7－15 所示。

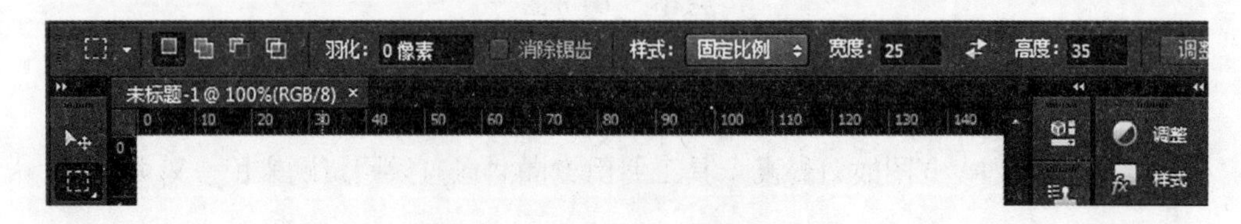

图 7－15　设置选区的宽高比例

(3)制作人物头像范围

在照片上拖拽鼠标,形成合适比例的矩形选区,在英文输入法状态下,按"Ctrl + C"

键，把矩形选区内容复制到剪贴板。

（4）把人物头像制作成照片尺寸的文件

如图7－16所示，执行“文件”→“新建”，在打开窗口中，修改文件名为“1寸照片”，预设为“剪贴板”，分辨率可以设置得高些（设置得越高，保存后文件越大）。

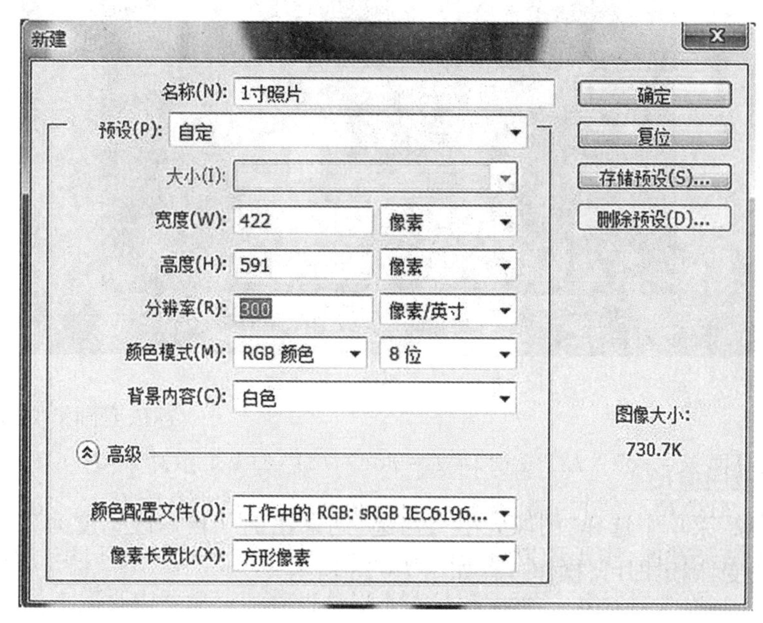

图7－16　“新建”对话框

（5）修改背景图层

在“图层”面板中，可以看到2个图层，其中一个是背景图层，上面有锁头标记。此时，选择背景图层，会弹出“新建图层”窗口，直接单击“确定”即可，把背景图层变为普通图层。注意：按F6键可以显示或隐藏“图层”面板。

设置工具箱中前景色为蓝色，选择原背景图层，按“Alt＋Delete”键，把背景图层变为蓝色。

（6）去掉人物头像自带背景

如图7－17所示，在工具箱中选择魔棒工具，设置容差为20，单击选择图层1，并在人物头像外部自带背景范围处单击，会形成“蚂蚁线”选区（如果背景复杂，需要多种选区工具搭配使用），此时按Delete键，会删除选区内色彩。

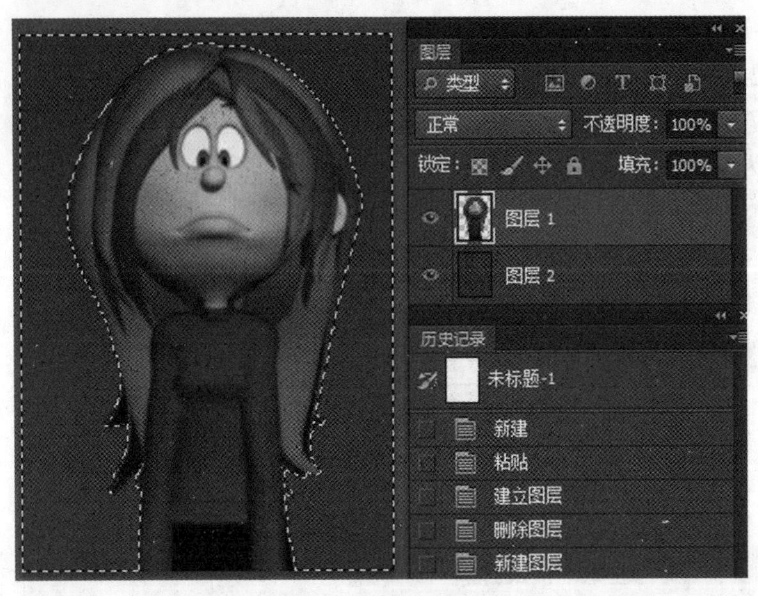

图 7 – 17　删除人物背景

(7)修改图像尺寸

在"图像"菜单中选择"图像大小",勾选"约束比例",再修改宽度为 25 mm,此时高度自动改变,确定即可,操作过程如图 7 – 18 所示。

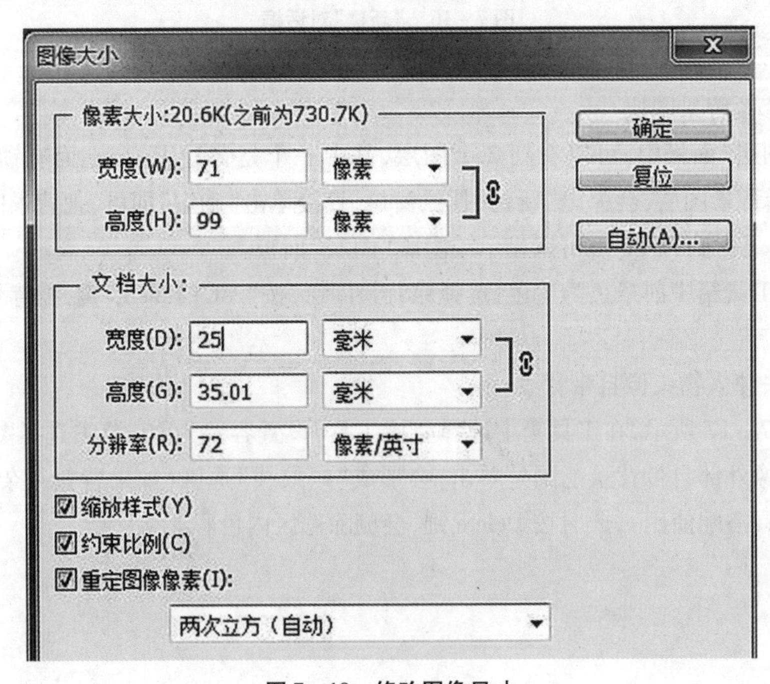

图 7 – 18　修改图像尺寸

(8)保存为jpg图像

在“文件”菜单中选择保存,此时会出现“另存为”对话框,在其中修改文件的名字和类型(jpg格式)。提示:如果不修改保存类型,则会保存为默认的psd格式,此格式是目前唯一支持全部图像色彩模式的格式,但体积庞大,大多平面软件可以通用,其他一些类型编辑软件也可使用,但在浏览器中一般情况下不能直接打开。

7.4.4　实训拓展

利用Photoshop和7.3.4生成的半身照,排版设置1版4张2寸照片和1版8张1寸照片的电子版以备打印。

7.5　实训五:数据恢复软件

7.5.1　实训背景

数据恢复是指当系统或者数据库的数据因诸多原因丢失后,利用专业技术软件或设备进行数据恢复,以保障系统或数据库正常运行的常用手段。对于计算机普通用户而言,各种错误操作、误删除以及对操作系统或软件的不了解而导致的数据丢失极为常见,因此,数据丢失后的数据恢复就显得尤为重要。

7.5.2　实训目的

1. 了解DiskGenius数据恢复及分区管理软件的常用功能。
2. 掌握DiskGenius进行数据恢复的方法。

7.5.3　实训过程

7.5.3.1　DiskGenius数据恢复及分区管理软件

DiskGenius是一款数据恢复及分区管理软件,目前有标准版和专业版,专业版的功能相对于普通版要多,执行速度更快,运算更准确。普通用户可以先试用再注册相应的版本,软件未注册版本的部分功能受限,特别是数据恢复功能,只能恢复小文件。

(1)DiskGenius除基本磁盘分区管理功能外,还提供了丢失分区恢复功能、误删除文件恢复功能、遭到病毒破坏文件恢复功能、误格式化以及分区后的文件恢复功能、分区克隆与还原功能、基于磁盘扇区无限制的文件读写功能、检查并修复分区表错误功能、检测并修复磁盘坏道等功能。限于篇幅,本实训只对数据恢复功能进行操作介绍。

(2)DiskGenius 基本操作界面。

①运行 DiskGenius,主界面如图 7－19 所示。

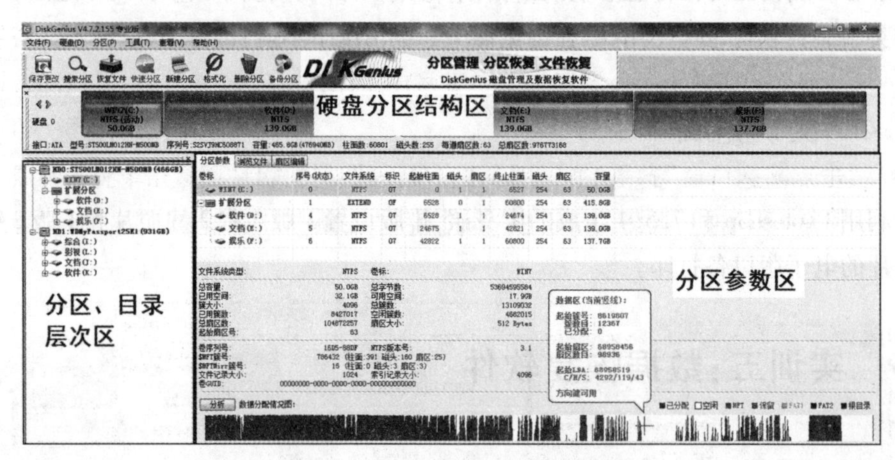

图 7－19　DiskGenius 主界面

☞　硬盘分区结构区采用了不同颜色来显示当前硬盘各个分区以及分区空间的使用情况,用文字显示了硬盘的相关参数。

☞　分区、目录层次区显示了分区的层次以及分区内文件夹的树状结构。

☞　分区参数区的上部显示了"当前硬盘"各个分区的相关参数,下部显示了当前分区的相关信息。

②主界面三个区域属于联动关系,当点击其他分区后,另外两个区域将切换到对应的分区。在分区、目录层次区中点击某个文件夹后,分区参数区将由"分区"转为"浏览文件"状态,显示当前文件夹所包含的文件信息。如图 7－20 所示。

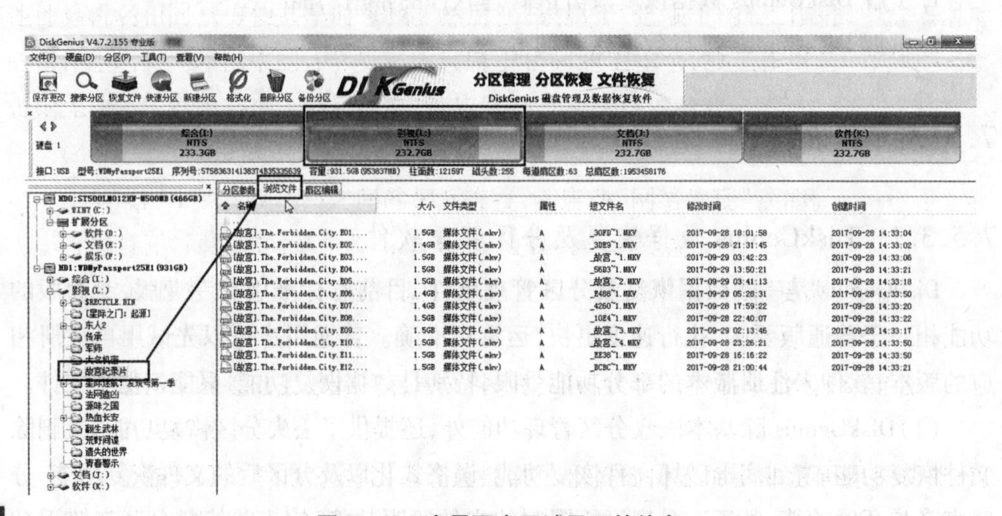

图 7－20　主界面中区域显示的信息

③主界面除常规功能对话框外,其他常用对话框也都支持右键快捷菜单,便于操作。

7.5.3.2 数据恢复的注意事项

由于硬盘的数据可能因各种因素丢失,因此数据恢复的方法也是多样的。

针对不同的情况来采取不同的恢复技术和工具,会有较好的恢复效果。同时,因为硬盘物理特性和数据的不确定性,任何技术或者软件都不能保证数据百分之百完全恢复。数据恢复之前应注意以下几点:

(1)一旦发现数据出现问题,重中之重是立即停止一切读写操作,防止数据遭到进一步破坏。特别是写操作,如创建新的各类文件、删除各类文件。尽量减少常规的系统操作,因为这种操作也会有大量的数据写入。最有效的办法是立即关闭计算机电源(注意,此处为非正常关机,防止关机时相关程序有写操作)。

(2)条件允许的情况下,取下有问题的硬盘挂载到其他计算机上进行数据恢复,这么做的好处是,启动操作系统时不再调用问题硬盘的相关文件进行读写。此外,挂载后也应关闭操作系统的系统还原,并且尽量避免打开问题硬盘上的文件,防止打开文件所新生成的临时文件造成数据的二次破坏。

(3)根据不同的情况,进行相应功能的数据恢复。

7.5.3.3 数据恢复

由于数据恢复具有复杂性和特殊性,这里只做数据的常规恢复介绍。常见的还有分区丢失、误删除文件、误格式化等操作,每种情况需要采用有针对性的恢复方法,避免操作不当导致最终无法恢复数据或者只能恢复部分数据。

(1)分区丢失(重建分区表)恢复

①分区丢失的典型特征是通过“我的电脑”无法查看到某个分区的盘符,只显示“未分配”或“未指派”。如果通过“磁盘管理”工具能够查看到分区但没有盘符,这种情况不是分区丢失,重新指派盘符即可。一般情况下,单纯的分区丢失并不会造成数据损坏,恢复后就可以正常使用。

②选中要恢复分区的磁盘或已丢失分区所在的空闲未指派空间,点击“搜索分区”按钮,设置搜索参数,如图7-21所示。

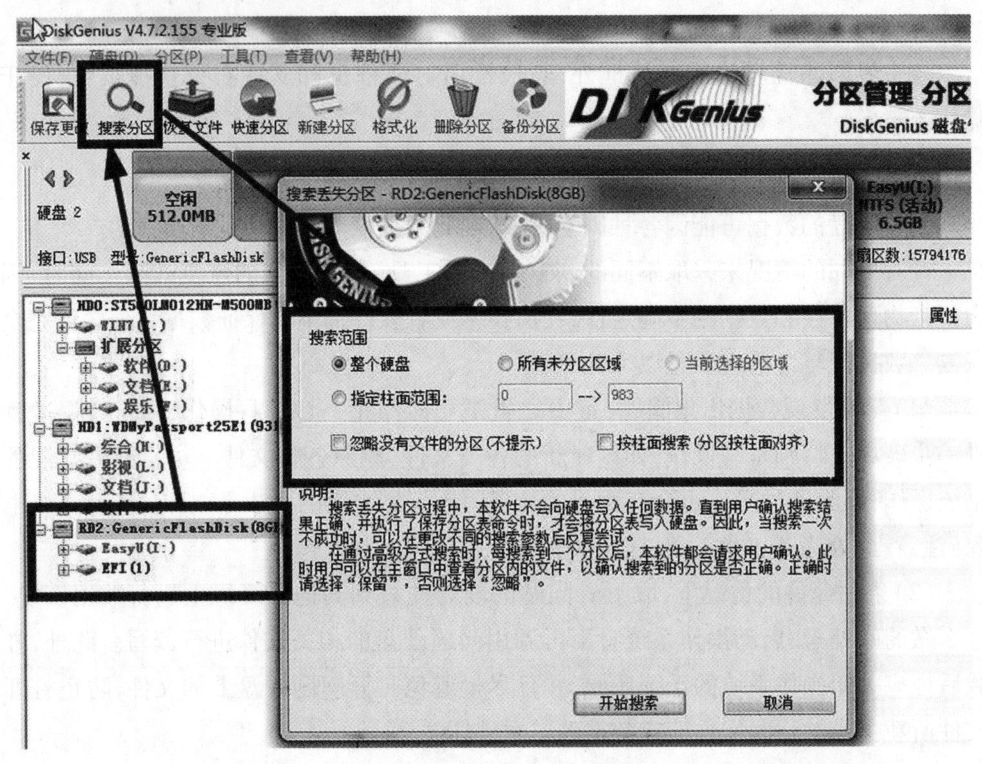

图 7 - 21　设置分区搜索参数

关于“搜索范围”的说明:

☞　整个硬盘:硬盘中所有的分区都已丢失或者分区表都已被完全破坏。

☞　所有未分区区域:硬盘中只丢失了部分分区。

☞　当前选择的区域:仅在当前选择的区域丢失了分区,其他分区都正常。

☞　指定柱面范围:知道已丢失分区的大概位置,直接在指定柱面范围内进行分区搜索,可节省大量时间。

③点击“开始搜索”,进入搜索地址的分区进度界面。当搜索到一个分区后,会提示用户是否保留此分区。用户可根据分区情况(如文件名称、文件内容)确定是否是所需要的分区,确认正确后点击“保留”,否则点击“忽略”继续搜索分区。搜索结束后可直接恢复或复制导出分区的相关数据,或者搜索完成后执行“保存更改”保存分区表,分区均可被操作系统正常识别并访问。搜索分区结果示例,如图 7 - 22 所示。

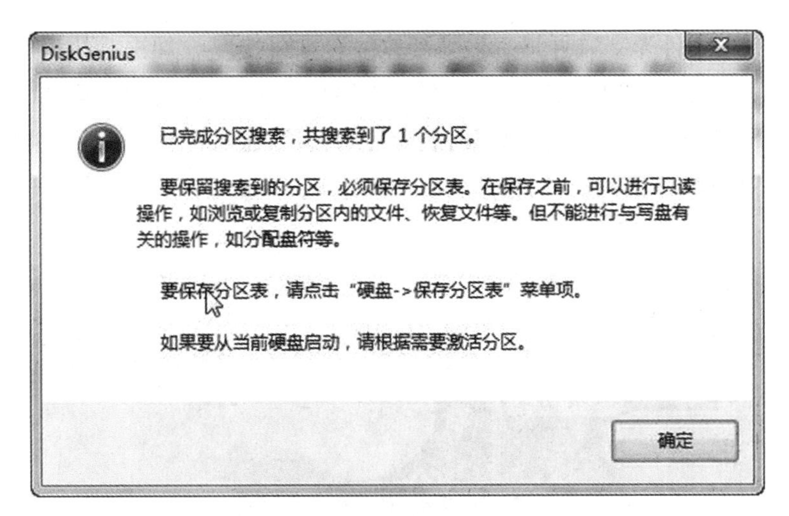

图7－22　搜索分区结果

如果 GHOST 恢复系统误操作将磁盘恢复成一个大的整块分区(硬盘只有 C 盘，无其他盘符)，可按上述操作搜索分区，当发现分区时选择“忽略”不保留当前分区，继续搜索其他分区(D、E、F 等)直至搜索到所有分区，这时可以复制导出数据，或者执行“保存更改”后重新安装操作系统到 C 盘，其他盘符均不受影响。但这种情况恢复数据的成功率与 C 盘的文件系统类型有关，由于 FAT32 格式的数据是按顺序使用的，因此 FAT32 格式恢复数据的成功率较高；而 NTFS 格式的数据并不是按固定顺序使用的，因此有可能存在 GHOST 恢复系统将 C 盘恢复到硬盘时破坏了其他盘符数据的情况，从而影响部分数据的恢复。

(2)误删除文件恢复

①本环节以 7.1 中制作的启动 U 盘为例，提前在 U 盘里创建了不同类型、大小的测试文件，并将测试文件不经回收站直接删除，进行数据恢复演示。如图 7－23 所示。

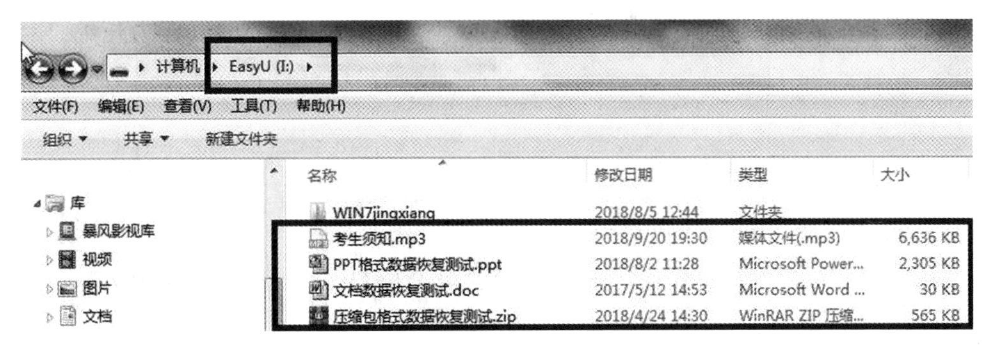

图7－23　创建测试文件

②运行 DiskGenius，选择恢复的盘符，点击“恢复文件”。在弹出的对话框选择“仅恢复误删除文件”。如果误删除文件后文件所在的分区有新的写入操作，则可以加选

"额外扫描已知文件类型",并可以设置要恢复的文件类型。加选此功能对恢复照片和 Office 文档效果较好,但找到的文件名是以序号显示的,需要通过预览确认后再复制导出。由于扫描文件类型速度较慢,花费时间较长,建议先不选中此功能搜索一次,如果没有发现需要恢复的文件,再选用此功能。操作如图 7-24 所示。

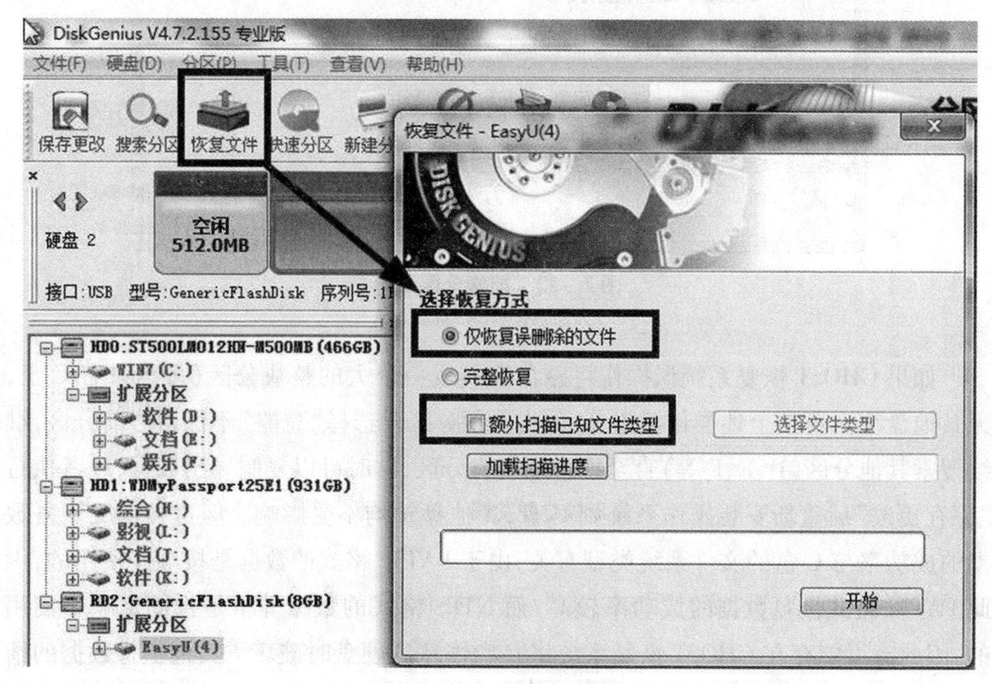

图 7-24 设置搜索参数

③点击"开始"执行搜索,搜索结果如图 7-25 所示。搜索出文件后,可以看到文件列表"属性"栏中标出了已删除文件的属性。其中,字母"D"代表的是已删除文件,字母"X"代表的是文件可能已被部分或完全覆盖,完整恢复的可能性较小。其他字母对应的文件属性分别是:R 为只读,H 为隐藏,S 为系统,A 为存档,C 为压缩,E 为加密。

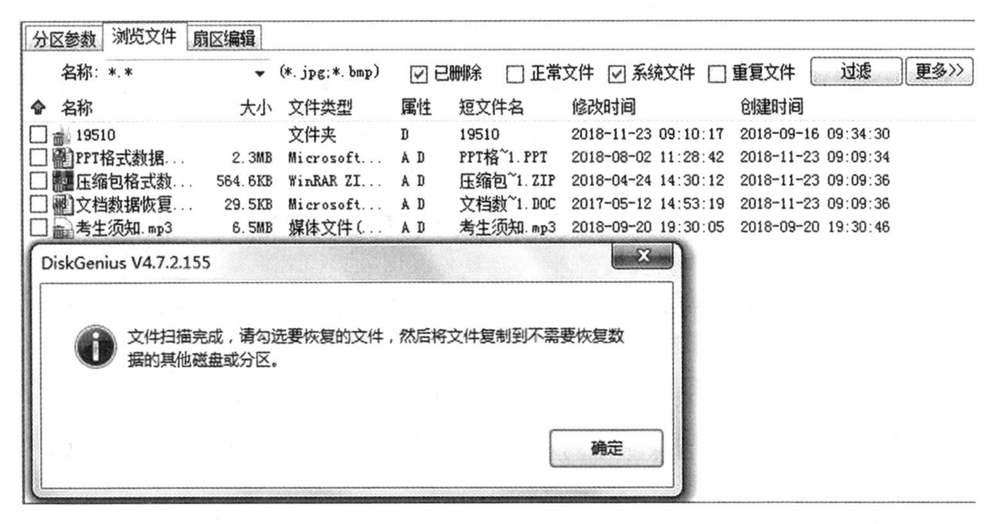

图 7－25　误删除文件搜索结果

④选择搜索到的文件，光标可以移动到该文件区域点击右键，利用“预览”功能查看文件内容。恢复文件时是选中文件后点击右键，选择恢复文件的路径即可。

(3)误格式化分区恢复

①本环节以 7.1 节制作的启动 U 盘(8 G)为例，选中该 U 盘，点击“恢复文件”，在“恢复方式”中选择“完整恢复”。可以先普通搜索一次，根据结果再选择是否加载扫描文件类型功能重新搜索。

②点击“开始”进行完整搜索，由于是恢复整个分区，即使不选扫描“文件类型”功能，搜索时间也相对较长。搜索结束后，主界面左侧视窗可以浏览搜索到的文件夹，右侧显示对应的文件夹内的具体内容，可将恢复的文件选中并导出。如图 7－26 所示。

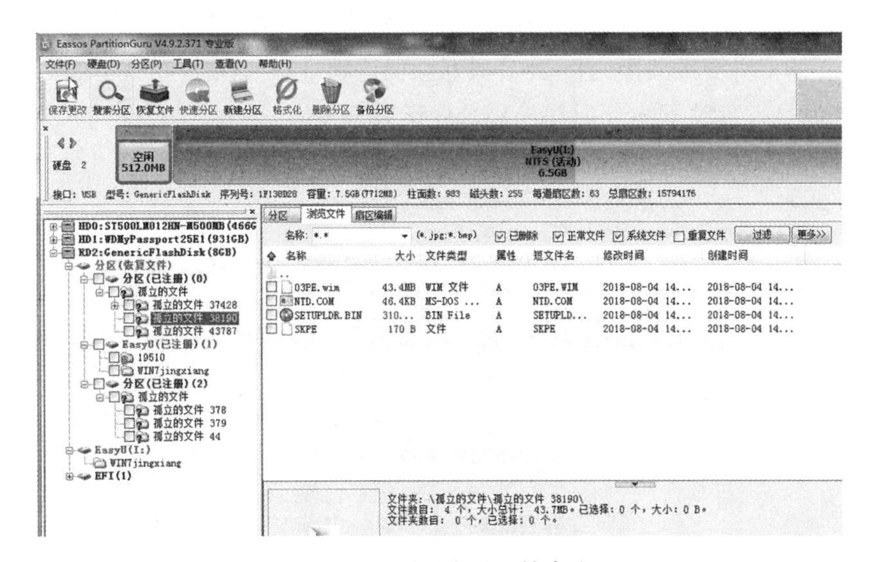

图 7－26　误格式化分区搜索结果

7.5.4 实训拓展

1. 利用 U 盘或者硬盘,模拟数据误删除或者格式化误操作的情境,使用 DiskGenius 恢复指定的数据文件。注意,如果对 U 盘或者硬盘进行格式化操作,一定要确定当前数据是否备份,防止数据丢失。

2. 外挂第 2 块硬盘,使用 DiskGenius 对其重新进行硬盘分区,分成等大的 4 个分区。

3. 使用 DiskGenius 分区菜单中的备份分区表功能,对当前硬盘分区进行备份。

4. 使用 DiskGenius 硬盘菜单中的坏道检测与修复功能,对当前硬盘进行健康检查和修复。

第 8 章
常用办公辅助设备实训

本章简单介绍一些比较常用的办公辅助设备，如打印机、扫描仪、刻录机、影印一体机等的使用方法。

8.1　实训一：打印机的使用

文件排版后，可以通过打印机终端输出到纸张上，本实训以 HP LaserJet P1007 打印机为例，简单说明打印机的安装与使用。

8.1.1　了解打印机的结构

购买打印机后应该获得打印机、硒鼓、电源线、数据线、随机光盘、指导手册、保修卡等部件。

8.1.2　了解打印机各部位的名称和作用

了解打印机各部位的名称和作用能更好地使用打印机，打印机前视图如图 8 - 1 所示，按序号顺序分别是：正面向下出纸伸长托板、控制面板、电源开关、手动进纸槽、手动进纸导板、正面向下出纸托盘、前盖。

图 8－1　打印机前视图

打印机后视图如图 8－2 所示,按序号顺序分别是:打印机散热板、数据线、电源线。

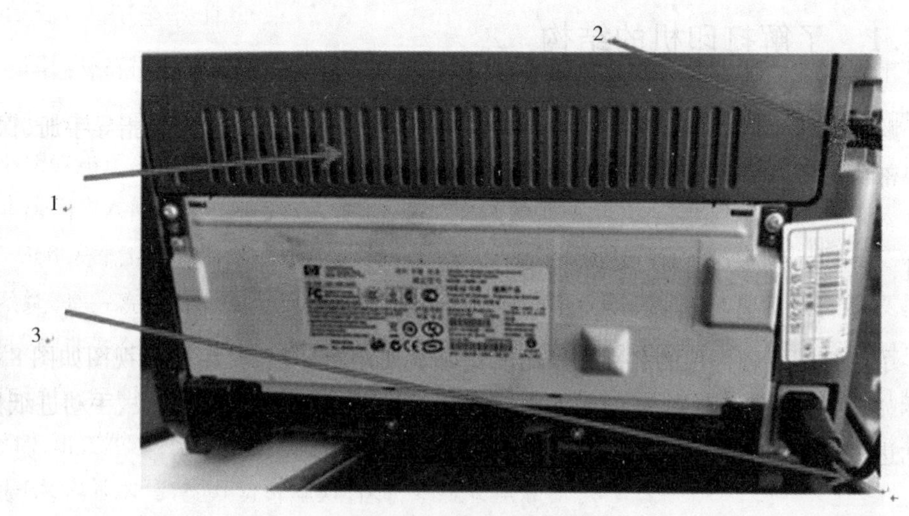

图 8－2　打印机后视图

8.1.3　连接打印机到计算机

打印机连接到计算机的方法非常简单,在打印机后视图中可以看到,打印机后有

2 个接口:一个是打印机自身的电源,为三向接头;另一个接口连接数据线,数据线的另一端连接到计算机的 USB 接口。连接完毕,给打印机供电,此时计算机会显示发现新硬件,需要为新硬件安装相应的驱动程序,打印机的驱动程序是将数据从计算机格式转换成打印机需要的特定格式的软件。打印机购买时有随机光盘,里面有相应的驱动程序,另外,也可以根据打印机具体型号上网查找相应的驱动程序。

8.1.4　更换硒鼓

打印机没有墨时,控制面板上的灯会发亮报警,此时需要更换硒鼓。把正面向下出纸托盘边缘向上抬起,会看到打印机硒鼓。伸手慢慢把硒鼓取出,放入新的硒鼓,注意区分正反面。同样,如果发生打印机卡纸现象,也需要用此方法先把硒鼓取出,会看到卡住的纸张在硒鼓取出后的凹槽位置,取出即可。

8.1.5　打印操作过程

8.1.5.1　单面打印

在打开的 Word 文档中,依次点击文件、打印,快捷键是“Ctrl + P”,可以显示本计算机能连接到的所有打印机名称,我们选择 HP LaserJet P1007,再选择下面的“单面打印”。手动输入要打印的页数。

另外,可以设置打印方向为横向或纵向、纸张的大小和页边距等。点击页面设置,可以弹出“页面设置”窗口,有默认的上下左右页边距、装订线位置,也可自己进行调整。

在“页面设置”窗口中的“文档网格”页面,可以设置网格、指定每页文本的行数和每行文本的字符数,行数和字符数最大值与“字体设置”中的文字大小有关。具体设置如图 8 - 3 所示。设置好后,按“Ctrl + P”键,点击“打印”即可。

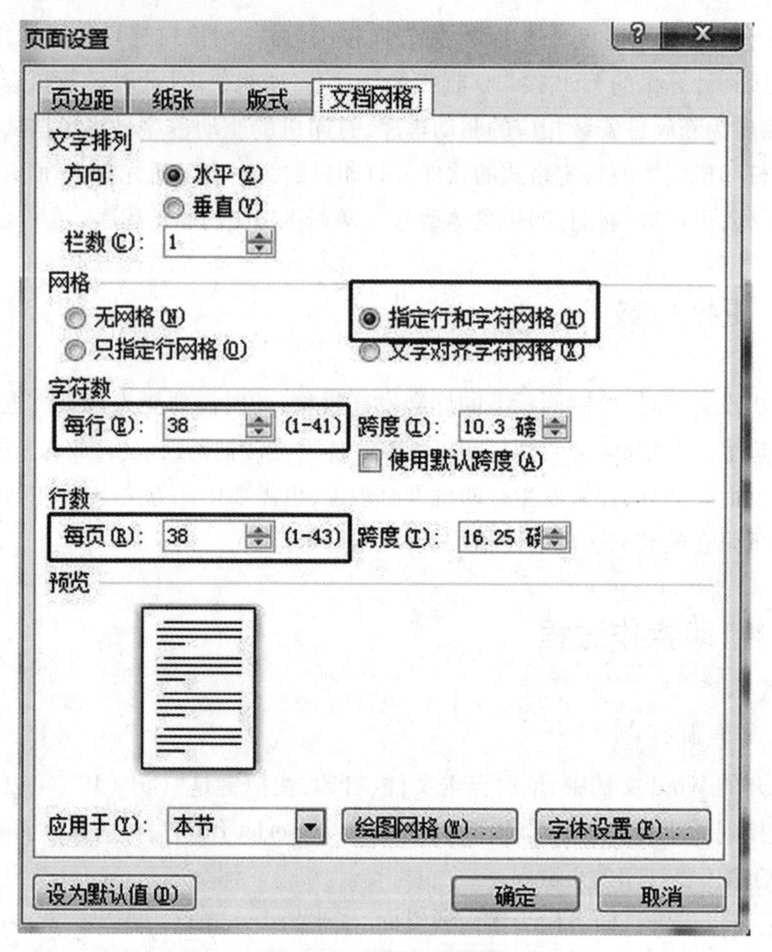

图 8－3　设置文档网格

8.1.5.2　双面打印方式

除了选择正常的单面打印方式以外,还可以选择双面打印方式。在打印时,选择“手动双面打印”,如打印范围输入 1 ~4 页,设置完成后,按“打印”按钮,会先打印奇数页,同时,Word 中会出现如图 8－4 所示的提示窗口。

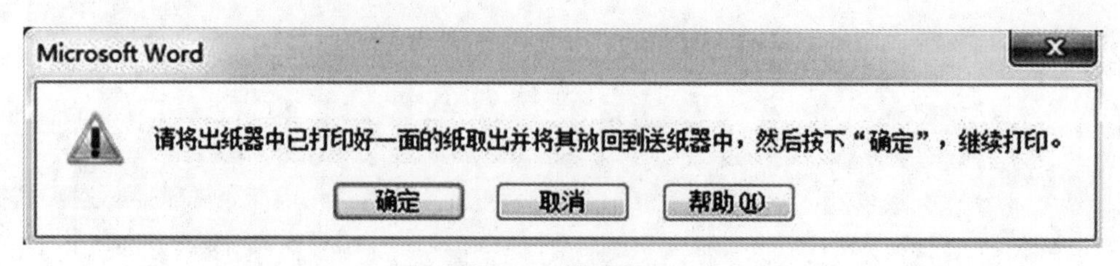

图 8－4　提示窗口

此时,把纸盒中的纸清空,并把刚打印的纸张顺序调整为小页码在上、大页码在下,旋转 180°再次放入手动进纸槽中,按下确定键,打印机会完成剩下的任务。

8.1.6　连接多台打印机

同一台计算机可以连接多台打印机，操作方法：在 Windows 7 中，点击 Windows 图标，点击弹出菜单中的“设备和打印机”，点击“添加打印机”，在弹出窗口中按实际情况选择添加本地还是网络打印机，选择默认的打印机端口，输入打印机的名称，设置是否在网络中共享这台打印机，设置是否为默认使用的打印机。

8.2　实训二：扫描仪的使用

扫描仪是计算机的一种输入设备，它的作用和打印机正好相反，是将图片以及文本资料等书面材料或实物的外观扫描后输入计算机中，形成文件保存起来。事实上，扫描仪已成为继键盘、鼠标之后的第三件最主要的计算机输入设备。

扫描仪的外形差别很大、但可以分为四大类——笔式、手持式、平台式、滚筒式，它们的尺寸、精度、价格不同，分别适用于不同的场合。笔式和手持式精度不太高，但携带方便。本实训以中晶 Phantom H9 plus 扫描仪为例，简单说明扫描仪的安装和使用。

8.2.1　安装扫描仪驱动程序

(1)启动计算机，将驱动程序安装光盘放入光驱，此时不能将扫描仪连接到计算机。

(2)安装光盘自动运行，出现安装界面，点击下一步按钮，一直到安装完成。

(3)完成后，重启计算机。

(4)给扫描仪供电。

(5)把 USB 连接线的一端连接到扫描仪后端的 USB 接口，另一端连接到计算机的 USB 接口。

8.2.2　扫描仪的控制面板

如图 8 - 5 所示，扫描仪机身上提供了 7 个控制按钮，从左到右按顺序分别为取消/设置、扫描、复印、电子邮件、文字识别、影像上传和自定义等功能。可以通过 MSC 程序对这些功能按钮进行设定。

图 8-5　扫描仪上的控制按钮

8.2.3　使用扫描仪

正确安装驱动程序和扫描仪后，计算机桌面上会有扫描仪的控制程序图标。双击扫描仪图标后，掀开扫描仪上盖，放入要扫描的文件，正面向下，再盖好上盖。此时，在计算机上的程序界面会出现如图 8-6 所示的扫描预览图像过程，下面有进度条提示。

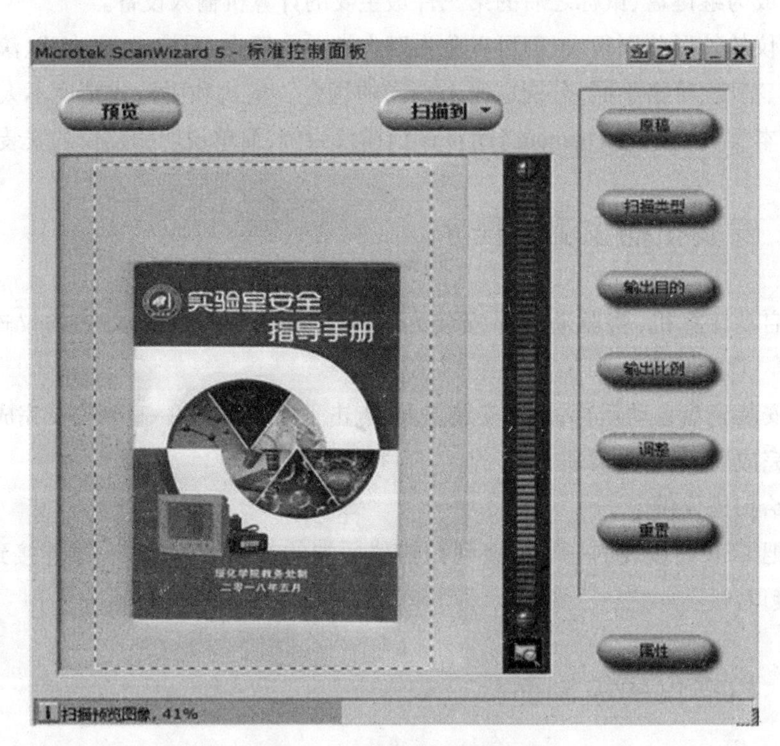

图 8-6　扫描仪使用实例

扫描时有原稿、扫描类型、输出目的、输出比例、调整、重置、属性等选项设置，可单击选择。设置好各种参数后，单击“扫描到”按钮，可以将扫描结果保存为各种类型的文件，如常见的 bmp、jpeg、tif 等，输入文件名，选择文件类型，单击保存按钮即可。

另外在扫描仪控制程序界面的右上角还有一个“高级”按钮，单击后，可以打开“高级控制面板”设置窗口，此窗口供专业级用户使用。

8.3 实训三:刻录机的使用

8.3.1 刻录机简介

刻录机可以将计算机上存储的数据信息,如音乐、图片以及视频等,保存到 DVD 或 VCD 上。刻录机刻入数据时,高功率的激光束反射到盘片,使盘片上发生变化,模拟出二进制数据 0 和 1。刻录机按照接法有外置式和内置式 2 种,外观如图 8－7 所示。

图 8－7 内置式和外置式刻录机的外观

DVD 刻录机(DVD－RAM)可以读取 CD 和 DVD 光盘,既可以刻 CD 又可以刻 DVD。两种光盘的储存方式不同。把计算机中的数据刻录到光盘上,可以传递数据和永久保存数据,但是由于目前闪存的容量增大和价格大幅度下降,大多数计算机不需要安装刻录机。

8.3.2 刻录机的安装

刻录机的安装非常简单,连接好就可以了,一般不需要驱动程序。在刻录机后面的背板中,左边的是电源线,右边的是数据线(一端连接到刻录机,另一端连接到计算机的 USB 接口)。连接完成后,刻录机的正面会有灯闪烁,此时,按下开盒按钮,会弹出刻录机的仓盒,如图 8－8 所示。

图 8-8　刻录机的仓盒

8.3.3　刻录机的使用

(1)在 Windows 7 操作系统里可以直接复制要刻录的数据文件,把空白可刻录光盘放入刻录机,放入的方向是光面朝下,再打开桌面上的“计算机”图标,右击刻录机驱动器,选择“刻录到光盘”的方式进行数据内容的刻录。

(2)如果要进行专业刻录,如刻录为视频光盘等,还要安装相应的刻录软件。最常用的刻录软件有 NERO、Ones 等。本实训以 Ones 为例,简单说明刻录机的使用方法。Ones 的操作界面如图 8-9 所示。

图 8-9　Ones 的操作界面

Ones 中支持的刻录方式有复制光盘、刻录音频光盘、刻录数据光盘、刻录 Ones 映像等。双击操作界面中的“刻录数据光盘”,在弹出的窗口中右击,选择“添加文件/文件夹”,可以通过浏览窗口添加数据文件内容。

如图 8－10 所示,添加了数据文件以后,可以根据数据文件的大小来选择 CD 刻录方式或 DVD 刻录方式,并可以设置卷标和刻录速度。选择完成后,把空白光盘放入刻录机中,等待即可,刻录完成后,光盘会自动弹出。

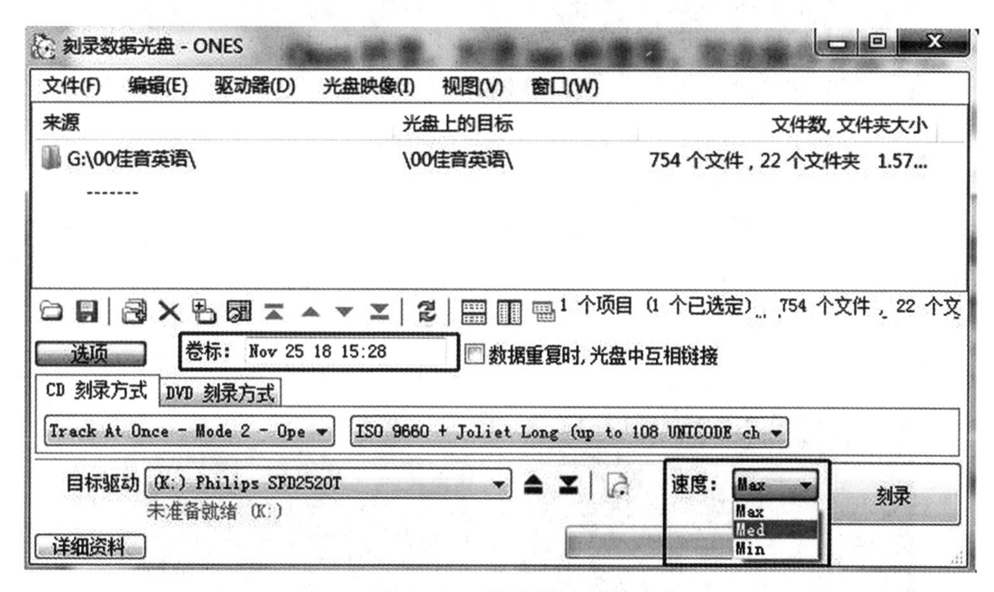

图 8－10　设置刻录方式

8.4　实训四:影印一体机的使用

用一台机器可以实现打印、复印、扫描、传真四大功能,这让影印一体机(下简称一体机)非常受欢迎。今天的一体机都在基础功能之上,根据有无网络、有无 WiFi、有无双面打印、有无传真来进行区分。一体机产品的型号中,后缀 W 代表无线功能、N 代表网络功能、F 代表传真功能、D 代表双面打印,可以根据型号中的字母知道这个一体机有哪些功能。

本实训以 HP LaserJet M1530 一体机为例,简单介绍一体机的安装和使用。

8.4.1　产品视图及控制面板

一体机的正面视图如图 8－11 所示,按照序号顺序,为控制面板、文档进纸器进纸盘、文档进纸器出纸槽、扫描仪盖板、出纸槽、优先进纸盘、纸盘、电源按钮等。

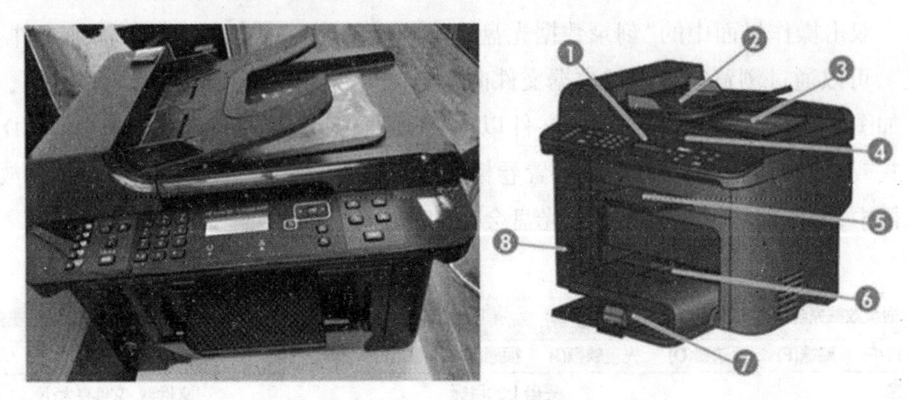

图 8－11　一体机正面视图

一体机的后视图如图 8－12 所示,按照序号顺序分别为安全锁孔、后卡纸检修门、接线端口(按从上到下顺序依次为 USB 接口、网线接口、“线路”接口、“电话”接口)、电源连接器。

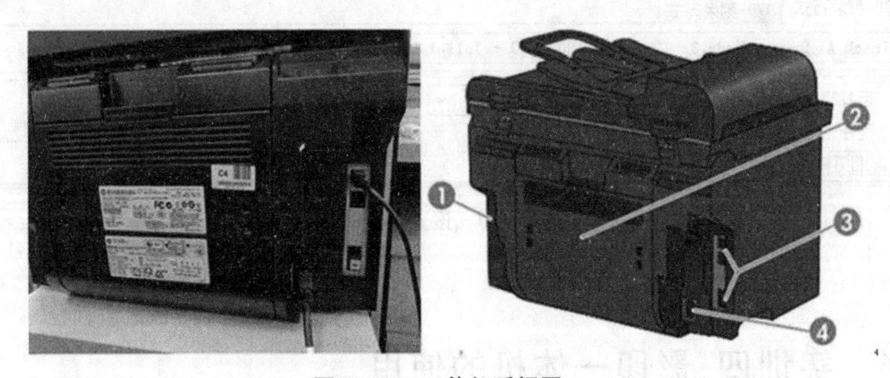

图 8－12　一体机后视图

一体机控制面板如图 8－13 所示,按照图中序号分别是:(1)快速拨号按钮;(2)电话簿按钮;(3)传真菜单按钮;(4)字母数字小键盘;(5)液晶显示屏;(6)后退按钮;(7)箭头按钮;(8)OK 按钮;(9)减淡/加深按钮;(10)缩小/放大按钮;(11)复印菜单按钮;(12)开始复印按钮;(13)份数按钮;(14)取消按钮;(15)设置按钮;(16)碳粉指示灯;(17)注意指示灯;(18)就绪指示灯;(19)开始传真按钮;(20)重拨按钮。

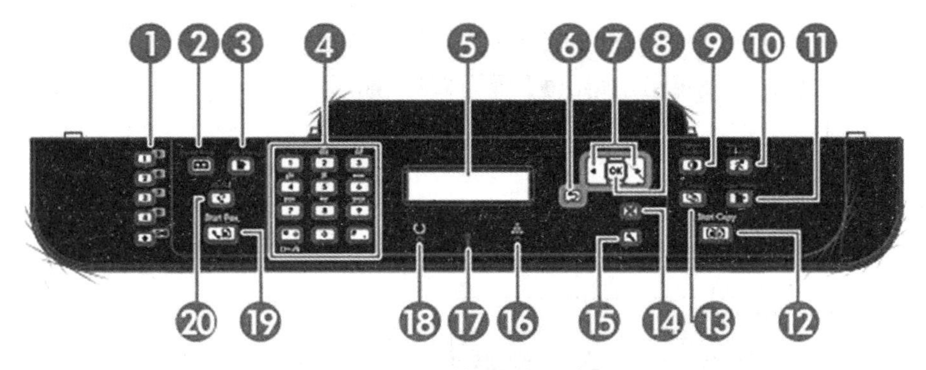

图 8－13　控制面板示意

8.4.2　连接一体机

目前一体机都是通过 USB 端口连接到计算机的，注意：在安装程序提示用户连接之前，先不要将 USB 数据线连接到计算机。具体连接方法和过程如下：

（1）将驱动程序安装光盘插入计算机并启动安装程序。如果安装光盘损坏，可以根据一体机型号自行下载相应的驱动程序。

（2）按照安装程序说明进行操作（在提示需要连接一体机时，进行 USB 连接）。

一体机支持的纸张类型有普通纸、再生纸、羊皮纸、明信片等几乎所有市面上的打印纸类型。

8.4.3　一体机的打印功能

8.4.3.1　取消打印作业

如果一体机正在打印作业，可以按下产品控制面板上的取消按钮清除正在处理的作业。此外，还可以从软件程序或打印队列中取消打印作业，例如，在 Windows 7 中，单击开始，然后单击设备和打印机，双击产品图标打开窗口，右击想要取消的打印作业，单击取消。

8.4.3.2　Windows 7 的基本打印任务

除了和打印机一样的单面打印功能以外，该一体机还提供了自动双面打印功能，在软件程序的“文件”菜单中，单击打印，再选择打印机名称为当前一体机，之后设定打印参数，单击“属性”按钮，在“完成”选项卡中，勾选“双面打印”，再从每张打印页数下拉列表中选择要在每张纸上打印的页数，选择打印页面边框、页面顺序和方向，设置好打印份数，单击“打印”按钮，即可自动完成双面打印。如图 8－14 所示。

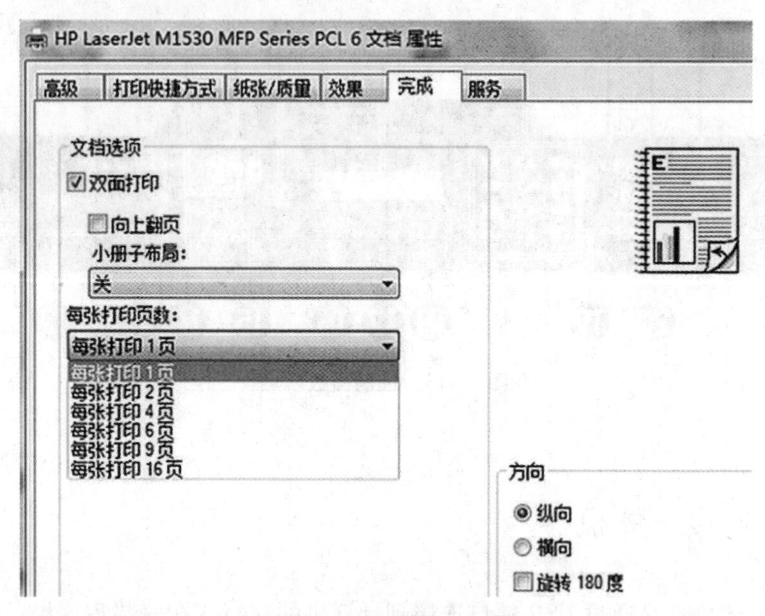

图 8 – 14　设置双面打印

8.4.4　一体机的复印功能

8.4.4.1　单触复印

将文档放在扫描仪玻璃板上,盖好玻璃板,按下开始复印按钮开始复印,每次复印均重复执行此操作。

8.4.4.2　多份复印

将文档放在扫描仪玻璃板上或者文档进纸器中,使用小键盘输入要复印的数量,按下开始复印按钮开始复印。

8.4.4.3　复印标识卡

使用 ID 复印功能可将标识卡或其他小文档的两面复印在一张纸的同一面上。一体机会提示先复印第一面,然后将第二面放到扫描仪玻璃板上的其他区域中,再次复印,会在一张纸的同一面上打印两个图像。

8.4.4.4　双面复印

自动复印文档:将原文档装入文档进纸器,按下复印菜单按钮,使用箭头按钮选择双面菜单,然后按下 OK 按钮,使用箭头按钮选择“单面到单面”选项或“单面到双面”选项,然后按下 OK 按钮,按下开始复印按钮开始复印。

8.4.5　一体机的扫描功能

把要扫描的文件放在扫描仪玻璃板上并盖好上盖，双击计算机桌面上的扫描软件图标，弹出窗口中选择保存类型为 jpeg 图片格式，点击“扫描”按钮，扫描完成结果如图 8－15 所示，此时可以调整窗口中扫描范围的 8 个控制点，并进行旋转、亮度、对比度调整，完成后单击“保存”按钮即可。

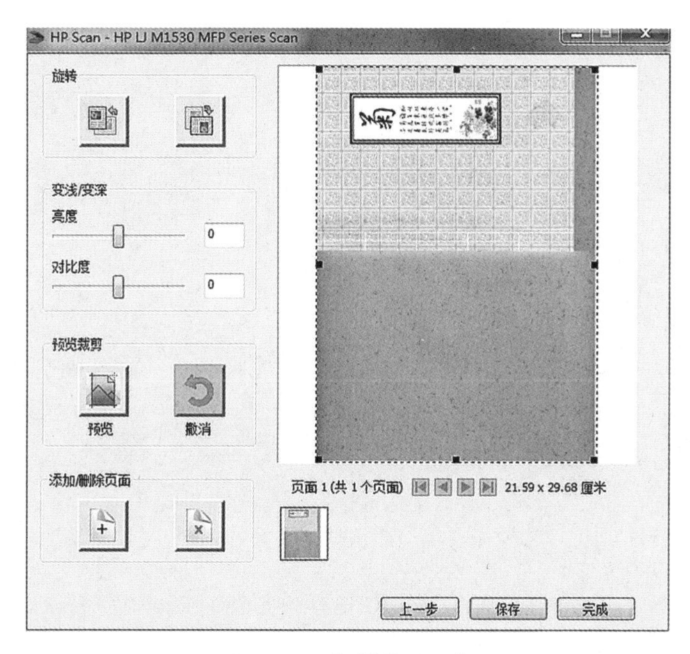

图 8－15　扫描结果示意

8.4.6　使用传真功能

8.4.6.1　连接

本机包括两个传真接口：

①电话线的“线路”接口。

②将附加设备连接到本机的“电话”接口。

8.4.6.2　设置传真

按下设置按钮，再按箭头按钮，直到液晶显示屏出现“传真设置”字样，按 OK 按钮，显示下一级子菜单为“基本设置”，在基本设置的下一级子菜单中，有时间/日期设置、传真标题设置、传真号设置、公司名称设置，设置完成后传真功能启动。

此外,在传真设置菜单下还有高级设置,其中可以设置传真分辨率、精细程序、适合页面等。

8.4.7 卡纸故障处理

如果使用过程中出现卡纸现象,打开后卡纸检修门取出纸张,盖好后卡纸检修门后,即可恢复正常工作。

参考文献

[1]赵欢鑫.史上最全！电脑小白学配置速成攻略[EB/OL]. http://diy. zol. com. cn/607/6075914_all. html.

[2]Hero Fan.小块头有大智慧！编辑教你全面认识CPU[EB/OL]. http://diy. pconline. com. cn/cpu/study_cpu/1002/2048948. html.

[3]冰心无尘.2010年CPU知识进阶篇——CPU架构及性能参数解析之一[EB/OL]. http://blog. sina. com. cn/s/blog_5ba8d2030100li0p. html.

[4]徐兵.Office 2010商务办公完全应用手册[M].北京:科学出版社,2015.

[5]邓毓政,程远航.计算机应用基础(Office 2010高级应用)实训教程[M].北京:北京师范大学出版社,2015.

[6]卓晓波.大学计算机基础实训指导[M],北京:高等教育出版社,2014.

[7]杨继萍,孙岩,王海峰,等,电脑办公与应用从新手到高手[M],北京:清华大学出版社,2013.

[8]宋翔.轻松掌握Office 2010高效办公全攻略[M].北京:科学出版社,2011.

[9]最初小蚂蚁.Word 2010基础教程PPT[EB/OL]. https://wenku. baidu. com/view/bab11808c381e53a580216fc700abb68a982ada7. html.

[10]牛冲0506. Excel 2010培训教程[EB/OL]. https://wenku. baidu. com/view/2e702c26854769eae009581b6bd97f192279bf9c. html.

[11]柴新.两部门明确第四季度个税减除费用和适用税率[N].中国财经报,2018-09-11.

[12]zss0706. PPT 2007基础教程[EB/OL]. https://wenku. baidu. com/view/153fe828453610661ed9f421. html.

[13]ssx0303. HPLaserJetProM1530-用户指南[EB/OL], https://wenku. baidu. com/view/7f663985d4d8d15abe234e6f. html? qq-pf-to=pcqq. c2c,2012-04-06.

附　录

在 Windows 中常用到一些组合键,可见附表 1。

附表 1　常用组合键

键位	功能
Windows	显示系统“开始”菜单
Windows + D	显示桌面
Windows + R	打开“运行”程序
Windows + E	打开“我的电脑”
Windows + F	搜索文件或文件夹
Windows + U	打开“工具管理器”
Windows + Pause Break	显示“系统属性”
Windows + Tab	在打开的程序之间切换
Windows + Home	将所有使用中窗口以外的窗口最小化
Windows + Space(空格键)	将所有桌面上的窗口透明化
Windows + ↑	将使用中窗口最大化
Windows + Shift + ↑	将使用中窗口垂直最大化(水平宽度不变)
Windows + ↓	最小化窗口/还原先前最大化的使用窗口
Windows + ←/→	将窗口停靠到屏幕的左/右两侧
Windows + 1 ~ 9	开启工作列上数字所对应的软件
F1	帮助
F5	刷新
Alt + F4	关闭或退出当前运行的程序
Alt + F5	强制刷新
Alt + Tab	在当前运行的窗口中切换
Alt + Esc	在当前打开的程序间切换
Alt + Ctrl + Tab	使用方向键在当前运行的窗口中切换

续表

键位	操作
Alt + Space	打开当前窗口的快捷方式菜单
Ctrl + C	复制
Ctrl + A	全选
Ctrl + X	剪切
Ctrl + Z	撤销
Ctrl + Y	恢复
Ctrl + W	关闭
Ctrl + V	粘贴
Ctrl + S	保存
Ctrl + F	查找
Ctrl + N	打开新窗口
Ctrl + W	关闭当前窗口
Ctrl + Shift + N	新建文件夹
Ctrl + Space	启动输入法
Ctrl + Shift	切换输入法
Ctrl + Alt + Delete	启动任务管理器
Ctrl + 鼠标滚轮	改变当前程序视图大小
Delete	删除
Shift + Delete	永久删除
Shift + F10	显示选中项目的快捷方式菜单
End	显示文件夹底部
Home	显示文件夹顶部
Numlock + 数字键盘减号	折叠所选文件夹
Numlock + 数字键盘加号	显示所选文件夹的内容
Numlock + 数字键盘星号	显示所选文件夹的所有子文件夹